中国早—中奥陶世和晚泥盆世天文年代学及古气候变化的天文驱动力研究

ASTROCHRONOLOGY OF THE EARLY–MIDDLE ORDOVICIAN AND LATE DEVONIAN IN CHINA AND ASTRONOMICAL FORCED PALEOCLIMATE CHANGE

马坤元 著

中国地质大学出版社
CHINA UNIVERSITY OF GEOSCIENCES PRESS

图书在版编目(CIP)数据

中国早—中奥陶世和晚泥盆世天文年代学及古气候变化的天文驱动力研究/马坤元著.—武汉:中国地质大学出版社,2025.4.—ISBN 978-7-5625-6134-7

Ⅰ. P1; P532

中国国家版本馆 CIP 数据核字第 20251T4P39 号

中国早—中奥陶世和晚泥盆世天文年代学及古气候变化的天文驱动力研究 马坤元 著

责任编辑:武慧君 选题策划:武慧君 责任校对:张咏梅

出版发行:中国地质大学出版社(武汉市洪山区鲁磨路 388 号) 邮编:430074

电 话:(027)67883511 传 真:(027)67883580 E-mail:cbb@cug.edu.cn

经 销:全国新华书店 https://cugp.cug.edu.cn

开本:787mm×1092mm 1/16 字数:241 千字 印张:9.5

版次:2025 年 4 月第 1 版 印次:2025 年 4 月第 1 次印刷

印刷:河北虎彩印刷有限公司

ISBN 978-7-5625-6134-7 定价:68.00 元

前言 PREFACE

奥陶纪和泥盆纪是地球生命与环境演化非常关键的时期，在此期间发生了令人瞩目的奥陶纪生物大辐射和显生宙两大生物灭绝事件[奥陶纪末生物大灭绝事件和晚泥盆世弗拉期-法门期(F-F)之交生物大灭绝事件]。奥陶纪生物大辐射使地球海洋生态系统高度复杂化，大大拓展了生物活动的范围并更新了生物界的面貌，实现了古生代演化动物群对以节肢动物为主的寒武纪演化动物群的替代。同时，奥陶纪也是全球气候演变的重要时期，在此期间地球气候从早奥陶世的温室期向晚奥陶世的冰室期转变，并发生了奥陶纪末生物大灭绝事件。在泥盆纪，鱼类高度繁盛，具有发达根系的维管束植物快速扩张，两栖类在陆地上首次出现，大气中氧含量逐渐升高，二氧化碳浓度也出现剧烈波动。而晚泥盆世则是泥盆纪研究中的热点，晚泥盆世以发生数次生物-环境事件著称，尤其是著名的五大灭绝事件之一的F-F生物大灭绝事件(又称Kellwasser事件)和发生于泥盆纪与石炭纪(D-C)之交的D-C生物大灭绝事件(又称Hangenberg事件)。这些重大生物-环境事件对地球的生态系统都造成了重大影响，深刻地改变了地球的环境和生命演化进程。如何清楚和深刻地理解这些重大生物-环境事件的起因、进程，建立一个高分辨率的年代标尺是关键。基于米兰科维奇理论的旋回地层学为建立高精度的年代标尺提供了新思路和新方法。通过识别沉积地层中米兰科维奇旋回建立的天文年代标尺的精度可达(0.02～0.4)Myr。我国下—中奥陶统和上泥盆统发育良好，有雄厚的沉积地层、生物地层和化学地层研究基础，为开展早—中奥陶世和晚泥盆世旋回地层分析，探索天文轨道力对古气候、古环境的驱动提供了理想的地层基础。

笔者以华南地区(黄花场剖面、拉利剖面和杨堤剖面)、华北地区(亮甲山剖面和下岭南沟剖面)和西准噶尔地区(布龙果尔剖面和乌兰柯顺剖面)7条下—中奥陶统和上泥盆统剖面为研究对象，通过系统采集磁化率、自然伽马、XRF元素地球化学数据，开展了系统的旋回地层学分析，同时结合生物地层、沉积地层和化学地层等研究内容，取得了以下新成果和新认识。

(1)鄂尔多斯盆地西缘贺兰山区下岭南沟剖面寒武系芙蓉统—中奥陶统出露良好，该剖面牙形石生物地层资料为旋回地层学研究提供了良好的时间约束。笔者以Ca、Fe元素含量和Fe/Ca元素含量比值为古气候替代指标，对下岭南沟剖面进行了旋回地层分析，根据稳定的405kyr长偏心率周期建立了约8.9Myr的连续高分辨率天文年代标尺，并计算出特马豆克阶的持续时间为(6.9±0.28)Myr。斜率和短偏心率与总能量比值的演化图谱显示出早奥陶世～1.2Myr的超长斜率周期(s_4-s_3)和～2.4Myr的超长偏心率周期(g_4-g_3)。同时，调谐后Ca、Fe和Fe/Ca时间序列的沉积噪声模型显示出与海平面变化相对应的高分辨率的沉积噪声变化，揭示了在早奥陶世早特马豆克期三级海平面变化主要受到天文轨道旋回超长斜率周期(s_4-s_3)驱动,在中特马豆克期—早弗洛期三级海平面变化主要受到天文轨道旋回超长偏心率周期(g_4-g_3)的调控。早奥陶世天文轨道周期的调整可能对奥陶纪生物大辐射事件起着重要的推动作用。

(2)通过对华北板块奥陶系亮甲山剖面和华南板块奥陶系黄花场剖面(大坪阶"金钉子"剖面)开展系统的牙形石生物地层和旋回地层工作,依据牙形石生物地层和405kyr长偏心率周期,成功建立了早—中奥陶世的天文年代标尺。通过天文年代标尺,笔者得出弗洛阶的持续时间为(7.08±0.405)Myr。早—中奥陶世牙形石带的延限时间如下:*Serratognathus bilobatus*为1.0Myr,*Serratognathus extensus* 为5.1Myr,*Oepikodus communis* 为0.2Myr,*Oepikodus evae* 为0.8Myr和 *Baltoniodus triangularis* 为0.2Myr。斜率和短偏心率与总能量比值的演化图谱显示1Myr的超长斜率周期(s_4-s_3)和从1.9Myr转变为1Myr的超长偏心率周期(g_4-g_3)。超长偏心率周期(g_4-g_3)的变化揭示了早奥陶世地球和火星轨道运动的混沌现象,即共振状态从(s_4-s_3)-2(g_4-g_3)向(s_4-s_3)$-$(g_4-g_3)转变。

(3)通过对西准噶尔地区上泥盆统布龙果尔剖面和乌兰柯顺剖面进行系统的旋回地层分析,使用Fe含量左右气候替代指标进行时间序列分析,在这两个地层序列中,其变化频率与地球长、短轨道偏心率,斜率和岁差周期的变化频率相当。据405kyr长偏心率分别建立了~12.6Myr和~13Myr的天文年代标尺。据此,计算出洪古勒楞组的沉积时间为(11.5±0.28)Myr。将泥盆系—石炭系界线年龄(359.3±0.3)Ma作为时间"锚点",根据天文年代标尺确定了洪古勒楞组的底界年龄为(370.2±0.41)Ma。结合牙形石生物地层资料分析,西准噶尔地区上泥盆统的洪古勒楞组并没有包含F-F界线。同时,调谐后Fe含量序列的沉积噪声模型揭示了晚泥盆世期间由超长轨道偏心率周期(g_4-g_3)天文驱动控制的古亚洲洋海平面变化。在这些轨道偏心率周期的极大值期,频繁的季风气候导致陆源输入的增加和上升流的增强,从而提升了西准噶尔地区的初级生产力。最终,笔者提出了一个"天文气候变化"模型,作为法门期洪古勒楞组生物复苏的驱动机制。

(4)华南上泥盆统拉利剖面的旋回地层分析结果证明长偏心率、短偏心率、斜率和岁差旋回的存在。采用两种不同的方法对Ca含量序列进行天文年代学研究,建立了浮动天文年代标尺。以泥盆纪—石炭纪界线年龄(358.9±0.4)Ma为"锚点",基于405kyr长偏心率旋回建立了晚弗拉期—早杜内期天文年代标尺(ATS)。ATS显示法门阶的持续时间为(14.4±0.28)Myr,弗拉阶—法门阶界线年龄为(373.3±0.49)Ma。据此,笔者还卡定了法门期牙形石带的持续时间。同时,ATS还可以确定法门期生物-环境事件的持续时间。上Kellwasser事件开始于373.4Ma,持续时间约为150kyr;在弗拉阶—法门阶界线上存在一个明显的碳同位素正偏移(CIE,+3‰),持续了300kyr。下 *Annulata* 和上 *Annulata* 事件均持续50kyr,并伴随着碳同位素正偏(两个CIE的峰值年龄分别为361.7Ma和361.3Ma)。根据ATS,笔者对晚泥盆世的海侵和海退事件进行了天文数字年龄标定:①海侵事件Nehden为370.6Ma,Enkeberg为368Ma,Dasberg为360.4Ma,Strunian为360.1Ma,Hangenberg为358.9Ma;②海退事件 *linguiformis* 为373.4Ma,*prima* 为371Ma,Condroz为369Ma,*velifer* 为362.3Ma,Derwer为359.2Ma。

(5)对华南地区上泥盆统杨堤剖面和拉利剖面进行了系统的旋回地层分析。基于稳定的405kyr长偏心率周期,笔者分别在杨堤剖面和拉利剖面F-F之交建立了浮动天文年代标尺(FATSs)。通过华南F-F之交浮动年代标尺,对华南Kellwasser事件进行了天文年代标定。华南下、上Kellwasser事件的持续时间分别为200kyr和150kyr,下、上Kellwasser事件间隔了约1000kyr,下、上Kellwasser事件层碳同位素漂移的峰值间隔了1600kyr。在上Kellwasser事件层的灭绝区间,F-F灭绝的第一幕、第二幕和第三幕持续时间分别为120kyr、20kyr和10kyr。华南F-F之交的沉积噪声模型揭示了与海平面变化相对应的高分辨率的沉积噪声变化。旋回地层学研究结果表明,华南晚泥盆世F-F之交海平面变化受偏心率和斜率变化的共同影响,F-F之交海水表面温度变化受长偏心率周期的调控。笔者认为,"天文气候变化"是F-F生物大灭绝事件的初始触发机制。

本书获得国家自然科学基金项目(42202030)、山西省自然科学青年基金项目(202103021223037)和山西省高等教育"百亿工程"项目资助。由于著者水平所限,书中难免有疏漏和不妥之处,希望同行、专家和广大读者批评指正。

目录 CONTENTS

第1章 绪 论

1.1 研究背景及意义

显生宙以来，全球海洋生物共经历了5次大灭绝和3次大辐射，它们深刻地改变了地球生物面貌和生命演化进程(殷鸿福，2013)。生物的灭绝和辐射机制是复杂多样的，地质学家通过分析不同板块、不同相区、不同门类生物对大灭绝和大辐射的响应，深入探索了大灭绝和大辐射的重要内容(戎嘉余和黄冰，2014)。精确的时间标尺是揭示生物大灭绝和生物大辐射的根基和关键。Sepkoski(1984)通过统计海洋生物化石记录，归纳出显生宙海洋动物多样性演变曲线并识别出三大演化动物群，同时提出了显生宙5次生物大灭绝事件(图1.1)，其中就包括了奥陶纪生物大辐射和晚泥盆世弗拉期-法门期(F-F)之交生物大灭绝事件。受古生物研究深度和年代地层研究精度制约，人们对地质历史时期生物演化进程中出现的多次生物大灭绝和生物辐射现象缺乏清晰、明确的认识。20世纪90年代后期，针对奥陶纪生物大辐射和

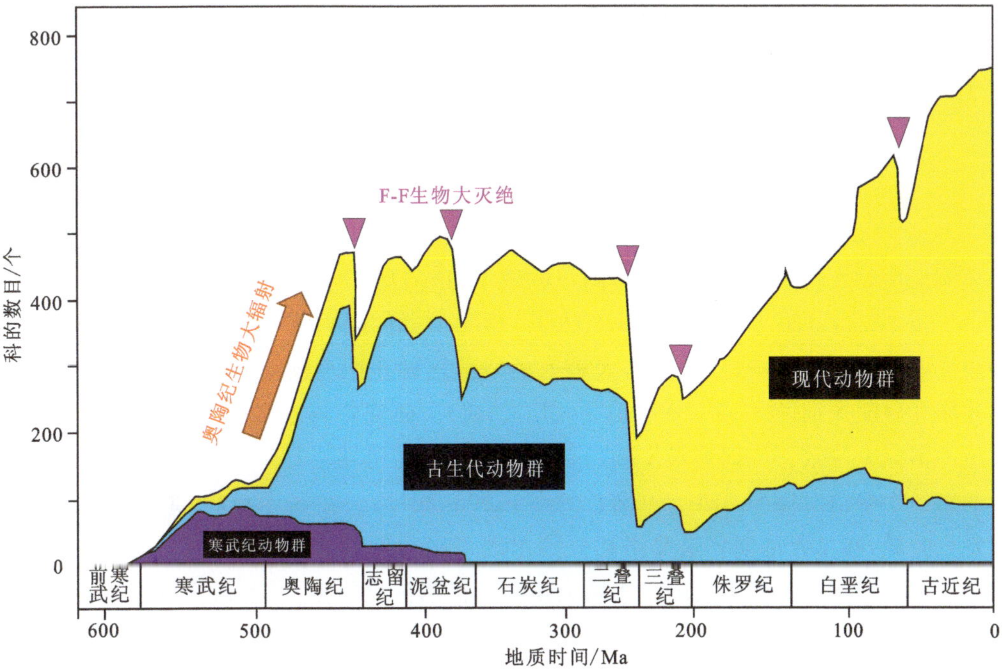

图1.1 显生宙海洋动物多样性演变曲线(据Sepkoski，1984修改)

F-F 生物大灭绝的研究才多了起来。直到今天，最新的 GTS2020 显示，奥陶纪和泥盆纪的同位素绝对年龄仍然存在数百万年的误差（Becker et al.，2020；Goldman et al.，2020），这使我们了解这些重大生物事件的起因和进程仍然存在巨大的困难。

奥陶纪是地质历史时期中一个重要的发展阶段，其间发生了生物大辐射和显生宙第二大生物大灭绝事件（Bambach et al.，2004；Webby et al.，2004；Algeo et al.，2016）。同时，全球也从早奥陶世的温室期向晚奥陶世冰室期转变（Trotter et al.，2008）。著名的奥陶纪生物大辐射表现为奥陶纪的海洋生物多样性迅速扩张。在辐射期间，古生代演化动物群（滤食和造礁生物为主）实现了对寒武纪演化动物群（节肢动物为主）的替代，受大辐射影响，地球海洋生态系统变得复杂多样，海洋生物的活动区域也得到了极大拓展，远岸的深水环境中出现了不同类型的海洋生物，地球海洋生态系统进入了一个空前繁荣的时期（图 1.1、图 1.2）（Webby et al.，2004；詹仁斌等，2013）。

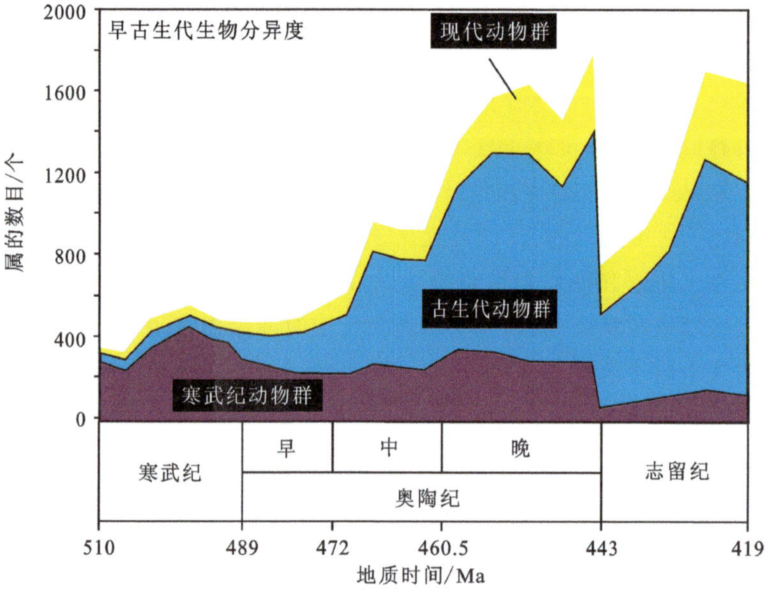

图 1.2 早古生代属级生物分异度的演变（据 Webby et al.，2004 修改）

奥陶纪生物大辐射几乎贯穿了奥陶纪的数千万年（图 1.1、图 1.2）（Webby et al.，2004；Servais and Harper，2018；Fan et al.，2020）。生物类群的辐射表现出明显的幕式特征，世界范围内的多门类汇总资料显示，生物大辐射的峰值出现在中奥陶世早达瑞威尔期、晚奥陶世晚桑比期和晚凯迪期（图 1.2）（Webby et al.，2004）。研究资料表明，不同生物门类对大辐射的响应并不完全一致。华南腕足生物的首次繁盛发生在早弗洛期，这个时间要比全球生物大辐射的第一个峰值时间早 8Myr①（詹仁斌等，2006，2013）。在扬子板块，笔石动物属和种的辐射发生分异，在早弗洛期和晚弗洛期分别出现了属和种的多样性峰值（陈旭等，2006；张元动和陈旭，2006）。目前有关奥陶纪生物大辐射的机制猜想很多，学者认为既有生物自身演化

① Ma 和 ka 分别表示百万年前和千年前，指一个时间点；Myr 和 kyr 分别表示百万年和千年的时长，指一个时间段。

的原因(Barnes et al.,1996;Peters and Ausich,2008),同时又受全球气候变化等因素的影响(Trotter et al.,2008;詹仁斌等,2013),甚至还包含陨石撞击等地外因素(Schmitz et al.,2008)。现在所取得的共识是,奥陶纪生物大辐射受生物自身演化规律和外界环境因素的共同制约(詹仁斌等,2013)。为了更深刻和清楚地揭示奥陶纪生物大辐射的前因后果,建立高精度的奥陶纪时间标尺是重中之重。然而,目前建立的奥陶纪时间标尺精度仍然十分有限,2012 年和 2020 年的地质时间标尺(GTS2012、GTS2020)(Gradstein et al.,2012;Goldman et al.,2020)虽然为奥陶纪提供了详细的时间框架,但奥陶纪的研究仍然受时间分辨率的限制,一些放射性同位素数据在早、中奥陶纪的误差超过了 3Myr(Cooper and Sadler,2012)。

泥盆纪同样也是地质历史中极为重要的发展阶段。在此期间,脊椎动物经历了一次爆发式发展,两栖类首次登上陆地,各种鱼类空前繁盛,故泥盆纪又被称为"鱼类的时代"(House,2002;Blieck et al.,2007,2010;Becker et al.,2012)。同时由于陆地维管束植物的快速扩张,地球气候、环境也发生演变,全球气候从晚泥盆世晚期以前的温室状态向晚泥盆世晚期以后的冰室状态转变(Lakin et al.,2016)。

而在晚泥盆世这一关键时期,发生了众多的生物-环境事件,著名的晚泥盆世弗拉期—法门期之交的 F-F 大灭绝事件(又称 Kellwasser 事件)是古生代 5 次大灭绝事件之一(图 1.1)。F-F 大灭绝事件以同时性(Racki,2018)、全球性(Hallam and Wignall,1997)、灾难性(McGhee,1996;McGhee et al.,2013)、选择性(Buggisch,1991)和多幕性(Schindler,1993;Ma et al.,2016;Huang and Gong,2016)为主要特征,对全球低纬度浅水海洋生态系统造成了严重的破坏,导致海洋中约 40%的属灭绝,同样对陆地生物也有较大影响(McGhee et al.,2013)。科学家分别从天体撞击(Wang et al.,1991;Claeys et al.,1992;Sandberg et al.,2002;Du et al.,2008;Racki,2012)、海平面变化(Chen et al.,2005,2013;Becker et al.,2016a)、气候变化(Joachimski and Buggisch,2002;Song et al.,2017;Huang et al.,2018b)、缺氧(Johnson et al.,1985;Joachimski and Buggisch,1993;Murphy et al.,2000;Bond et al.,2004,2013;Formolo et al.,2014)、火山或裂谷热液(McGhee,2013;Bond and Wignall,2009,2014;Racki et al.,2018,2020)、海水富营养化(Murphy et al.,2000;Xu et al.,2006;Kaiho et al.,2013)和超新星爆发(Fields et al.,2020)等方面来解读 F-F 大灭绝事件的成因,但其成因目前仍众说纷纭(Carmichael et al.,2019)。

此外,晚泥盆世法门期还发生过数次全球性的生物-环境事件,包括 Condroz 事件、Enkeberg 事件、*Annulata* 事件以及法门期—杜内期之交 D-C 事件(又称 Hangenberg 事件)(图 1.3)。这些事件往往表现为海平面异常波动或者"黑色页岩事件",造成少数生物类群,如菊石、牙形石的灭绝,然而这些重大生物事件的起因、过程都还不清楚。但是这些事件从生物演替到全球性最高等级的大灭绝都有所涉及,多与海洋环境的剧变(如多幕缺氧或者海平面升降)有关(Walliser,1996;Becker et al.,2016a)。

目前研究认为,植物登陆造成陆源输入显著性增加,进而导致海洋富营养化与缺氧,乃至碳同位素正漂移是晚弗拉期到早杜内期出现的多次缺氧事件及"黑色页岩事件"的主要原因(Algeo et al.,2001)。但是这个猜想存在两个问题:其一,目前研究表明,灭绝事件过程非常

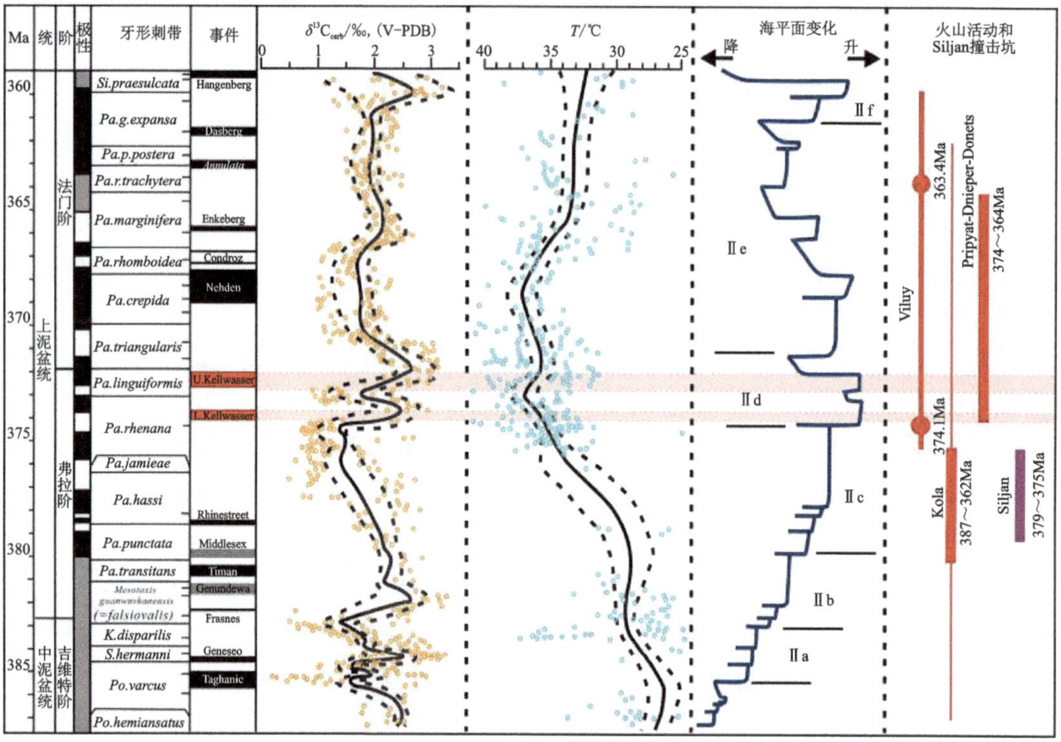

图 1.3 泥盆纪吉维特期—法门期碳同位素记录、温度变化、海平面变化和地质事件(王玉珏等,2020)

短,比如 F-F 大灭绝事件可能才持续数万年(Huang and Gong,2016),而植物登陆及扩张是一个漫长的过程,可能持续超过 1000Ma (Meyer-Berthaud et al.,2010);其二,目前研究表明,泥盆纪维管束植物登陆的高峰期是中泥盆世到早弗拉期(Meyer-Berthaud et al.,2010),与法门期一系列生物-环境事件从时间上来看并不吻合。所以,对于晚泥盆世发生的一系列事件,其直接诱因仍然扑朔迷离。

法门期正好涵盖了 F-F 与 D-C 两次生物大灭绝事件,所以诸多研究者认为,无论是牙形动物、珊瑚、介形虫,或者生物礁的演化可以概括为“灭绝—复苏—再灭绝”的过程。但是不同生物的复苏情况不同,如牙形动物在法门期下 *triangularis* 带便开始复苏,而介形虫和腕足复苏稍晚,大概在中—上 *triangularis* 带(Ma et al.,2016;Huang et al.,2018b)(图 1.4)。而珊瑚经过 F-F 大灭绝事件后“一蹶不振”,直到晚法门期才开始复苏(Cooper,2002)。同时,长周期的气候、海平面,以及生物多样性变化在晚泥盆世的研究中也有重要的启示作用。F-F 之交高分辨率牙形石氧同位素地球化学研究也揭示了两次变冷事件(图 1.3、图 1.4)(Joachimski and Buggisch,2002;Huang et al.,2018b)。长周期的气候波动研究表明,泥盆纪生物礁的演化与古海洋温度有密切联系(Joachimski et al.,2009),并且通过碳同位素化学地层重建泥盆纪的碳循环已有报道(Buggisch and Joachimski,2006;Simon et al.,2007;Zhang et al.,2019a)。但是这些工作对于法门期而言,化学地层学研究分辨率较低,无法兼顾法门期的数个全球性事件,更缺少精确的地质年代标尺。在极其重要的晚泥盆世,无论是弗拉期还是法门期,地质年代的数字年龄都存在较大的误差和争议(Ma et al.,2020)。建立高精度的地质年代标尺是厘清晚泥盆世众多生物-环境事件进程及其因果关系的前提，也是目前泥盆纪研究，尤其是晚泥盆世气候变化研究中所急需的。

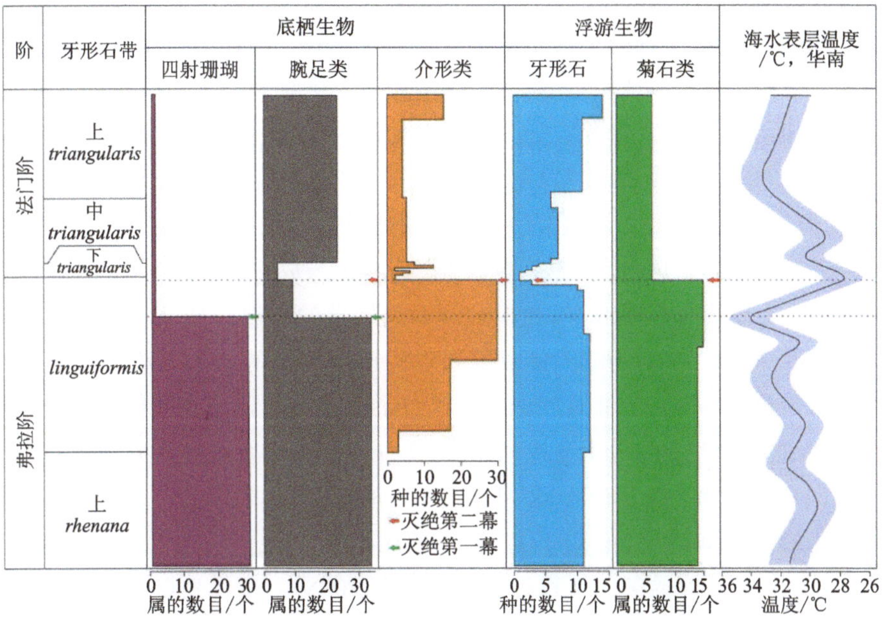

图 1.4 弗拉阶—法门阶界线附近主要海洋类群多样性变化及与海表水温(SST)变化的比较(据 Huang et al.,2018b 修改)

基于米兰科维奇理论的旋回地层学为建立高精度的年代标尺提供了新思路和新方法。通过系统的旋回地层研究，利用稳定的米兰科维奇旋回(偏心率、斜率和岁差旋回)可以建立高精度的天文年代标尺，在轨道信号良好保存的沉积地层中，天文年代标尺的精度可达0.02～0.4Myr(Hinnov,2018)。因此，本书分别聚焦于早—中奥陶世的生物大辐射和晚泥盆世的 F-F 生物大灭绝，希望通过旋回地层学的研究，建立早—中奥陶世和晚泥盆世高分辨率的天文年代标尺，进而探讨天文轨道驱动力在地质历史时期重大生物-环境事件中扮演的重要角色。

1.2 旋回地层学发展简史

旋回地层学是通过识别分析沉积地层记录中(准)周期性变化的沉积旋回，并将其与相应的地球轨道参数相联系，借助稳定的米兰科维奇旋回建立高精度的年代标尺的一门地层学的分支学科。

旋回地层学主要研究受天文轨道(万年到百万年尺度)驱动的地层旋回，其研究重点是近20kyr 到近 2.4Myr 之间的天文旋回。作为地层学的一个分支学科，旋回地层学仅有数十年的发展历史，但是对旋回驱动机制的探索早在 200 多年前就开始了。1754 年，法国天文学家 Jean le Ronede d'Alembert 认为岁差旋回导致的日照量变化是南半球发育大冰盖的原因。

Gilbert(1895)认为岁差变化驱动了上白垩统 Niobrara 组灰岩-泥页岩旋回的形成,他是第一个把地球轨道参数同地层沉积旋回联系起来的科学家。Bradley(1929)通过统计美国怀俄明州的始新统绿河组油页岩和泥页岩互层旋回的纹层数,估算出存在 21.63kyr 的旋回周期,认为岁差周期是驱动该旋回序列形成的主要原因。Milankovitch(1941)定量计算了地球轨道参数,他认为北半球日照量受地球轨道变化影响,而这一变化驱动了第四纪冰期旋回发育,这一研究成果是旋回地层学发展的曙光。天文气候变化理论最终被科学界所接受,始于对第四纪晚期深海记录的研究。Shackleton 和 Opdyke(1973)证明全球冰量的变化与深海氧同位素的变化存在高度的相关性。Hays 等(1976)通过对南印度洋钻孔进行研究,建立了 450kyr 以来高精度的天文年代标尺,并且指出岁差、斜率和短偏心率与放射虫丰度和海水温度影响明显。Hays 等人的研究工作具有重要意义,是现代旋回地层学的先河。1988 年,Fischer 首次提出了旋回地层学这一概念。2004 年,Hilgen 等人对旋回地层学的相关术语和基本概念进行了阐释。2006 年,Strasser 等人又针对旋回地层进行了更多的术语补充和说明。近 30 年来,天文旋回理论成为地层学发展的一个亮点和热点,在古气候和古环境的研究中发挥了巨大的作用(Hays et al.,1976;Shackleton et al.,1995;Shackleton,2000;Preto et al.,2001;黄春菊,2014;Hinnov,2018;Huang et al.,2020)。近年来,运用旋回地层学理论进行高分辨率的地质定年成为“地层学解读时间的第三里程碑”(龚一鸣等,2008)。旋回地层学在过去的几十年里得到了充分的发展,已被广泛应用于国际地质年代校准。现在,利用旋回地层学方法建立的天文年代标尺已经覆盖了整个新生代(吴怀春等,2016)。在中生代,利用稳定的 405kyr 长偏心率周期,天文年代的校正也基本完成了(黄春菊,2014)。甚至针对时间久远的古生代和前寒武纪,也出现了越来越多的旋回地层学研究(Svensen et al.,2015;Zhang et al.,2015;Gong et al.,2017;Bao et al.,2018;Wu et al.,2018,2023;Zhong et al.,2018)。

1.3 旋回地层学研究现状

受潮汐耗散作用影响,地球自转速度在不断减慢,地球与月球之间的距离在不断增大。因此,在地质历史时期,地球轨道的斜率和岁差周期比现在要小。例如,在 2 亿年前的三叠纪,斜率周期约为 34kyr,而现在是 41kyr,岁差周期是 21.2kyr 和 17.3kyr,而现在是 23kyr 和 19kyr(Laskar et al.,2004)。405kyr 长偏心率周期形成于金星和木星的万有引力作用。由于木星的巨大质量,405kyr 长偏心率周期在地质历史时期一直比较稳定(Laskar et al.,2011a)。由于斜率和岁差周期在老地层中难以识别,而且也缺乏稳定性,因而稳定的 405kyr 长偏心率周期被认为是天文调谐的主要工具。在过去 250Ma 的地层中,利用 405kyr 长偏心率周期建立的天文年代标尺误差只有 500kyr 左右。因此,在旋回地层的研究中,405kyr 长偏心率周期作为地质时间的“钟摆”,被许多科学家倡议用来建立天文年代标尺(Hinnov and Hilgen,2012;Hinnov,2018;Laskar,2020)。

近年来,旋回地层学在新生代和中生代的研究取得了丰富的成果。通过识别可靠、稳定的米兰科维奇旋回所建立的天文地质年代表已经覆盖了整个新生代。天文轨道力对地球气候的驱动已在新生代和中生代的地层记录中被反复证实(Hays et al.,1976;Shackleton,2000;Preto et al.,2001)。越来越多的人认识到旋回地层学的重要意义。但是,由于没有可靠的理论天文轨道模型,并且大部分地层缺少同位素绝对年龄、磁性地层、生物地层等年代约束,开展古生代旋回地层学研究仍然困难重重(吴怀春等,2017)。尽管如此,地球轨道力驱动的沉积旋回仍然在具有较好生物地层或年代地层约束的古生代地层中被识别出来(Wu et al.,2018,2023;Svensen et al.,2015;Zhong et al.,2018,2020;Ma et al.,2019b,2020,2022)。目前,旋回地层学研究已经在古生代"开枝散叶",并将成为研究的热点和突破口。此外,前寒武纪旋回地层学研究也在近年取得了一些进展,学者在华南和华北的中、新元古代地层中识别出了米兰科维奇旋回信号(Zhang et al.,2015;Gong et al.,2017;Bao et al.,2018)。

在古生代,相关研究明显偏少,这可能与老地层中数据的获取比较困难,地层的研究基础相对薄弱有关。同时较老的地层受后期改造等影响严重,地球轨道旋回的短周期频率不易识别(Ellwood et al.,2011b;Hinnov,2018)。本书主要研究内容为奥陶纪和泥盆纪旋回地层,下面分为两个小节具体介绍奥陶纪和泥盆纪旋回地层学研究现状。

1.3.1 奥陶纪旋回地层学研究现状

近年来的研究将下古生界沉积旋回(如岩性旋回、生物旋回和磁化率旋回)与天文旋回(米兰科维奇旋回)联系起来,从而丰富了调整奥陶纪时间尺度的地质工具。由于早—中奥陶世地球气候较为温暖,因而旋回地层工作明显偏少。Gong 和 Droser(2001)认为犹他州下奥陶统边缘海洋陆架地层岩性组合具有米兰科维奇周期特征比例。韩国下奥陶统 Dumugol 组的沉积模式(盆地、斜坡和潮下旋回)被认为由代表了 96kyr 的短偏心率周期的旋回序列组成(Kim and Lee,1998)。

Zhong 等(2018)利用稳定的 405kyr 长偏心率周期构建了黄泥塘地区中奥陶世的浮动天文时间标尺,得出达瑞威尔阶的持续时间为(8.38±0.4)Myr,大坪阶的持续时间为(1.97±0.7)Myr。Zhong 等(2019)对湖北宜昌黄花场剖面宝塔组和临湘组地层开展旋回地层分析,发现记录良好的 405kyr 长偏心率旋回,并通过长偏心率旋回建了天文年代标尺。他们认为宝塔组和临湘组的沉积时间约为 6Myr。Fang 等(2019)在塔里木盆地开展了系统的旋回地层工作,通过分析大湾沟和羊吉坎剖面的磁化率和自然伽马序列,发现了保存良好的米兰科维奇信号,建立了持续时间约为 7Myr 的天文时间标尺。旋回地层分析表明,短偏心率周期和最低的斜率振幅可能驱动了地球气候在中奥陶世变冷。

另外,研究表明地球在晚奥陶世逐渐进入寒冷的冰室期,在冰室期,米兰科维奇信号将对地球气候产生重要的影响(吴怀春等,2017)。因此,针对晚奥陶世旋回地层的研究工作明显增多。其中,由于在冰室期,斜率会通过驱动极地冰川对地球气候产生明显的影响,在澳大利亚(Williams,1991)、非洲北部(Loi et al.,2010),以及北美洲中东部(Ellwood et al.,2013)和美国 Appalachians 东部(Hinnov and Diecchio,2015,2020)的旋回研究均证实了强烈的斜率信号的存在,表明晚奥陶世的斜率周期约为 30kyr。Sinnesael 等(2017)对加拿大东部旋回性较好的 Vauréal Ellis Bay 组和 Becscie 组地层进行了高分辨率的连续采样,揭示了其沉积的旋回性变化受轨道力驱动。Fang 等(2016)对华北鄂尔多斯盆地下奥陶统平凉组进行了旋回地层分析，发现沉积地层周期与长偏心率(～405kyr)、短偏心率(～100kyr)、斜率(～30.6kyr)和岁差周期(19.2kyr 和 16.2kyr)一致。Fang 等(2016)认为岁差驱动的气候变化控制了盆地内灰泥的生成，驱动了灰岩-页岩韵律层的形成，而岁差和斜率共同作用，控制了硅质岩的生成。Svensen 等(2015)将挪威南部奥斯陆地区上奥陶统 Vollen 剖面磁化率测井的韵律变化与长偏心率旋回(400kyr)、短偏心率旋回(100kyr)和斜率旋回(30kyr)进行匹配，并且估算凯迪阶底界年龄为(451.88±0.37)Ma。Lu 等(2019)对华南晚凯迪期—赫南特期的 Fe^{3+} 和总有机碳含量的变化序列进行了旋回地层分析，发现在这一段地层序列中存在明显的天文轨道旋回信号。其中，1.2Myr (长斜率周期)和 405kyr (长偏心率周期)的变化最显著。作者将这些现象同海平面变化周期和控制富有机质页岩形成的过程联系起来，还根据天文年代标尺对晚凯迪期—赫南特期的生物带和赫南特阶的持续时间[(1.74±0.4)Myr]进行了相对精确的估计。

1.3.2 泥盆纪旋回地层学研究现状

泥盆纪旋回地层的初期研究工作主要基于对露头旋回的直接观测和计数，将主要观测旋回划分为岁差或偏心率周期。Bai(1995)将华南中—晚泥盆世的海平面升降旋回解释为 100kyr 的短偏心率旋回。House(1995)将小型的韵律层和岁差周期联系起来，并且估算了吉维特阶的持续时间约为 6.5Myr。Gong 等(2001，2005)和 Chen 等(2003a)通过识别杨堤剖面的沉积旋回来开展旋回地层学工作。Gong 等(2001)假设层束、层束组和超层束组受岁差、短偏心率和长偏心率的驱动。Gong 等(2005)根据在杨堤剖面发现的 21 个层束组合和 6.5 个超层束组，进一步计算了杨堤剖面牙形石带的延限时间。Chen 等(2003a)同样在杨堤剖面开展了类似的识别沉积层束的旋回工作，认为在杨堤剖面识别出的层、旋回、旋回束、中旋回束、超旋回束和层序分别代表 2kyr～3kyr、16kyr～18kyr、100kyr、200kyr、400kyr 和 1Myr～2Myr 的旋回周期。

自从 2012 年泥盆纪时间标尺提出之后，越来越多地利用光谱分析和统计技术对泥盆纪进行旋回地层学的研究开始出现。基于捷克共和国 Pod Barrandovem 剖面的磁化率(MS)和自然伽马(GR)数据，Da Silva 等(2016)应用各种频谱分析技术，估计洛赫考夫阶的持续时间为 7.7Myr。Ellwood 等(2015)基于摩洛哥 Tafilalt 地区东南部的 Bou Tchrafine 剖面的 MS 数据记录，提出艾菲尔阶的持续时间为 6.2Myr。Ellwood 等(2011b)结合摩洛哥、法国和纽约州(美国)露头的 MS 数据记录，在吉维特阶建立了一个持续时间为 5.6Myr 的天文时间标尺。De Vleeschouwer 等(2015)基于来自比利时的 MS 数据记录，提出了吉维特阶的持续时间为(4.35±0.45)Myr。Pas 等(2020)对纽约 Appalachian 盆地的剖面进行旋回地层分析，提出艾菲尔阶持续时间约为 5Myr。De Vleeschouwer 等(2012)根据加拿大西部 5 个剖面的 MS 数据计算出弗拉阶的持续时间为 6.5Myr。Pas 等(2018)通过分析美国 Illinois 盆地的钻孔 MS 数据，提出法门阶的持续时间为 13.5Myr，并提出 F-F 界线年龄为 372.4Ma。

同时，基于高精度的天文年代标尺，一些地质学家还对泥盆纪天文轨道驱动的古气候、古环境变化机制进行了探讨。De Vleeschouwer 等(2015)注意到比利时吉维特期古赤道纬度附近剖面的岁差和斜率信号十分强烈，这种非常发育的斜率信号是出乎意料的，因为在热带纬度上，斜率对太阳辐射的影响通常是有限的。这种低纬度的斜率信号可能与高纬度的冰原有关。De Vleeschouwer 等(2017)和 Da Silva 等(2020)通过研究 F-F 界线附近旋回地层，指出缺氧的上 Kellwasser 事件层存在很强的斜率信号，在这段时期内，斜率信号的强烈发展结合最小偏心率，导致温度较低的季节性气候出现，使有机碳得以积累。并且 De Vleeschouwer 等(2013)在波兰晚泥盆世旋回地层的研究中还指出，法门期 *Annulata*、Dasberg 和 Hangenberg 页岩层的形成受 2.4Myr 长偏心率周期调控，这种具有长偏心率周期的时期将引发冈瓦纳小型大陆冰原的崩塌，从而导致海平面上升。

1.4 研究存在的问题

综上所述，目前在早—中奥陶世和晚泥盆世的旋回地层研究中主要存在以下问题。

(1)奥陶纪和晚泥盆世的时间标尺精度和分辨率十分有限，2020 年的地质时间标尺(GTS2020)为奥陶纪和晚泥盆世提供了高分辨率的时间框架。然而，奥陶纪和晚泥盆世的研究仍然受时间分辨率的限制，一些放射性同位素数据在早—中奥陶世和晚泥盆世仍然具有数百万年的误差。

(2)由于年代久远，相对于新生代和中生代，古生代地层剖面往往出露较差，生物地层、化学地层等基础地层资料积累较少，且普遍缺少高精度的放射性同位素定年数据，难以为旋回地层研究提供高精度的年代框架。

(3)总体来看，目前奥陶纪旋回地层学研究主要集中在中—晚奥陶世，涉及早奥陶世旋回地层学的研究较少。

(4)晚泥盆世旋回地层缺少连续出露良好的研究剖面，研究的大多数晚泥盆世旋回地层均由多个剖面或者钻孔拼接而成，容易造成地层缺失或者重复。

(5)由于太阳系的混沌现象，对于深时地球，地球轨道参数与现在不同，我们不了解深时地球轨道参数是如何变化的，轨道力如何影响地球气候和环境的变化，以及这些变化在生物演化过程中发挥了怎样的作用。

1.5 研究内容和思路

1.5.1 主要研究内容

我国下—中奥陶统和上泥盆统发育良好，积累了大量的沉积地层、生物地层和化学地层资料，基础研究扎实、丰厚，这为开展早—中奥陶世和晚泥盆世旋回地层分析，探索天文轨道力对古气候、古环境的驱动机制提供了理想的地层基础。

本书的研究内容主要围绕以下 6 个方面展开。

(1)系统收集中国下—中奥陶统和上泥盆统剖面相关的区域地质背景、沉积地层、生物地层、化学地层等资料，选择合适的研究剖面进行旋回地层学研究。

(2)通过采集古气候替代指标，进行系统的旋回地层学分析。识别早—中奥陶世和晚泥盆世沉积地层中的天文轨道周期信号，建立高精度的天文年代标尺。同时，结合地层绝对年龄框架和生物地层框架，建立早奥陶世特马豆克期、弗洛期和晚泥盆世法门期天文年代框架。

(3)根据建立的天文年代标尺,查明早—中奥陶世和晚泥盆世各牙形石带持续时间和重大地质事件的年龄与进程。

(4)通过识别深时地球轨道参数变化特征,查明米兰科维奇旋回对古气候、古环境的影响和驱动机制,同时探索天文轨道旋回变化对奥陶纪生物大辐射和晚泥盆世 F-F 生物大灭绝的影响。

(5)通过研究具有良好地层韵律的地层剖面,识别出可靠的斜率周期,重建深时地月系统演化模型,计算深时地球岁差常数 k、日长和地月距离。

(6)根据建立的天文年代标尺,对古生代天文校正时间序列进行长周期分析,探索深时太阳系的混沌现象。

综上,笔者以华南(黄花场剖面、拉利剖面和杨堤剖面)、华北(亮甲山剖面和下岭南沟剖面)和西准噶尔地区(布龙果尔剖面和乌兰柯顺剖面)7 条下—中奥陶统和上泥盆统剖面为研究对象,系统地进行剖面测量和样品数据采集,通过天文旋回调谐地层年代,建立高精度的早—中奥陶世和晚泥盆世年代框架。在此基础上,结合沉积地层、生物地层和化学地层资料,探讨早—中奥陶世和晚泥盆世环境、气候在轨道尺度上的变化特征和规律,同时进一步探索深时地球系统的演化。

1.5.2 研究思路

旋回地层学研究需要翔实的地质研究基础和良好的野外出露,因此,我们在选择研究剖面时首先选取有较好研究基础,如具有良好的沉积地层、生物地层、化学地层格架等的地区。同时,良好的剖面出露便于等间距的系统采样,一般来说,旋回地层分析中,在一个岁差周期的沉积旋回中需要设置 4 个采样点(Weedon,2003)。选取合适的古气候替代指标进行旋回分析,然后根据识别出的天文旋回信号建立浮动的天文年代标尺,结合放射性同位素绝对年龄或其他高精度的年龄约束(如生物地层、磁性地层等),就可以建立地层的绝对年代标尺。根据天文年代标尺,可以对地层主要地质界线和重大地质事件发生的年龄进行天文年代标定,同时,还可以查明深时地层沉积速率演变和天文轨道周期变化的特征。最后,结合各地区的化学地层、沉积地层等资料,可以探索深时地球古气候、古环境变化的天文轨道驱动机制(图 1.5)。

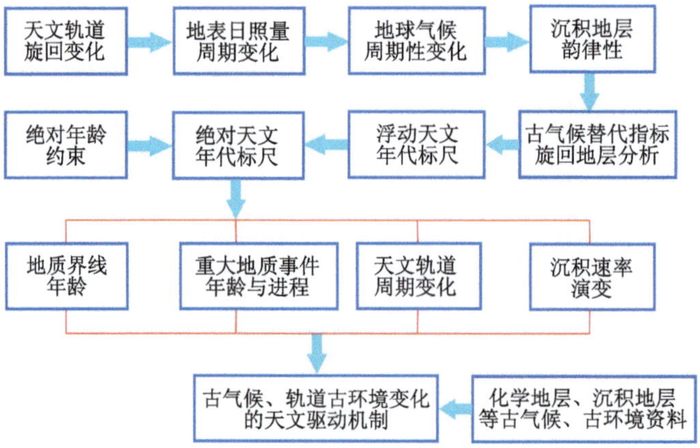

图 1.5 研究思路流程图

1.5.3 本书主要工作量统计

本书的研究建立在大量的野外工作和室内实验测试基础之上。笔者在2014—2018年多次赴新疆西准噶尔地区，华南广西，湖北宜昌，华北秦皇岛、唐山和鄂尔多斯等地进行野外地质调查，采集了大量的岩石样品，同时实地测试了大量的磁化率、自然伽马和XRF地球化学数据，获得了丰富的野外第一手资料。野外工作时间累计约150天，踏勘剖面12条，长共27km，包括：①新疆西准噶尔，布龙果尔2km、乌兰柯顺3km、根那仁3km；②广西，杨堤1km、拉利2km、石堤2km；③秦皇岛，亮甲山2km；④唐山，赵各庄4km；⑤鄂尔多斯，大石门2km、下岭南沟3km、三道坎2km；⑥宜昌，黄花场1km。其中，实测剖面9条，共1643m，包括布龙果尔(244m)、乌兰柯顺(382m)、根那仁(359m)、杨堤(74m)、拉利(220m)、石堤(110m)、亮甲山(112m)、下岭南沟(97m)、黄花场(45m)。

第 2 章 旋回地层学的理论和研究方法

2.1 天文旋回理论

2.1.1 米兰科维奇旋回理论

米兰科维奇旋回理论又称天文旋回理论，是从全球尺度出发研究地球气候波动变化和太阳辐射量之间关系的天文理论，也是旋回地层学研究的理论基础。太阳系各行星间的万有引力作用会使地球轨道参数发生周期性变化，地球轨道周期性的变化导致地球表面的日照量分布不均，从而造成地球气候发生周期性的变化（图 2.1）。这些周期性变化通过沉积作用被记录在沉积地层中，一般可以由地球的偏心率、斜率和岁差周期表示（图 2.2）（吴怀春等，2011）。一般来说，地球的偏心率、斜率和岁差等轨道参数的周期相对稳定，其中，405kyr 长偏心率更是作为地质计时的"节拍器"在旋回地层研究中得到了极其广泛的应用。旋回地层的研究内容主要为通过分析沉积地层和地层中的古气候替代指标，识别代表岁差、斜率、偏心率的沉积旋回。

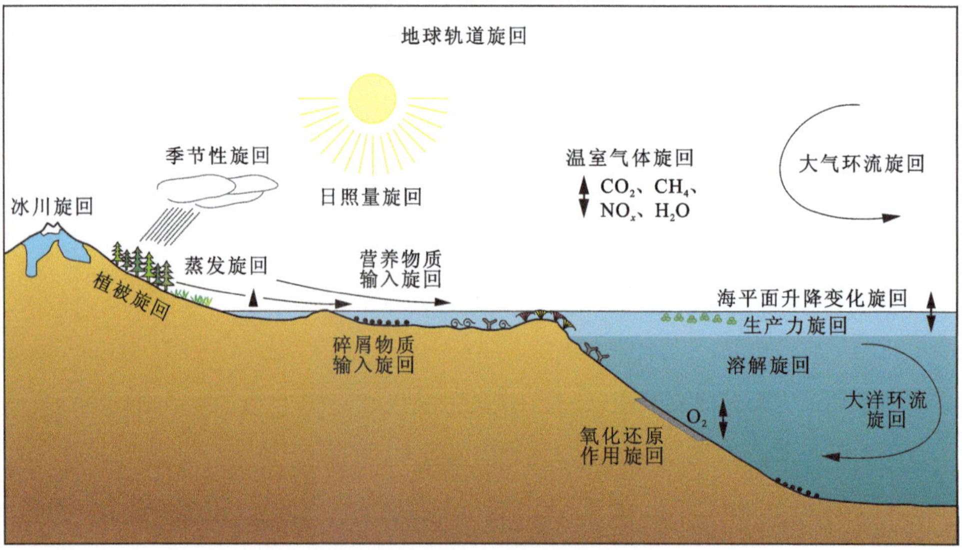

图 2.1 地球轨道周期变化引起地球表层系统的旋回过程（据 Strasser et al.，2006 修改）

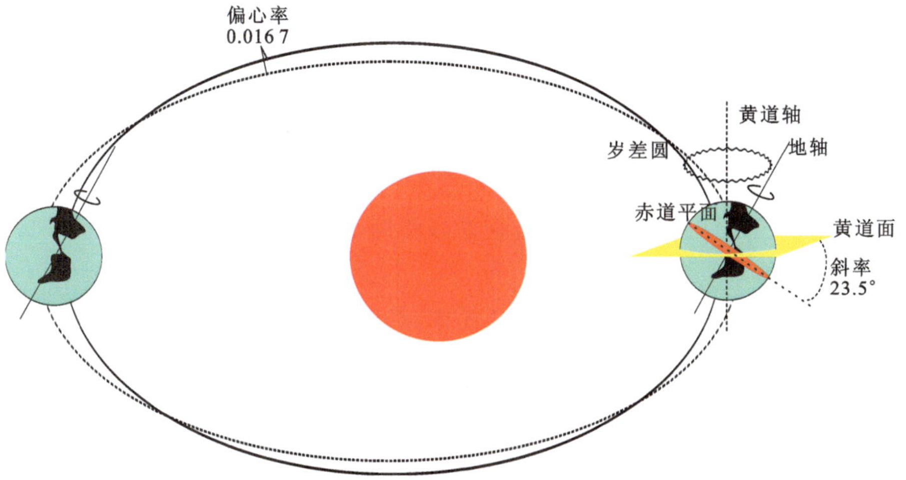

图 2.2　地球轨道参数示意图(据 Pisias and Imbrie,1986 修改)

2.1.2　3 个重要的天文参数

1. 偏心率

偏心率的周期性变化是由其他行星的运动产生的万有引力作用在地球轨道上造成的。地球的偏心率受行星间引力影响,会在 0.000 21～0.067 范围内发生周期性波动,目前是 0.016 7(图 2.2),其主要周期分别为具有～100kyr 的短偏心率周期(95kyr、99kyr、124kyr 和 131kyr)、405kyr 的长偏心率周期和近 2.4Myr 的超长偏心率周期。405kyr 的长偏心率周期(g_2-g_5)是由金星和木星轨道近日点之间的相互作用形成的,是～100kyr 的短偏心率的调制周期,由于木星的巨大质量,405kyr 的长偏心率周期在地质历史时期十分稳定,被称为地质计时的最佳“节拍器”(Hinnov,2018);近 2.4Myr 的超长偏心率周期(g_4-g_3)是由地球与火星轨道近日点之间的相互作用形成的,它是 405kyr 长偏心率的调制周期,超长偏心率周期不太稳定,常由 2.4Myr 转变为 2Myr。偏心率的变化还会对地球气候产生重要的影响:偏心率越小,四季的变化越不明显;偏心率越大,地球的季节性越显著,同时也越易诱发冰川的形成(吴怀春等,2011;黄春菊,2014)。

2. 斜率

斜率是地球公转的轨道平面与地球赤道平面的夹角,又称为地轴的倾斜度(图 2.2)。地球斜率通常在 22.5°～24.5°之间变化(当今斜率值为 23.26°)。现在斜率的周期有 29kyr、39kyr、41kyr($k+s_3$,主要周期)和 54kyr。源于火星与地球轨道倾角变化的超长斜率周期[1.2Myr(s_4-s_3)]和源于地球和火星近日点之间相互作用的超长偏心率周期[2.4Myr(g_4-g_3]是这些短周期频率的调制周期。受潮汐耗散作用影响,地月距离不断变大,地球自转速度不断减慢,因此,地质历史时期的斜率周期要短一些。斜率的变化对高纬度地区的气候变化影响较大:当斜率增大时,高纬度地区冬季接受的太阳辐射量变小,在夏季则增加,地球季节性增强，同时会导致较大的极地和赤道的温度梯度；相反，当斜率变小时，夏季高纬度地区接受的太阳辐射量变小，冬季则增加，这样冬季就不会太冷，夏季也很凉爽。在这个时期，冬季积累的冰川即使在夏季也能得以保存，因此会诱发冰川的扩张（吴怀春等，2011；黄春菊，2014）。

3. 岁差

岁差由地球-太阳距离、地球自转轴方向漂移和偏心率变化共同影响产生（图 2.2），现在主要的岁差周期包括 24kyr、22kyr、19kyr 和 17kyr。受潮汐耗散作用影响，地质历史时期的岁差周期要比现在短一些。地球所接受的太阳能量分布本身虽然不会受岁差影响，但是偏心率周期通过调制岁差周期可以对地球日照量分布产生重要的影响。如果地球到达远日点时处于夏季，而到达近日点时处于冬季，那么这一年的夏季就会十分凉爽而长久，冬季就会短暂而温暖；相反，如果地球到达远日点时处于冬季，到达近日点时处于夏季，那么这一年的冬季就会又冷又长，夏季则会又短又热，即地球的季节性增强。偏心率周期通过调制岁差周期，会对地球中低纬度地区产生较大的影响（吴怀春等，2011；黄春菊，2014）。

2.2 旋回地层学的研究方法

2.2.1 数据的采集和测试

开展旋回地层学研究对地层的要求较高，剖面选择极为重要。生物地层、沉积地层、化学地层和年代地层研究基础良好，地层出露连续的剖面是开展旋回地层学研究的最佳选择。开展旋回地层学研究最直接有效的方法是野外沉积旋回识别方法：对于出露良好、韵律性明显的地层剖面，在野外可以直接通过观察岩性组合的变化识别纹层、层偶、层束、层束组等不同级次的旋回及其排列组合样式，并与理论的天文周期比（如 24：6：2：1）相比较，然后根据已有的生物地层或磁性地层年代框架，判断沉积旋回是否受天文因素驱动。假定某个级次的旋回占主导控制作用，并假定在此旋回中接受沉积，那么就可估算出研究层段的沉积持续时间（龚一鸣等，2004）。但并非所有的沉积地层都能清楚地显示岩性变化组合，如在沉积环境相对稳定，岩性变化单一的剖面，仅仅依靠肉眼观察无法判断旋回信号特征，并且采用人为观测划分的方法会导致一定程度的主观误差。因此，在现代旋回地层学研究中，大多数研究者都倾向于采用时间序列分析的方法，选择合适的气候替代指标进行旋回分析（Hinnov，2018）。

笔者在进行旋回地层研究时，选择磁化率、元素地球化学数据和自然伽马数据作为古气候替代指标。其中，磁化率使用 KM-7 手持式磁化率仪和 MFK-FA/CS4 多功能磁化率仪测得，元素地球化学数据使用手持式 X 射线荧光扫描仪（XRF）测得，自然伽马数据使用 RS-230 伽马仪测得。

2.2.2 古气候替代指标的遴选及其指示意义

为了揭示沉积地层中保存的多变、复杂的古气候特征，许多地球化学、物理指标被用作古气候研究的替代指标，如磁化率（Ellwood et al.，2011a，b；Li et al.，2017）、自然伽马（Li et al.，2016b；Wang et al.，2020）、稳定同位素含量（Strasser et al.，2006）、放射性同位素含量（Wang et al.，2001）和沉积物中元素含量等（Boulila et al.，2010；Ma et al.，2019b，2020，2022）。沉积地层中某些物理、化学特征已经被证实可以作为一些环境条件因子的替代指标，用来指示氧化还原条件、陆源输送强度、古生产力等（Calvert and Price，1972；Balzer，1982；Force and Cannon，1988；Baumann et al.，2005；Boulila et al.，2010；Li et al.，2016b，2019a）。

2.2.2.1　磁化率

磁化率（MS）是表征物质磁化程度的一种无量纲磁学物理量。岩石中 MS 的大小受磁性矿物种类、粒度、方位、含量和形态等多种因素影响。通常磁性矿物可以分为 3 类：顺磁性矿物、铁磁性矿物和反磁性矿物。顺磁性矿物的 MS 为正值且值较小，主要的顺磁性矿物有云母、黄铁矿和伊利石等。反磁性矿物结构中只有成对的电子自旋，这种矿物在磁场中会产生一个反方向的磁场，MS 表现为负值，如方解石。铁磁性矿物的 MS 为正值且值较大，如磁铁矿、赤铁矿和磁黄铁矿等。岩石的 MS 是样品中各种磁性矿物 MS 的总和，并且岩石中顺磁性矿物含量对 MS 的影响远超反磁性矿物（Ellwood et al.，2000）。

在中国，磁化率早期主要用来区分黄土和古土壤，并用于古气候对比和全球变化研究（Heller and Liu，1984；安芷生等，1990；An et al.，1991）。针对海洋和湖泊沉积物，磁化率也一直用于一定规模的岩芯地层对比（张俊辉等，2010；Pas et al.，2018）。在环境磁学中，测量样品的磁化率方便、简单，对样品无破坏性，能重复测量，因此，磁化率获得了广泛的应用（赵庆乐，2010）。

磁化率变化的影响机制在不同的地质与气候条件下也是不同的。如中国的黄土与古土壤，冰期冬季风带来大量粉尘沉积，在黄土高原上形成黄土层；间冰期粉尘减少，夏季风带来的降雨增多，形成土壤层。这种黄土-古土壤序列可以通过开展磁化率的研究工作进行分辨（曾永耀和赵博，2020）。磁化率与沉积物黏土的含量关系密切，呈正相关关系。粉砂-黏土质沉积物中易富集磁性物质。总有机碳含量与磁化率的大小也呈正相关关系，气候温暖湿润的高湖面更有利于有机碳的保存，而且铁磁性硫化物多生成在含有机碳的湖泊中（张世红，2000；田庆春等，2011）。目前，磁化率作为一种有效且可靠的古气候替代指标，用来识别沉积地层反映的地球轨道的周期变化，已经得到了许多研究的证实（Ellwood et al.，2011a，2011b；Kodama and Hinnov，2015；Li et al.，2019a）。

2.2.2.2　元素地球化学

古环境、古气候的变化会影响和控制某些元素的富集或匮乏过程，通过分析沉积岩的元素含量可以得到当时的环境特征，如深度、盐度、温度和 pH 值等（房强，2015）。一些元素相对稳定，受外来因素的干扰较小，它们的含量变化可以用来分析和解释沉积环境的变化情况（Calvert and Pedersen，2007）。

沉积岩中元素含量变化可以反映沉积物的物质来源。主要研究的常量元素有铝（Al）、铁（Fe）、钙（Ca）、硅（Si）、镁（Mg）、钠（Na）、钾（K）、钛（Ti）和锰（Mn）等。本书主要涉及的常量元素包括 Al、Fe、Ca、Si 和 Ti。其中，Si、Al、Fe(难迁移元素)主要以碎屑的形式从陆地输送到海洋中。海相地层中的主量元素常用来指示物源区的分化作用强度(房强，2015)。在海相沉积盆地中，Si 主要分为生物硅、陆源硅和深源硅。陆源硅与外源碎屑输入相关，其含量变化与陆源风化有关，而生物硅可以作为古生产力的重要指标(Tréguer and Rocha，2013)。Al 是除 Si 之外在碎屑沉积物中最丰富且稳定的元素，在碳酸盐岩中十分常见。陆源输入的黏土矿物是 Al 的主要聚集地，而复杂的海洋作用对 Al 的影响不大(Murray et al.，1993；Turgeon and Brumsack，2006)。同时，由于 Al 在化学风化过程中不易淋滤丢失，因而在侵蚀产物中 Al 含量相对较高(Nesbitt and Young，1982)。因此，海洋系统中的 Al 往往与物源区化学风化作用的增强有关。Ti 是一种极为稳定的元素，是海洋沉积岩中指示陆源物质输送的最佳指标，其他元素与 Ti 之间的含量比值可以作为元素化学风化的示踪因子。沉积岩中含 Fe 的氧化物更容易在浅水环境富集。在大多数的研究中，Si、Al、Ti 和 Fe 等元素含量的变化通常被认为与外源碎屑输入的强弱相关(Cuven et al.，2010；Kylander et al.，2011)。

地层记录中，碳酸盐的含量是古生产力的重要替代指标，同时也是一种对环境和气候变化敏感的替代指标(Boulila et al.，2010；Sui et al.，2018)，本书用 Ca 的百分含量来表示碳酸盐的含量。海洋沉积物中的碳酸盐主要来源于生物活动，尤其是一些具钙质骨骼生物的活动，并且陆源物质的输入对碳酸盐的生产有很大影响，碳酸盐的生产速率在有大量陆源营养物质输入的情况下会受到抑制，而在贫氧的环境中，碳酸盐生产速率较快(Baumann et al.，2005)。在海相碳酸盐岩地层中，Mn 受后期成岩作用小，是重要的示踪元素(Bellanca et al.，1996；Corbin et al.，2000；Jenkyns et al.，2002)。Mn 还可以作为指示古氧化还原环境的指标(Calvert and Price，1972；Balzer，1982；Force and Cannon，1988；Boulila et al.，2010)。在氧化环境中，Mn 含量通常较高(通常以氧化物和氢氧化物的形式存在)，而在还原环境中，Mn 含量通常较低(通常以 Mn^{2+} 的形式存在)。

在一些研究中，将元素含量的比值作为古气候替代指标更具有目的性和实际意义。使用元素含量的比值作为气候替代指标，可以有效减少背景元素含量带来的影响，降低数据误差，提高数据的可靠性。如 Al、Ti、Fe 在海洋中的沉积以陆源输送为主，所以它们一般作为陆源沉积的指标。而 Ca 通常作为海相沉积的指标，因此，在海洋沉积中常用 Fe/Ca、Ti/Ca 或 Al/Ca 等元素含量比值来对陆源沉积进行量化，以此来消除生物沉积对陆源沉积的稀释作用(Govin et al.，2012；马坤元等，2016)。

2.2.2.3 自然伽马

自然伽马(GR)主要用于衡量岩层中 ^{40}K、^{232}Th 和 ^{238}U 等放射性元素强度(Ruffell and Worden，2000；Schnyder et al.，2006)。K 在黏土、长石、云母和氯盐等矿物中很常见，U 通常通过氧化还原作用富集在有机质中，但也存在于其他矿物，如磷酸盐、黏土和重矿物中(Myers and Wignall，1987；Osmond and Ivanovich，1992)。Th 与黏土有关，经常在火山灰层中发现，Th/U 值有助于火山灰层的检测(Li et al.，2019a)。纯碳酸盐中几乎不含放射性元素 ^{40}K、^{232}Th 和 ^{238}U(陈晔等，2001)。干冷的气候会导致较低的自然伽马数值；而暖湿的气候会使黏土和有机质沉积增多，导致较高的自然伽马数值(陈晔等，2001；Li et al.，2019a)。在湿热气候下的早期化学风化过程中，U 会从黏土和长石中淋滤与移除(Osmond and Ivanovich，1992)，从而导致土壤中 Th/U 值的增大；相反，海洋沉积物中 Th/U 值的增大可能是干旱内陆气候的标志(Li et al.，2019a)。伽马放射图谱反映的气候变化旋回能够与野外观测的岩性韵律相对应：泥质含量越高，伽马数值越高；灰岩越纯，伽马数值越低。

2.2.3　时间序列分析方法

2.2.3.1　数据的预处理

旋回地层学研究需要获取能够记载沉积地层中研究所需的最高频率信号(通常需要岁差信号)的气候替代指标，奈奎斯特采样定理表明，当采样频率大于需要寻找的信号中最高频率的 2 倍时，原始信号才能被完好地保存下来。因此，采样时首先需要考虑频谱分析所涉及的奈奎斯特频率(Nyquist frequency)，即 $1/2dt$，dt 即为采样间距。如果采样间距过大，奈奎斯特频率就会低于研究频率，出现信号失真，不能正确识别所需要研究的信号(钟阳阳，2019)。Weedon(2003)建议为了避免信号失真，每个旋回需要至少 4 个数据点来进行约束。

时间序列数据通常包括 3 个部分：理想的受天文轨道周期控制的沉积信号、由于小范围环境扰动及指标内在因素产生的噪声、时间序列整体显示出的长期变化的趋势背景值。因此，为了获取高质量的等间距数据，通常需要对数据进行预处理，即消除噪声、整体去趋势等。数据的预处理手段通常分为以下几种。

(1)插值：只有等间距的时间序列才能被现在的大部分分析软件和算法所接受，所以对不等间距的时间序列进行插值处理是很有必要的。野外进行数据采集时，由于种种原因，数据很难做到完全等间隔，所以首先要对数据进行插值处理，进行插值时一般使用线性插值的方法，选择平均间距进行插值。

(2)去极值：原始数据中由于操作或仪器的问题，有时会出现孤立的偏离均值的异常点，在进行频谱分析前要将其剔除。

(3)去趋势化：由于地球历史会表现为某个大趋势，这个趋势性变化表现为从低频到高频谱峰能量的逐渐降低，通常采用预白化的方式(pre-whiten)去趋势，本书常使用“LOESS”和“LOWESS”的方法去趋势。先使用“LOWESS”的方法得到时间序列的滑动窗口(设定的窗口大小一般要大于所研究的最长天文旋回周期)平均值序列，再用原始时间序列减去平均值序列即可得到去趋势后的时间序列(钟阳阳，2019)。本书中去极值和去趋势的工作使用 KaleidaGraph 和 Acycle 完成，而插值等工作利用 Analyseries 2.0.8(Paillard et al.，1996)和 Acycle 完成(Li et al.，2019b)。

2.2.3.2　时间序列的频谱分析

频谱分析是时间序列分析的核心。傅里叶定理表明任何时间序列都可以由一系列的具有一定波长和振幅的正弦波及余弦波相叠加得到。沉积地层中的时间序列同样由许多不同周期的波组成，而频谱分析的核心即是通过对信号进行傅里叶变换，把原本随时间变换的信号变换为随频率变化的频率函数，也就是将时间序列变化的周期性以频率的方式表达出来

(钟阳阳,2019)。常见的频谱分析方法包括周期图法、多窗谱分析法(MTM)、Blackman-Tukey 法、窗口傅里叶变换法等。本书在旋回分析中主要使用 MTM,它可以揭示高分辨率且可靠的功率谱(Kodama and Hinnov,2015)。

本书在进行频谱分析时,为了检测沉积地层中可能的沉积间断和沉积速率的变化,首先利用 MATLAB 中的脚本 evofft. m,对深度域数据进行快速傅里叶变换(FFT)演化图谱分析(通常将滑动窗口设置为长偏心率所代表的沉积旋回大小)(Kodama and Hinnov,2015)。然后在 Acycle 中使用 MTM 对气候替代指标序列进行频谱分析。90%、95%、99%和 99.9%的置信水平基于 Acycle 中 Husson(2014)的经典红噪声模型(Li et al. ,2019b)。

2.2.3.3 滤波

地质记录通常是复杂噪声和多种旋回信号叠加的混合信号,需要用滤波的技术将时间序列中的旋回信号提取出来。滤波是针对特定频率的波段进行的操作。这种方法在旋回地层学中被普遍使用,米兰科维奇旋回中不相关的超高频和超低频信号可以通过高通滤波和低通滤波滤除。带通滤波则能提取目的频率信息(如对应长、短偏心率的旋回信息),然后将它与原始的数据序列叠加在一起,表现它们在深度域上的相互关系。在旋回地层分析中,常用的滤波主要是 Gauss 滤波和 Taner 滤波(Klapper and Harris,1959;Taner,2000),本书采用的是 Analyseries 2.0.8(Paillard et al. ,1996)和 Acycle(Li et al. ,2019b)的高斯带通滤波,根据频谱分析中几个峰值频率间的关系,寻找符合米兰科维奇旋回比值的信号,提取偏心率信号、斜率信号和岁差信号。

2.2.3.4 天文调谐

天文调谐(astronomical tuning)是将沉积地层中经过时间序列分析后得到的沉积旋回调谐到偏心率、斜率或岁差曲线上(Strasser et al. ,2006;黄春菊,2014),如果地层具有绝对年龄约束,则建立的地质年代标尺即为天文年代标尺。

Hinnov(2018)系统总结了天文调谐的多种方法。本书采用最小调谐的方法,即将时间序列调谐到单个天文频率,然后通过其他天文频率和理论天文频率的校正程度来评价天文调谐的可信度。由于太阳系的混沌现象,在 50Ma 之前,天文周期不稳定,但是由于木星的巨大质量,405kyr 长偏心率周期在地质历史时期十分稳定。因此,405kyr 长偏心率周期作为调谐周期被广泛用于的天文地质年代研究中。对于古生代及更早的时期,由于缺少理论的天文轨道周期模型,只能根据识别出来的天文轨道旋回(多数情况是稳定的 405kyr 长偏心率周期)建立浮动天文年代标尺,如果地层具有合适的绝对年龄作为“锚点”,则可建立天文年代标尺。

2.2.3.5 基于统计学思想的天文检验方法

可靠的天文年代标尺基于天文轨道旋回信号的准确识别,最直接有效的天文检验方法就是以放射性同位素绝对年龄或者其他可靠精确的地层研究(如高精度的牙形石生物地层、磁性地层等)为旋回地层学提供年代约束,从而验证旋回信号的可靠性。但是,大多数剖面缺少放射性同位素绝对年龄数据,且多数剖面的生物地层、磁性地层或者化学地层提供的年代约束精度较低,极大地限制了天文检验方法的使用范围(钟阳阳,2019)。

近年来，随着计算机技术突飞猛进的发展，多种天文检验的新方法应运而生，这些新方法可以在缺少精确年代地层约束的情况下检验米兰科维奇旋回信号的正确性（钟阳阳，2019）。常用的天文检验方法包括：①检验高频短周期地球轨道参数（斜率和岁差）振幅的调制周期是否符合低频的米兰科维奇长周期（Hinnov，2000；Boulila et al.，2018）；②通过评估数据中的轨道偏心率周期及其支持证据以及短偏心率的振幅包络线来检验沉积速率的变化（evolutionary time scale optimation，eTimeOpt）（Meyers，2015）；③对比沉积旋回的周期比，如使用 Spearman 相关系数，将数据的功率谱与沉积速率测试范围内的天文轨道目标功率谱进行比对（evolutionary correlation coefficient，eCOCO）（Li et al.，2018b），还有贝叶斯蒙特卡罗方法（Malinverno et al.，2010）和平均频谱误差方法（Meyers and Sageman，2007）。本书在部分旋回地层研究中采用了 eTimeOpt 和 eCOCO 的天文检验方法，以期获得地层可能的沉积速率演变。

2.2.3.6　沉积噪声模型

在沉积地层中，无论是指示气候还是海平面变化的替代指标，都一定同时包含着原始的沉积信号和噪声。沉积噪声的来源有很多，包括一些与海平面变化相关的噪声，如风暴、潮汐和海洋生物扰动等，同时还包括一些与替代指标相关的误差，如测量误差和对气候的非线性响应等。不仅如此，还包括来自压实作用、地层沉积的不稳定性、后期成岩作用等的原生和次生噪声。这些噪声使时间序列进一步复杂化，也使我们在辨别沉积地层中的天文轨道信号时困难重重（Wang et al.，2020）。但是，在这些沉积噪声中，在同一沉积位置与水深有关的噪声变化可以和海平面的变化联系起来。如果海平面高，那么沉积环境就会相对平静，与水深相关的噪声就会相对较低，反之，沉积环境就会变得动荡，扰动也会增多，与水深相关的噪声就会增高。基于此，本书使用了 Li 等（2018a）提出的两种沉积噪声模拟方法：轨道调谐后动态噪声分析（dynamic noise after orbital tuning analysis，DYNOT）和 LAG-1 自相关系数分析（lag-1 autocorrelation coefficient analysis，$\rho 1$）来校正和探索晚泥盆世的海平面变化。

DYNOT 模型通过滑动窗口来计算与天文轨道驱动无关信号（沉积噪声）的方差和时间序列总方差的比值，并测试噪声在气候替代指标（本书中的 Ca、Fe 和 MS 等气候替代指标）中的分布情况。如果噪声增大，那么 DYNOT 值将会增大（海平面降低）；相反，如果噪声减小，那么 DYNOT 值也会减小（海平面升高）。

在一定的时间尺度上，气候变化往往会受先前的气候状况影响，这种性质即为自相关性。而 $\rho 1$ 模型主要以时间序列的 LAG-1 自相关系数作为测试海平面相对变化的第二种噪声指标。如果噪声增大，那么 $\rho 1$ 值将会降低（海平面降低）；相反，如果噪声减小，那么 $\rho 1$ 值会增大（海平面升高）。

2.3　早—中奥陶世和晚泥盆世的天文轨道参数

由于太阳系的混沌现象，在古生代缺少确切的天文轨道参数模型，准确的天文轨道参数一直是个未解之谜（Laskar et al.，2004，2011a，2011b）。但是，由于木星的巨大质量，源于金星和木星轨道近日点之间相互作用的 405kyr 长偏心率周期在地质历史时期特别稳定(Laskar et al.,2011a;Laskar,2020),被地质工作者誉为地质时间的“节拍器”(黄春菊,2014;吴怀春等,2017)。405kyr 长偏心率周期作为天文调谐的重要工具被广泛运用于古生代的旋回地层研究中(De Vleeschouwer et al.,2012;Wu et al.,2013,2018,2023;Pas et al.,2018;Ma et al.,2019b,2020)。由于潮汐耗散作用,地球的自转速率持续变慢,地月距离不断增大,因此,地球的岁差和斜率周期也不断变长(表 2.1～表 2.3)(Berger et al.,1992;Berger and Loutre,1994;Laskar et al.,2004)。现今,地球的岁差速率 k 值为 50.48″/a(周期为25.7kyr)(Laskar et al.,2004)。在地质历史时期,受地球的自旋速率和动态椭圆率影响,岁差速率 k 值更高(Berger and Loutre,1992)。地质学家综合潮汐耗散作用和地月系统的变化,建立了岁差速率 k 在地质历史时期变化的模型(图 2.3)。其中,Berger 和 Loutre(1994)建立的模型假设月球撤离速度为一个恒定值,但这种假设高估了地质历史时期的地月距离。Laskar 等(2004)建立的模型根据现在的潮汐耗散假设了恒定的潮汐时滞,但这种假设低估了地质历史时期的地月距离,导致在早于 2Ga 的地质历史时期中,地月距离不符合洛希极限(Wu et al.,2023)。Waltham(2015)建立的模型假设了 4.5Ga 的洛希极限和随时间平缓变化的潮汐耗散,根据其开发的“米兰科维奇计算器”(http://nm2.rhul.ac.uk/Milankovitch1.html)可以查找地质历史时期米兰科维奇参数和地月系统信息。如“米兰科维奇计算器”预测寒武纪(500Ma)一天的时长约为 22.2h,k 值为 58.9″/a(周期为 22kyr)(Waltham,2015)。Farhat 等(2022)建立的模型总结了海洋潮汐耗散影响的 3 个阶段:原始全球海洋阶段(4.5～3.25Ga)、半球海洋阶段(3.25～1Ga)和半球海洋与板块构造的耦合阶段。根据 AstroGeo 22(https://www.astrogeo.eu/?page_id=553)提供的查询结果,古元古代(～1.8Ga)一天的时长为 17.99h,k 值为 94.18″/a(周期为 13.76kyr)(Farhat et al.,2022)。4 种模型的岁差速率 k 在过去 2.5Ga 的演化曲线如图 2.3 所示。

表 2.1　计算米兰科维奇周期的相关天文参数变量

地质时间/Ma	模型	岁差常数 k/(″·a^{-1})	参考文献
465	a	61.202 9	Berger and Loutre,1994
440	a	60.432 7	Berger and Loutre,1994
380	a	59.262 9	Berger and Loutre,1994
298	a	56.623 8	Berger and Loutre,1994
477	b	58.378 4	Waltham,2015
465	b	58.116 6	Waltham,2015
370	b	56.593 9	Waltham,2015
360	b	56.347 8	Waltham,2015
477	c	61.739 65	Farhat et al.,2022
465	c	61.614 96	Farhat et al.,2022
370	c	61.063 0	Farhat et al.,2022

注:模型 a 受古生物数据和地球物理模型的约束(a 模型中早—中奥陶世和晚泥盆世岁差常数 k 是通过线性插值得到的);模型 b 受地月洛希极限约束;模型 c 考虑了地球不同阶段的海洋潮汐耗散影响。

表 2.2　金星(2)、地球(3)、火星(4)和木星(5)轨道的基本频率

太阳系行星基本频率	g_2	g_3	g_4	g_5	s_3
数值($'' \cdot a^{-1}$)	7.452	17.368	17.916	4.257 452	−18.850

注：这些频率对斜率和岁差周期有贡献。

表 2.3　理论模型预测的早-中奥陶世和晚泥盆世天文轨道周期参数

地质时间/Ma	天文参数轨道周期/kyr						
	E(g_2-g_5)	e_2(g_3-g_2)	e_1(g_3-g_5)	O($k+s_3$)	P_1($k+g_5$)	P_2($k+g_2$)	P_3($k+g_3$)
477	405	130	100	30.4	19.7	18.79	16.43[a]
477	405	130	100	32.9	20.7	19.7	17.00[b]
477	405	130	100	30.2	19.6	18.73	16.38[c]
465	405	130	100	30.6	19.8	18.88	16.49[a]
465	405	130	100	33.1	20.7	19.7	17.00[b]
465	405	130	100	30.3	19.7	18.76	16.41[c]
370	405	130	100	32.3	20.51	19.52	16.98[a]
370	405	130	100	34.4	21.3	20.2	17.51[b]
370	405	130	100	30.7	19.84	18.92	16.52[c]
360	405	130	100	33.0	21.13	19.61	17.06[a]
360	405	130	100	34.6	21.3	20.3	17.55[b]

注：[a]Berger 和 Loutre(1994)；[b]Waltham(2015)；[c]Farhat 等(2022)。

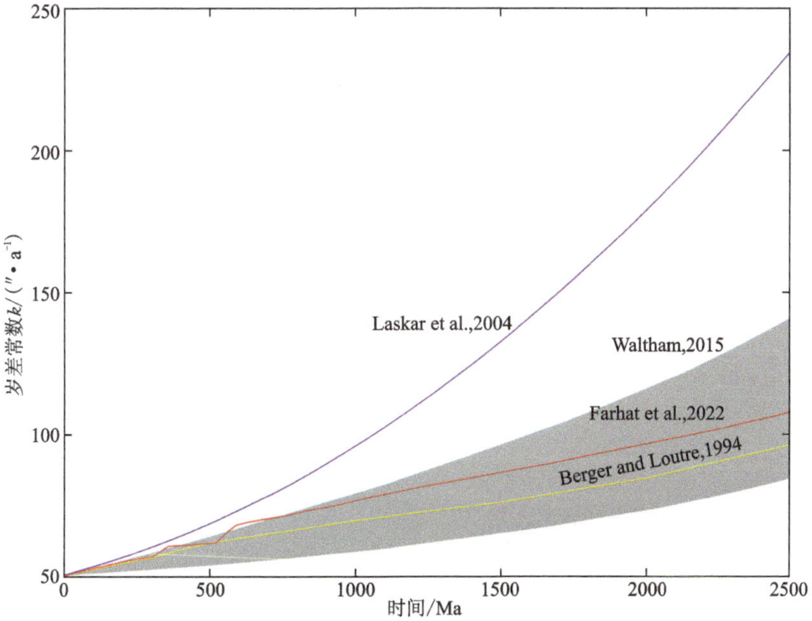

图 2.3　地球的岁差速率 k 在不同的理论模型中的变化示意图

（黄色曲线为 Berger 和 Loutre(1994)的模型，紫线显示了 Laskar 等(2004)中方程(40)的拟合结果，灰色区域显示了 Waltham(2015)提供的估计范围）

在古生代，不同的模型给出了不同的岁差和斜率周期，本书主要参考 Berger 和 Loutre（1994），Waltham（2015）和 Farhat 等（2022）提出的天文参数模型，将其作为理论的天文轨道参数来进行早—中奥陶世和晚泥盆世的旋回地层研究。

第 3 章 华北西缘奥陶纪旋回地层学研究

3.1 序 言

奥陶纪是地质历史时期中地球生命和气候演化的重要发展阶段，其间发生了奥陶纪生物大辐射和奥陶纪末生物大灭绝事件(Bambach et al.,2004;Webby et al.,2004;Algeo et al.,2016)，全球气候从早奥陶世的温室期向晚奥陶世冰室期转变(Trotter et al.,2008)。特别是奥陶纪生物大辐射，这一重大生物环境事件几乎持续了整个奥陶纪，深刻地改变了地球生物界的面貌(Fan et al.,2020)。要了解奥陶纪这些地质事件的前因后果，需要建立高精度的奥陶纪全球年代地层，然而，目前依然困难重重。

奥陶纪全球高精度年代地层的建立主要存在两个问题。首先，奥陶纪化石普遍保存较差，很难进行生物地层对比(安太庠等,1983;王志浩等,2014,2016)。直到 2007 年，根据首次发现的牙形石分子 *Baltoniodus triangularis*(Wang et al.,2005,2009)，奥陶系第三阶才正式命名为大坪阶。Bergström 和 Ferretti (2017)对全球奥陶纪牙形石生物地层进行了总结，但非笔石页岩相的生物地层界线的划分标准一直没有统一。北美、欧洲、阿根廷等地区的生物地层格架各不相同。中国也是如此，其构造历史复杂，中国奥陶纪牙形石动物群具有明显的区域性特征，华南奥陶纪牙形石动物群可与北美中大陆省温水型牙形石动物群对比，而华北地区的牙形石动物群可与北大西洋省冷水型牙形石动物群对比(安太庠等,1983;王志浩等,2014,2016)。奥陶纪的时间精度仍然十分有限。GTS2012(Gradstein et al.,2012)、GTS2020(Goldman et al.,2020)为奥陶纪提供了详细的时间框架。然而，奥陶纪研究仍受时间分辨率的限制，一些放射性同位素年龄的误差超过了百万年(Cooper and Sadler,2012)。得益于定年技术和方法的进步，早奥陶世特马豆克阶同位素定年精度有了显著提高。Landing 等(2000)从北威尔士 Dolgellau 组富含晶体的凝灰岩中得到了 U-Pb 年龄[(486.786±2.57)Ma]，Schmitz 等(2020)重新分析了凝灰岩中的锆石，得出最新的年龄数据为(490.106±0.57)Ma。因此，GTS2020 中的寒武系/奥陶系界线为 486.85Ma，比 GTS2012 的年龄早了 1.45Myr(Goldman et al.,2020)。Normore 等(2018)对澳大利亚 Canning 盆地的 Olympic 1 钻井岩芯中的锆石开展了 CA-IDTIMS U-Pb 定年，得到最古老的层位加权平均 U-Pb 年龄为(479.37±0.16)Ma，位于上特马豆克阶 *P. proteus* 牙形石带内。

旋回地层学通过识别沉积地层中的天文轨道信号，并将其作为“地质年代仪”加以利用，提供了一种显著提高地质年代精度的天文年代学方法(Hinnov,2013,2018)。利用稳定的405kyr长偏心率周期建立的天文年代标尺被广泛地运用到全球各地的奥陶纪地层研究中(Williams,1991;Elrick et al.,2013;Ellwood et al.,2013;Hinnov and Diecchio,2015,2020;Svensen et al.,2015;Fang et al.,2016;Zhong et al.,2018)。在奥陶纪,旋回地层的相关研究明显偏少,这可能与老地层中数据的获取比较困难、地层的研究基础相对薄弱有关,同时较老的地层地球轨道旋回的短周期频率不易识别(Hinnov,2013,2018)。据轨道信号特点(斜率信号强烈)推测,晚奥陶世凯迪期存在较强的冰川作用,因此,越来越多的受米兰科维奇旋回驱动的沉积序列报道于上奥陶统(Hinnov and Diecchio,2015,2020;Fang et al.,2016;Lu et al.,2019;Zhong et al.,2019,2020;高源等,2023)。但是,地球在奥陶纪大部分时间处于温室气候,加上缺乏高精度绝对年龄的控制,故在早奥陶世可靠的米兰科维奇旋回记录相对较少(Gong and Droser,2001;吴怀春等,2017;Wu et al.,2023)。特别地,全球范围内关于早奥陶世特马豆克阶的旋回地层学研究十分匮乏,仅在北美和朝鲜进行了两次研究工作(Wu et al.,2023)。Goldhammer等(1993)将美国得克萨斯州Diablo台地下奥陶统中显著的沉积旋回解释为岁差旋回。Kim和Lee(1998)发现朝鲜下奥陶统Dumugol组沉积旋回为~96kyr的偏心旋回,并提出短偏心率旋回对应于4~5阶海平面层序。然而,上述研究均开展于20多年前,且仅通过结合层、层束、层束群、超层束群的层次结构来判断地球轨道参数是否影响沉积过程,缺少现代旋回地层学分析技术手段的运用,因此,加强早奥陶世特马豆克期的旋回地层学研究十分重要且必要。

本书的第3章和第4章通过对鄂尔多斯西缘下岭南沟剖面、华北秦皇岛亮甲山剖面和华南宜昌黄花场剖面进行旋回地层学分析(图3.1),建立早—中奥陶世高精度的天文年代标尺,并进一步探讨奥陶纪气候在轨道尺度上的演变、地月系统演化和太阳系的混沌现象等问题。

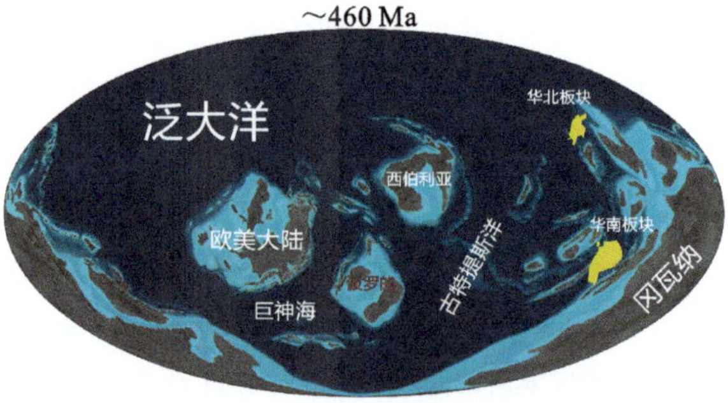

图3.1 中奥陶世全球古地理图

(据Blakey,2008和Huang et al.,2018a修改,黄色区域为华南板块和华北板块位置)

3.2 鄂尔多斯盆地地质背景和研究剖面概述

3.2.1 鄂尔多斯盆地地质背景

鄂尔多斯盆地西缘以贺兰山-六盘山为界,东依吕梁山,北缘以阴山为界,南抵秦岭,横跨陕、甘、宁、蒙、晋 5 个省区（吴素娟等，2017）。鄂尔多斯盆地位于华北板块西北边缘，其发展演化与华北板块紧密相连，此外还受周缘一系列古海槽演化的影响（白云来，2010；赵振宇等，2012）。

在早古生代，鄂尔多斯盆地西南缘发生张裂，形成了秦岭、祁连海槽和贺兰坳拉槽，造就了盆地中心地层薄而边缘地层较厚的格局，盆地西缘后期没入贺兰坳拉槽内。沉积物在秦岭、祁连海槽内沉积较厚，而在贺兰坳拉槽及盆地边缘为碎屑岩和碳酸盐岩沉积。盆地北部为古陆，盆内主要为陆表海碳酸盐岩沉积，厚度较薄（图 3.2A）。盆地边缘发育较厚的碳酸盐岩地层。早奥陶世，华北板块被广泛海侵，海水覆盖全区，沉积了一套浅灰色—深灰色厚层灰岩、白云质灰岩、生物碎屑灰岩夹页岩和膏盐岩等。中奥陶世以后，秦岭、祁连海槽发生褶皱，盆内及贺兰坳拉槽长期隆起，整体发生抬升遭受剥蚀，故研究区普遍缺失上奥陶统—下石炭统，中奥陶统的沉积也仅局限于盆地东、西缘及贺兰坳拉槽内（图 3.3）（冯增昭等，1999；Yang et al.，2005；Pan et al.，2016；Zhen et al.，2016）。

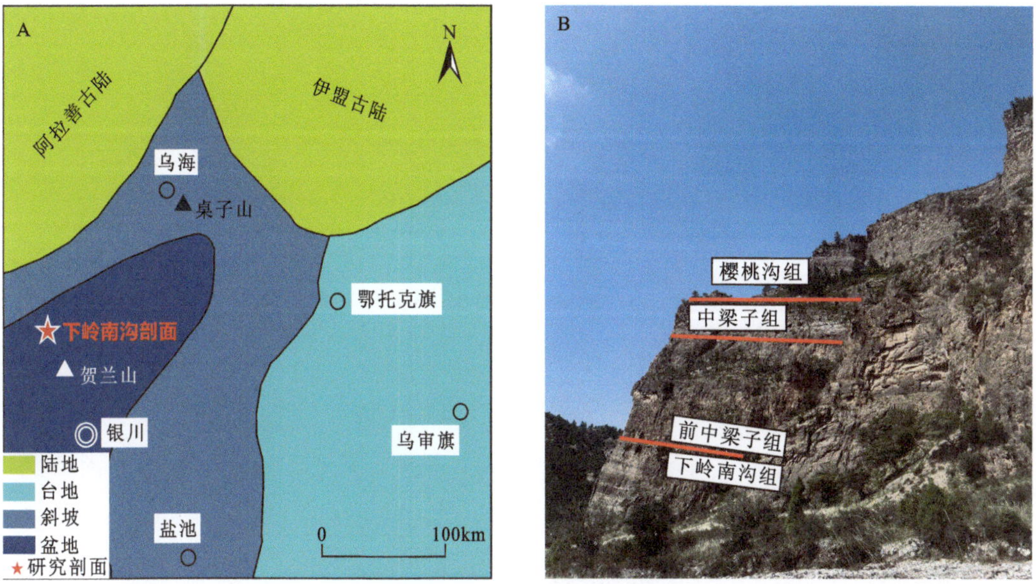

图 3.2　下岭南沟剖面位置图

A. 研究区下岭南沟剖面及其邻近地区古地理图（据李向东等，2018 修改）；B. 鄂尔多斯盆地西缘贺兰山区下岭南沟剖面野外露头

鄂尔多斯西缘的奥陶系以桌子山地区和贺兰山地区的划分方案为主。在桌子山地区，奥陶系不整合覆在寒武系之上，地层自下而上分别为三道坎组（O_2s）、桌子山组（O_2z）、克里摩里组（O_2k）、乌拉力克组（O_2w）、拉什仲组（O_2l）、公乌素组（O_2g）和蛇山组（O_2s）（图 3.3B）。在贺兰山地区，地层自下而上分别为下岭南沟组（O_1x）、前中梁子组（O_1q）、中梁子组（O_2zl）和樱桃沟组（O_2y）（图 3.3A）。

3.2.2　贺兰山地区下岭南沟剖面

鄂尔多斯盆地西缘下岭南沟剖面（38°45′46″ N，105°51′49″ E）位于内蒙古自治区阿拉善

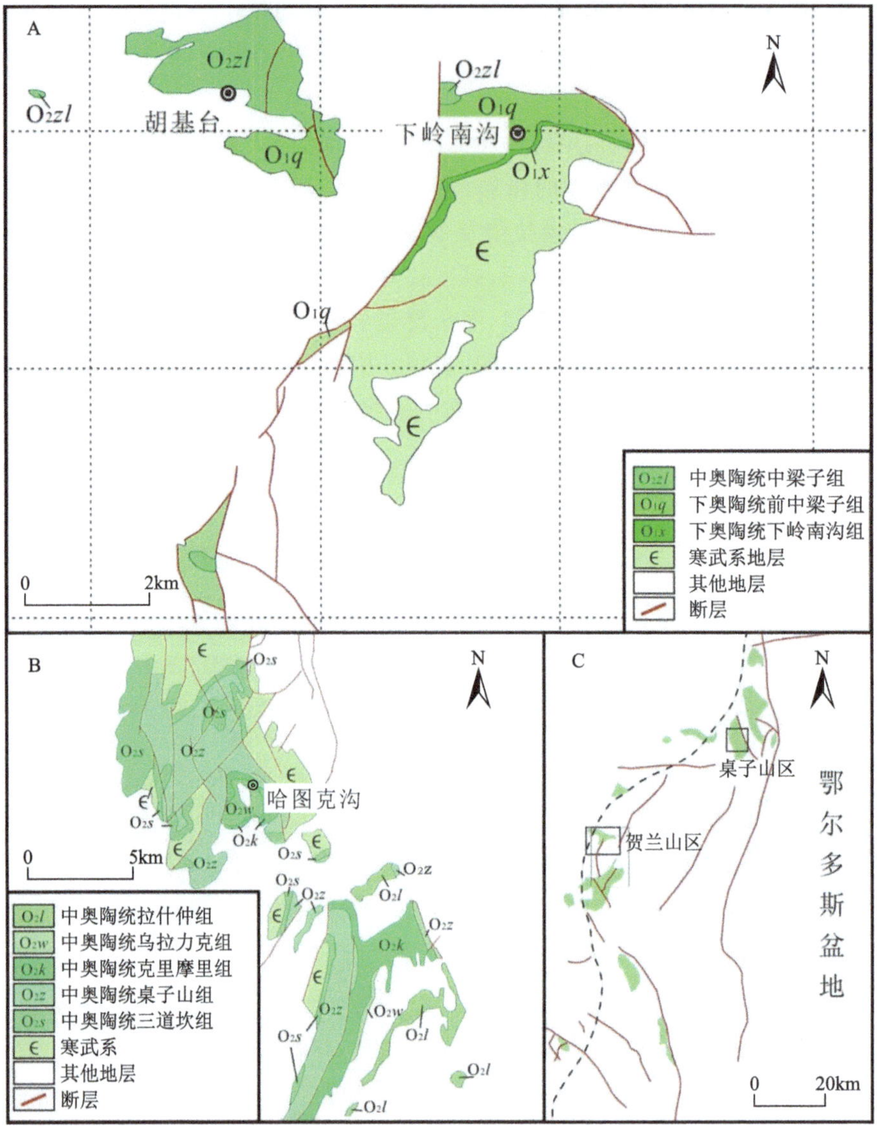

图 3.3　鄂尔多斯西缘早古生代地质简图(据吴素娟等,2017;涂丹,2019 修改)

A. 下岭南沟地区地质简图(下岭南沟即为研究剖面下岭南沟剖面所在地);B. 桌子山地区地质简图;C. 鄂尔多斯盆地西缘奥陶系分布简图

左旗贺兰山国家级自然保护区(图 3.2B)。该剖面主要沉积了一套晚寒武世-中奥陶世的地层,包括芙蓉统凤山组($\in 4f$),下奥陶统下岭南沟组(O_1x)、前中梁子组(O_1q)和中奥陶统中梁子组(O_2zl)、樱桃沟组(O_2y),地层沉积较厚,化石和地质现象丰富。凤山组在该剖面仅出露约 3.15m,由一套深灰色厚层白云岩、灰岩夹少许薄层竹叶状灰岩组成。下岭南沟组岩相稳定,厚度约 60m,与下伏芙蓉统凤山组整合接触。下岭南沟组下部地层岩性主要为浅灰色中—厚层状白云质灰岩,在大约 40m 位置处有大量叠层石,上部岩性为深灰色中—薄层状泥质条带灰岩,偶夹燧石团块(图 3.4A)。前中梁子组厚度约为 45m(未见顶),岩性主要为灰色中—薄层状白云岩,风化面为灰黄色,下部含叠层石,并夹有燧石条带。前中梁子组底部为灰黑色薄层状钙质板岩，其中夹有一段厚度约为 30cm 的灰黑色中层状灰岩，65～65.7m 为深灰色薄层状钙质板岩，风化面为灰黄色（图 3.4A）。前中梁子组和下伏地层下岭南沟组整合接触，笔者对下岭南沟组和前中梁子组下部地层进行了剖面实测。

根据鄂尔多斯盆地西缘的牙形石生物地层的划分方案（郑昭昌和李珍玉，1991）及研究区的牙形石分布特征，涂丹（2019）对下岭南沟剖面进行了系统的牙形石生物地层研究，获得了丰富的牙形石分子化石，并在研究剖面的下奥陶统下岭南沟组及前中梁子组底部的地层划分出 2 个牙形石带，分别为 *Cordylodus lindstroemi-Teridontus nakamurai* 带和 *Scolopodus primitivus-Monocostosua sevierensis* 带。其中，*Cordylodus lindstroemi-Teridontus nakamurai* 带属于特马豆克阶，*Scolopodus primitivus-Monocostosua sevierensis* 带属于弗洛阶（图 3.4A）。

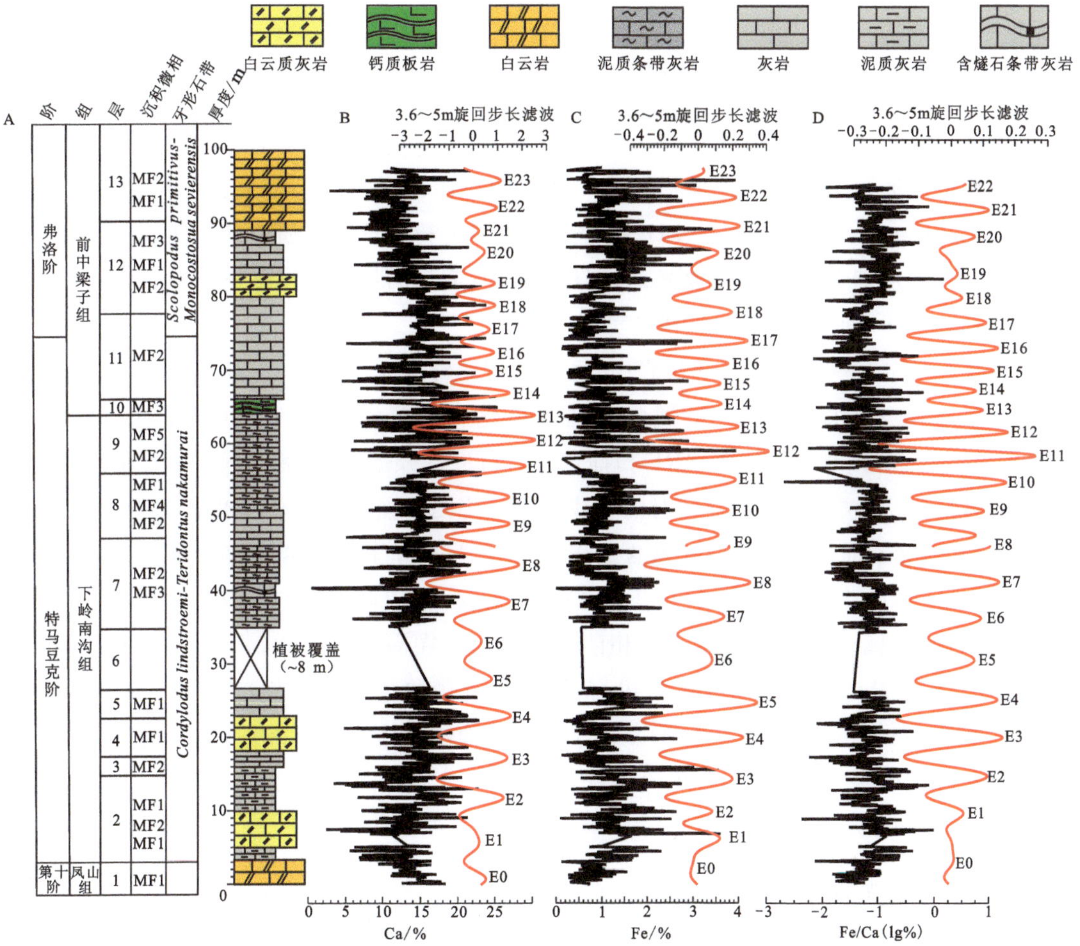

图 3.4 鄂尔多斯盆地西缘下岭南沟下奥陶统剖面深度域旋回地层分析图

A. 下岭南沟剖面岩石地层、沉积微相和牙形石生物地层（据涂丹，2019）；B、C 和 D. 黑色曲线分别为下岭南沟 Ca 含量、Fe 含量和 Fe/Ca 序列，红色曲线为受长偏心率（*E*）驱动的沉积旋回滤波[其中，对于 Ca 含量序列，0～46m 滤波频率和带宽为（0.2±0.05）旋回数/m，46～97.5m 滤波频率和带宽为（0.28±0.08）旋回数/m；对于 Fe 含量序列，0～46m 滤波频率和带宽为（0.2±0.07）旋回数/m，46～97.5m 滤波频率和带宽为（0.28±0.08）旋回数/m；对于 Fe/Ca 序列，0～46m 滤波频率和带宽为（0.2±0.07）旋回数/m，46～97.5m 滤波频率和带宽为（0.28±0.1）旋回数/m]

同时，涂丹(2019)还在下岭南沟剖面开展了细致的沉积微相分析，将下岭南沟剖面划分为5个微相类型(MF1—MF5)：细晶白云岩微相(MF1)代表一种海水较浅的局限台地环境，相当于标准微相中的SFM23；白云质灰岩微相(MF2)代表由局限台地到开阔台地的过渡阶段，相当于标准微相中的SFM17；泥晶灰岩微相(MF3)代表一种相对深水、弱水动力的开阔台地环境，相当于标准微相中的SFM8；内碎屑灰岩微相(MF4)代表一种水体较浅且水动力较强的开阔台地环境，相当于标准微相中的SFM6；含生物碎屑灰岩微相(MF5)代表了一种相对深水且低能、具有生物扰动的开阔台地环境，相当于标准微相中的SFM5(图3.4)。

3.3 下岭南沟剖面旋回地层学研究

3.3.1 古气候替代指标的获取和遴选

岩石样品在下岭南沟剖面按照10cm的间距等间距采集，共840个。在室内进行处理和制样后，在中国地质大学(武汉)生物地质与环境地质国家重点实验室使用Olympus公司生产的型号为“Innovo-X”的手持式XRF扫描仪对样品进行测试。本研究使用Innovo-X的“矿物+”模式自动识别X射线的吸收光谱，利用X射线荧光的相对强度来解释元素的存在和丰度，每次测试持续时间为60s，测试精度可达0.000 1%。

Ca通过海洋生物沉淀在碳酸盐岩中，可以作为评价海洋生产力的一种重要的指标(Ruhl et al.,2016;Ma et al.,2020)，Fe通常与陆源风化和陆源碎屑输入有关(Peterson et al.,2000;Govin et al.,2012)。使用XRF扫描仪对岩石进行分析时，将元素强度的比值而非元素强度作为研究古气候与古环境变化时的替代指标。将元素强度的比值变化作为指示因子，减少了由于其他元素的稀释所造成元素含量误差的影响，提高了数据结果的准确性(Liu et al.,2021;Zhang et al.,2023)。如Al、Ti、Fe在海洋中的沉积以陆源输送为主，所以它们一般作为陆源沉积的指标，而Ca一般作为海相的指标，因此，在海洋沉积中，常用Fe/Ca、Ti/Ca或Al/Ca等元素含量比值来对陆源沉积进行量化，以此消除生物沉积对陆源沉积的稀释作用(Liu et al.,2021;Zhang et al.,2023)。由于下岭南沟剖面白云石化严重，笔者通过进一步分析下岭南沟剖面Fe/Ca的值，来消除由于单个元素(如Ca)的稀释作用造成的数据误差(Govin et al.,2012;马坤元等,2016)。

3.3.2 奥陶系下岭南沟剖面化学地层特征

鄂尔多斯盆地奥陶系下岭南沟剖面沉积稳定，以碳酸盐岩沉积为主。下岭南沟剖面Ca的含量在2.39%～25.55%之间变化，平均含量为14.17%(图3.4B)；Fe的含量在0.12%～3.95%之间变化，平均含量为1.11%(图3.4C)。寒武系凤山组上部(0～3m)和前中梁子组底部(89～97.5m)主要出露白云岩，Ca含量偏低，平均含量为12.4%，Fe的平均含量为1.09%；奥陶系下岭南沟底部(5～10m和18～23m)和前中梁子组底部(80～83m)主要出露白云质灰岩，Ca 的平均含量为 14.29%，Fe 的平均含量为 1.10%；前中梁子组底部（64～66m）出露 2m 厚的钙质板岩，Ca 含量偏高，平均含量为 16.03%，Fe 的平均含量为 1.14%；下岭南沟剖面其他地层主要出露灰岩和泥质灰岩，Ca 和 Fe 的平均含量分别为 14.43% 和 1.12%（图 3.4B、C）。

3.3.3　奥陶系下岭南沟剖面旋回地层分析

本书分别对 Ca 含量、Fe 含量和 Fe/Ca 值进行旋回分析。深度域的 FFT 演化图谱显示，旋回步长在 5～8m 的信号能量十分强烈，并且在大约 46m 的位置，低频信号向较高频转变，表明沉积速率减慢（图 3.5A～C），eCOCO 斯皮尔曼相关系数演化图同样揭示了下岭南沟剖面沉积速率在后半段变慢（图 3.6A、G、M）。因此，本书在进行旋回分析的时候，将数据按0～46m 和 46～97.5m 两部分分类后分别进行分析。

在 0～46m 的地层序列中，Ca 含量序列的能量谱图显示，能量高于 90% 的置信度的沉积旋回位于 5.6m、1.32m、0.88m、0.78m、0.5m、0.46m、0.29m、0.26m、0.24m 和 0.22m（图 3.5E）。Fe 含量序列的能量谱图显示，能量高于 90% 的置信度的沉积旋回位于 11m、4.8m、1.43m、1.1m、0.77m、0.5m、0.26m 和 0.22m（图 3.5G）。Fe/Ca 的能量谱图显示，能量高于 90% 的置信度的沉积旋回位于 4.8m、0.77m、0.5m、0.29m、0.26m、0.24m 和 0.22m（图 3.5I）。其中，波长在 5.6～4.8m、1.32～0.77m、0.5m 和 0.29～0.22m 的比近似于 24∶6∶2∶1，可能分别代表了 405kyr 长偏心率周期、100kyr 短偏心率周期、～30kyr 的斜率周期和～20kyr的岁差周期。

在 46～97.5m 的地层序列中，Ca 含量序列的能量谱图显示，能量高于 90% 的置信度的沉积旋回位于 3.6m、1.64m、1m、0.78m、0.53m、0.47m、0.35m、0.28m、0.25m 和 0.2m（图 3.5D）。Fe 含量序列的能量谱图显示，能量高于 90% 的置信度的沉积旋回位于 8.3m、3.6m、1.6m、1.1m、0.71m、0.43m、0.34m、0.29m、0.26m、0.23m 和 0.21m（图 3.5F）。Fe/Ca的能量谱图显示，能量高于 90% 的置信度的沉积旋回位于 8.1m、3.6m、1.61m、1m、0.71m、0.47m、0.36m、0.28m、0.25m、0.23m 和 0.21m（图 3.5H）。笔者认为 3.6m、1.1～0.71m、0.53～0.28m 和 0.25～0.21m 的沉积旋回比符合早奥陶世米兰科维奇旋回长偏心率、短偏心率、斜率和岁差的比（表 2.3）。同时，根据识别出的米兰科维奇旋回特征，下岭南沟剖面 46～97.5m 的地层沉积速率要低于 0～46m，此结果与 FFT 演化图谱和 eCOCO 的结果一致（图 3.5、图 3.6）。因此，笔者根据沉积地层中识别出的长偏心率旋回（图 3.4B—D）建立深-时转换模型（图 3.7），将气候替代指标从深度域转换到时间域。

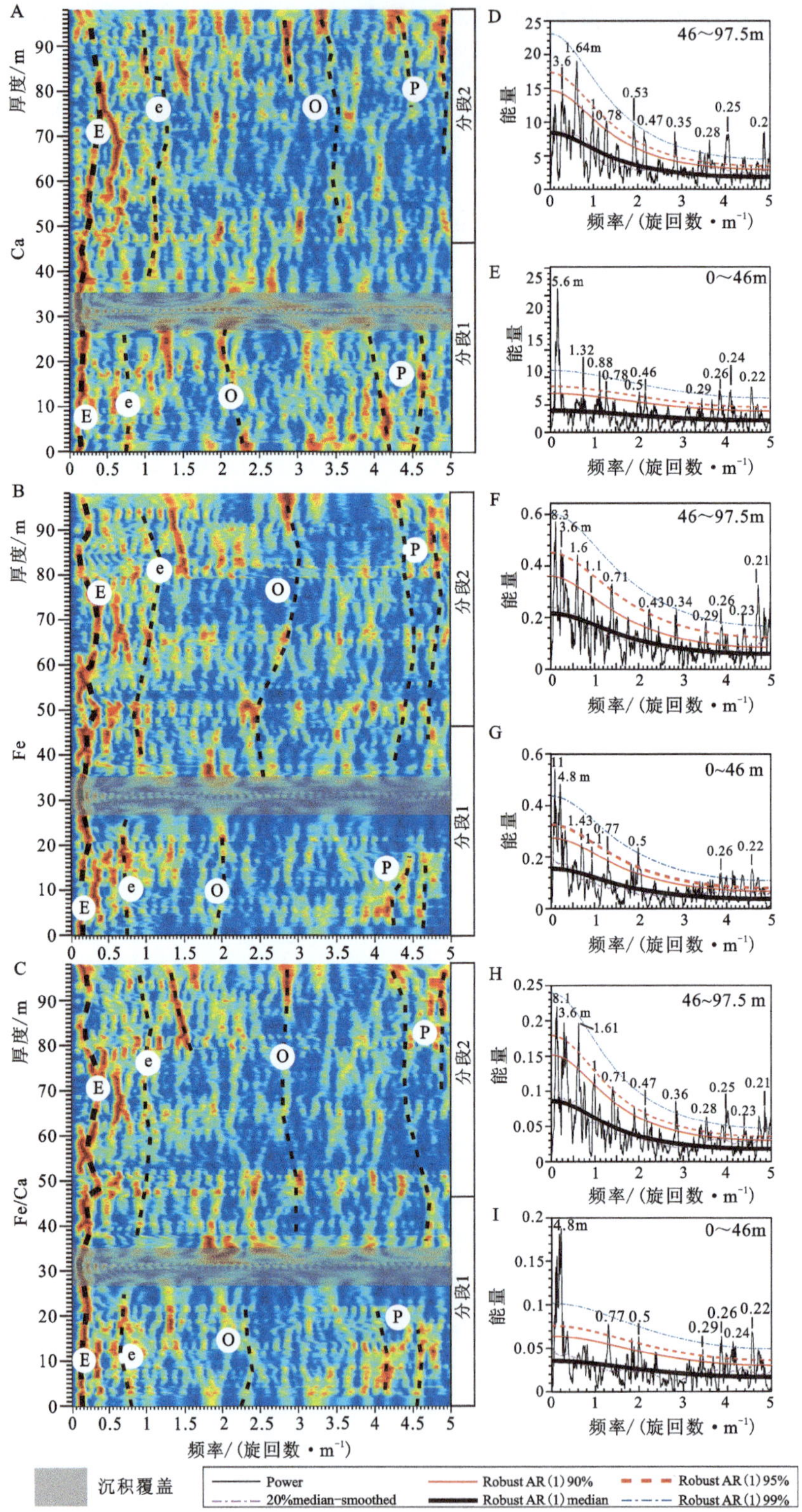

图 3.5　鄂尔多斯盆地西缘下岭南沟下奥陶统剖面深度域 Ca、Fe 和 Fe/Ca 序列频谱分析

A～C. FFT 演化图谱滑动窗口为 20m，E、e、O 和 P 分别代表长偏心率、短偏心率、斜率和岁差周期；D～I. 2π MTM 能量谱图

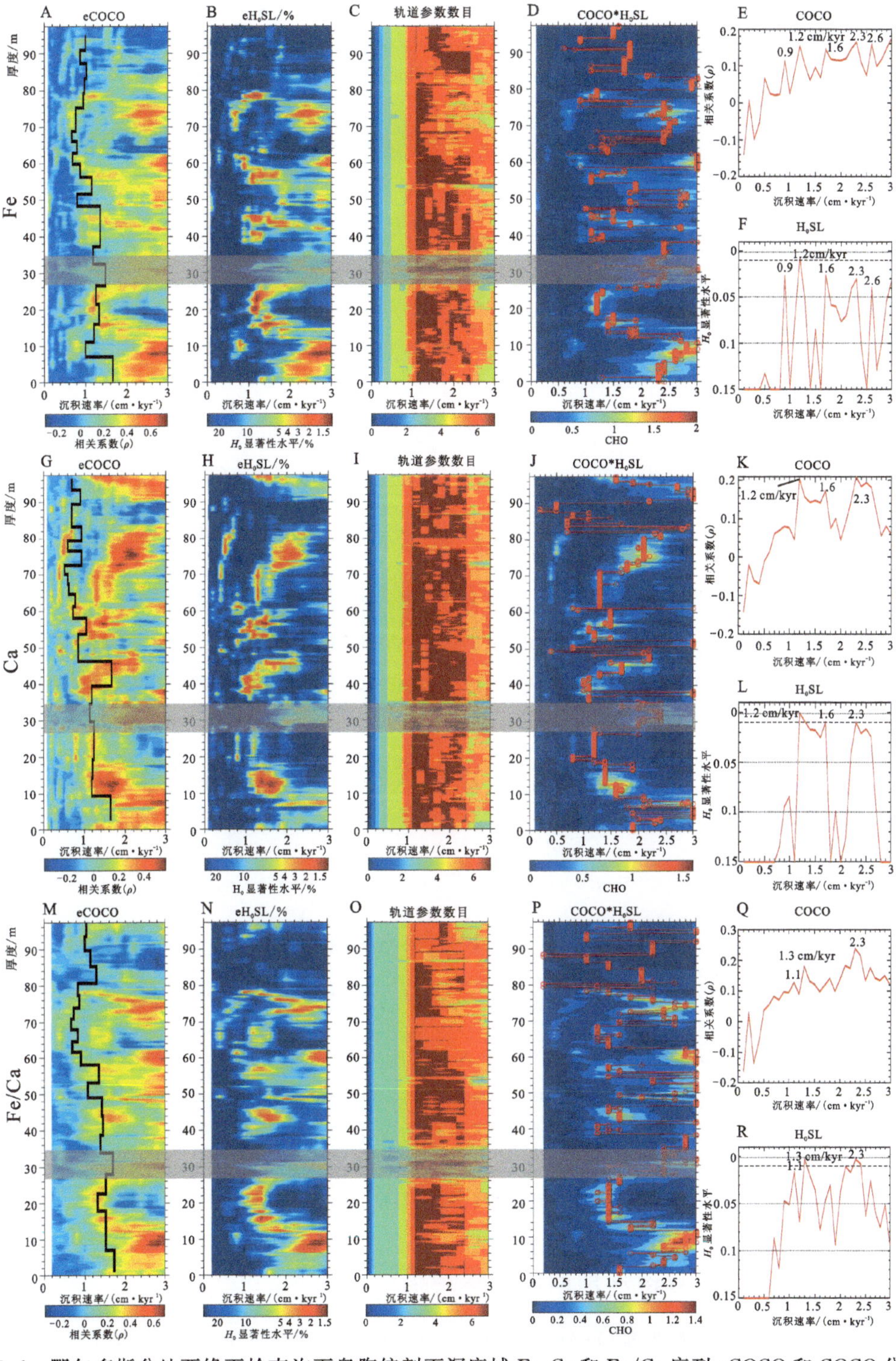

图 3.6　鄂尔多斯盆地西缘下岭南沟下奥陶统剖面深度域 Fe、Ca 和 Fe/Ca 序列 eCOCO 和 COCO 分析图

A、G、M. 斯皮尔曼相关系数演化图，eCOCO 结果中的黑色曲线表示根据 405kyr 沉积旋回(3.6～5m)调谐的沉积速率。B、H、N. H_0 显著性水平演化图。C、I、O. 天文轨道数目的演化图。D、J、P. 红色圆圈表示每个运行窗口的最佳沉降速率。E、K、Q. COCO 相关系数分析结果。F、L、R. COCO 零假设检验结果。灰色阴影代表沉积覆盖区域。eCOCO 图：10 000次蒙特卡罗分析，滑动窗口为 10m，步长 0.1m，沉积速率测试区间 0～3cm/kyr，步长 0.1cm/kyr，COCO 图：10 000次蒙特卡罗分析，沉积速率测试区间 0～3cm/kyr，步长 0.1cm/kyr

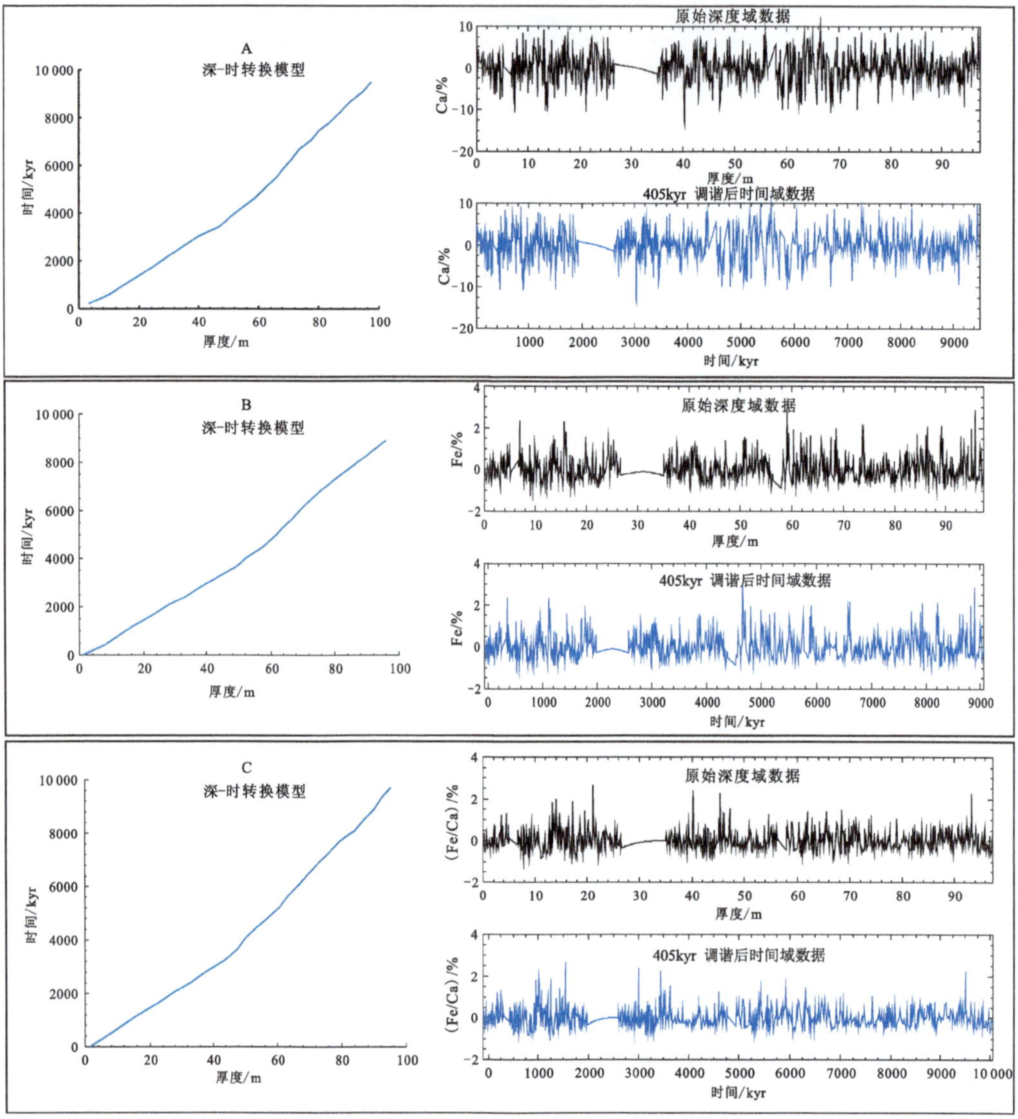

图 3.7　鄂尔多斯盆地西缘下岭南沟下奥陶统剖面多种气候替代指标的深-时转换模型

A. Ca 含量序列深-时转换模型(左侧图为深-时转换模型,右侧上图为下岭南沟剖面深度域 Ca 含量数据,下图为 405kyr 调谐后时间域 Ca 含量数据);B. Fe 含量序列深-时转换模型(左侧图为深-时转换模型,右侧上图为下岭南沟剖面深度域 Fe 含量数据,下图为 405kyr 调谐后时间域 Fe 含量数据);C. Fe/Ca 序列深-时转换模型(左侧图为深-时转换模型,右侧上图为下岭南沟剖面深度域 Fe/Ca 数据,下图为 405kyr 调谐后时间域 Fe/Ca 数据)

3.3.4　奥陶系下岭南沟剖面沉积噪声模型

本书采用 400kyr 的滑动窗口,分别通过调谐后的下岭南沟剖面 Ca、Fe 和 Fe/Ca 时间序列建立沉积噪声模型(图 3.8)。DYNOT 和 $\rho1$ 模型均显示出了相似的结果。从特马豆克期到弗洛期早期有 6 次明显的噪声增加(图 3.8 中的灰色阴影),揭示了鄂尔多斯盆地下岭南沟剖面在早奥陶世有 5 次海平面升降旋回。值得注意的是,由于下岭南沟剖面在 26.8～34.9m 存在沉积覆盖(图 3.8 中的黄色阴影),在此区域的沉积噪声模型结果可能不太可靠。对比下

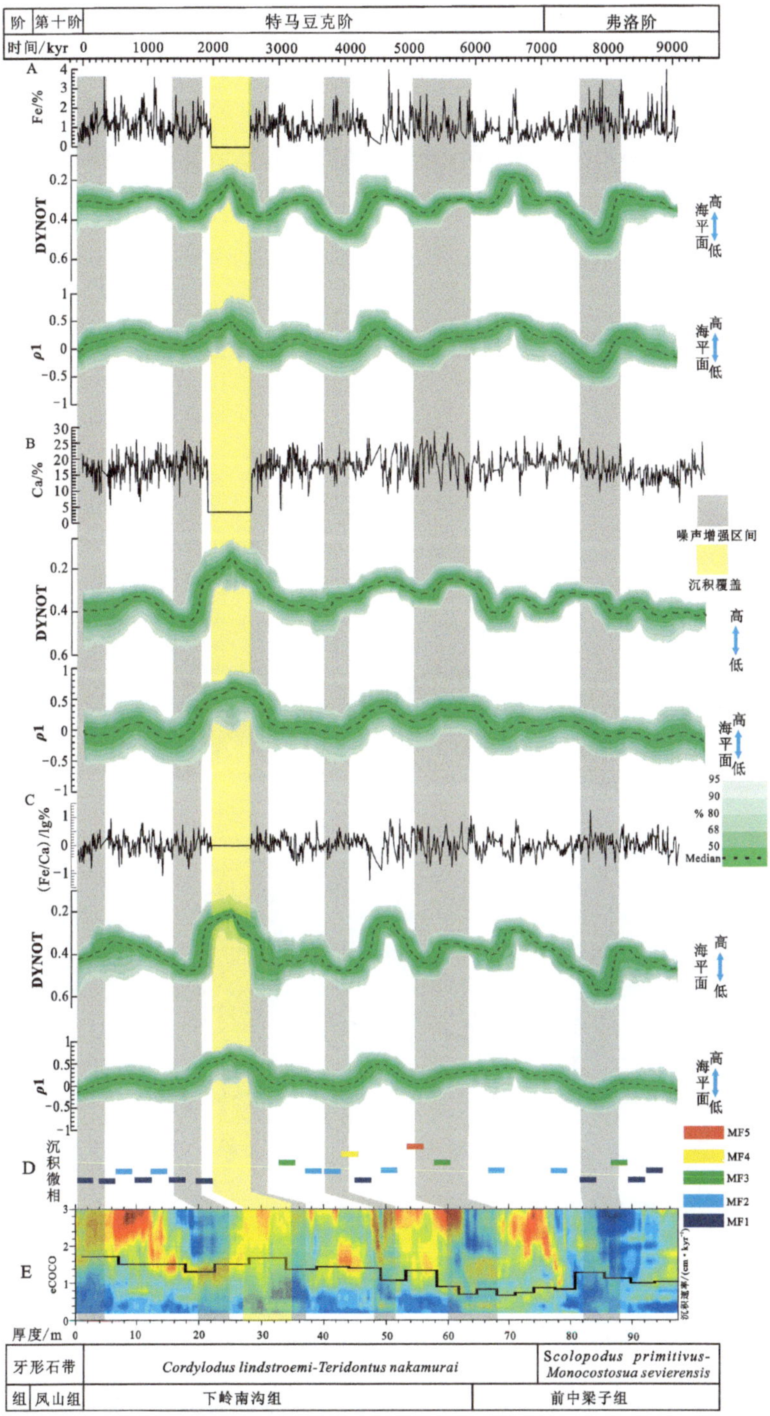

图 3.8 鄂尔多斯盆地西缘下岭南沟剖面早奥陶世海平面变化的沉积噪声模型、沉积微相及 Fe/Ca 的 eCOCO 沉积速率演化图

A. Fe 时间序列所建立的 DYNOT 和 ρ_1 沉积噪声模型；B. Ca 时间序列所建立的 DYNOT 和 ρ_1 沉积噪声模型；C. Fe/Ca 时间序列所建立的 DYNOT 和 ρ_1 沉积噪声模型，使用 400kyr 的运行窗口估计 DYNOT 和 ρ_1 沉积噪声模型，通过 10 000 次迭代的蒙特卡罗分析估计置信水平，灰色阴影表示噪声增强区间；D. 下岭南沟剖面沉积微相分析结果（据涂丹，2019 修改）；E. Fe/Ca 的 eCOCO 斯皮尔曼相关系数演化图，eCOCO 结果中的黑色虚线表示根据 405kyr 沉积旋回调谐的沉积速率（图 3.6E）

岭南沟剖面沉积微相分析结果可以发现，噪声快速变化的区域对应着相变的发生，高噪声水平对应着海平面较低的沉积微相（图 3.8D），如高噪声阴影区间往往对应 MF1、MF2 海水较浅的局限台地环境，而低噪声水平对应 MF3、MF4、MF5 相对深水的开阔台地环境。对比 Ca 含量的 eCOCO 沉积速率演化图可以发现，噪声增强的区域与信号较弱的层段相对应（图 3.8E）。

3.4 讨 论

3.4.1 奥陶系下岭南沟剖面天文年代标尺的建立

时间域 FFT 演化图谱显示，长偏心率在整个地层序列都有很强烈的信号，同时，短偏心率也有较强的信号，斜率和岁差信号强度较弱（图 3.9D～F）。时间域能量谱图揭示出了能量较高的 405kyr 长偏心率，～130kyr 和～100kyr 短偏心率，37～30kyr 斜率和 23.8～17.5kyr 岁差周期（图 3.9A～C）。

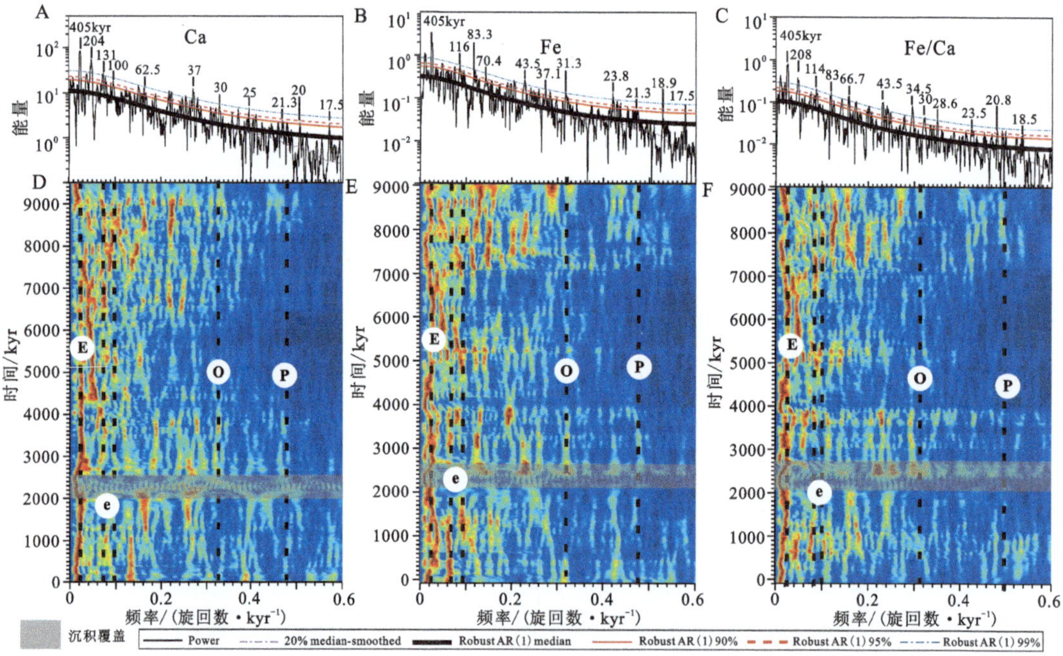

图 3.9　鄂尔多斯盆地西缘下岭南沟下奥陶统剖面时间域频谱图

A～C. Ca、Fe 和 Fe/Ca 序列 2π MTM 能量谱图；D～F. FFT 演化图谱（滑动窗口为 1000kyr，E、e、O 和 P 分别代表长偏心率、短偏心率、斜率和岁差周期）

在时间域的尺度上，Ca、Fe 和 Fe/Ca 时间序列分别滤波得到～23、～22 和～22 个长偏心率旋回（图 3.10）。短偏心率周期、斜率周期和岁差周期也在 Ca、Fe 和 Fe/Ca 能量谱图中有明显的信号（图 3.9A～C），表明在本剖面上 Ca、Fe 和 Fe/Ca 作为气候替代指标都能较好地保存原始的米兰科维奇旋回信号（图 3.9）。在特马豆克阶沉积序列中，Ca、Fe 和 Fe/Ca 时间序列均有～17 个 405kyr（E0～E17，图 3.10），表明特马豆克阶的持续时间为（6.9±0.28）Myr

[由于计数 405kyr 偏心率存在误差，在本书中笔者在起始和终止位置各添加了± 0.2Myr 的误差(1/2 长偏心率周期)]，根据下岭南沟剖面牙形石生物地层资料(涂丹，2019)，以芙蓉统第十阶和下奥陶统特马豆克阶的界线为锚点[(485.4±1.9)Ma，GTS2012]，则可在下岭南沟剖面建立早奥陶世的天文年代标尺。GTS2012 表明，特马豆克阶持续时间为(7.7±1.9)Myr (Gradstein et al.，2012)，这与本书中旋回地层的研究结果十分接近；GTS2020 表明，特马豆克阶持续时间为(9.8±1.5)Myr，与本书的结果有较大误差(Goldman et al.，2020)。

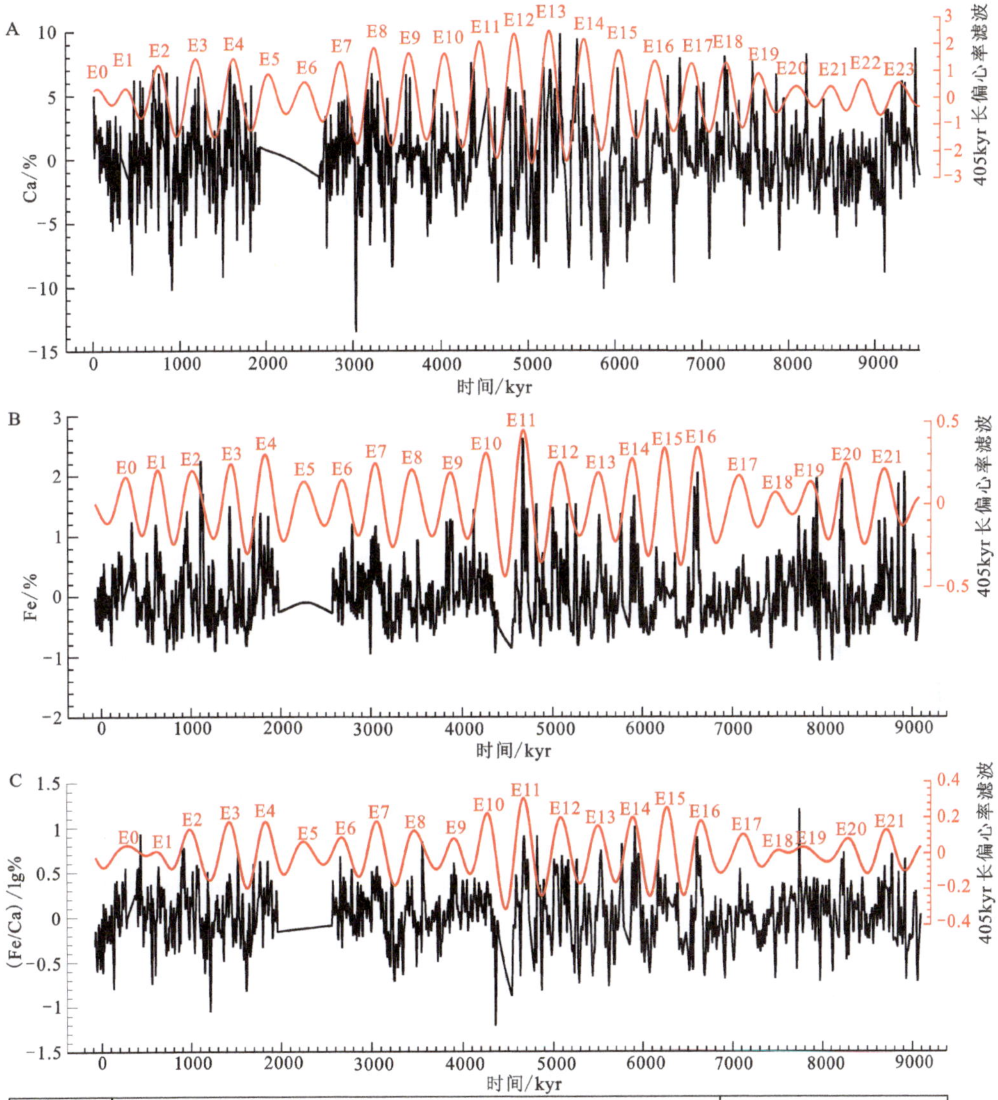

牙形石带		*Cordylodus lindstroemi-Teridontus nakamurai*	*Scolopodus primitivus-Monocostosua sevierensis*
组	凤山组	下岭南沟组	前中梁子组
阶	第十阶	特马豆克阶	弗洛阶

图 3.10　鄂尔多斯盆地西缘下岭南沟下奥陶统剖面时间域旋回地层学分析

A～C. 黑色曲线分别为下岭南沟 Ca 含量、Fe 含量和 Fe/Ca 调谐后时间序列，红色曲线为长偏心率 405kyr 滤波[其中，对于 Ca 含量时间域序列，滤波频率和带宽为(0.002 5±0.000 5)旋回数/kyr；对于 Fe 含量时间域序列，滤波频率和带宽为(0.002 5±0.000 7)旋回数/kyr；对于 Fe/Ca 时间域序列，滤波频率和带宽为(0.002 5±0.000 7)旋回数/kyr]

3.4.2 超长周期米兰科维奇旋回在早奥陶世地层中的识别

行星间的轨道运动可以通过太阳系统中行星的基频来追踪，分别为 g_i 和 s_i，其中，i 指的是行星与太阳之间距离远近的顺序。火星和地球的轨道运动有两种长期共振模式：当两行星处于共振状态时，$(s_4-s_3)-2(g_4-g_3)=0$；当它们处于循环状态时，$(s_4-s_3)-(g_4-g_3)=0$ (Laskar，1990)。在 0～60Ma，天文模型估计的 g_4-g_3 和 s_4-s_3 的周期分别为～2.4Myr 和～1.2Myr，即地球和火星轨道之间的长期共振为 2∶1，这已被新生代旋回地层学所证实(Shackleton et al.，1999；Westerhold et al.，2012)。

在本书的研究中，下岭南沟剖面 405kyr 调谐的 Fe、Ca 含量和 Fe/Ca 序列的频谱分析揭露出显著的低频信号(图 3.9)。为了研究可能与地球-火星长周期共振状态有关的长周期天文轨道周期，本书根据 405kyr 调谐的 Fe、Ca 含量和 Fe/Ca 序列计算了斜率能量与总能量的比值(O/T)和短偏心率能量与总能量的比值(e/T)分布(图 3.11A、C、E、G、I、K)。不同指标能量占比曲线的能谱分析结果并不完全相同，Fe 含量的 O/T 显示有较多能量峰值，如 5880kyr、2940kyr、1540kyr、1200kyr、1000kyr 和 830kyr 等(图 3.11B)；而 Ca 含量和 Fe/Ca 序列的 O/T 能谱分析显示的能量峰值明显偏少，其中，Ca 含量 O/T 能谱分析的能量峰值分别为 5880kyr、1990kyr、1190kyr 和 740kyr(图 3.11F)，Fe/Ca 序列 O/T 能谱分析的能量峰值主要为 5500kyr 和 1190kyr(图 3.11J)。Fe、Ca 含量和 Fe/Ca 序列 e/T 能谱分析的能量峰值相对一致，其中，Fe 含量的 e/T 能谱分析的能量峰值为 3390kyr、1980kyr、1400kyr 和 780kyr (图 3.11D)；Ca 含量的 e/T 能谱分析的能量峰值为 3760kyr、2300kyr、1400kyr 和 770kyr (图 3.11H)；Fe/Ca 序列的 e/T 能谱分析的能量峰值为 3450kyr、2000kyr、1140kyr 和 710kyr (图 3.11L)。O/T 序列振幅频谱图显示的～1200kyr 的周期可能是超长斜率周期 s_4-s_3，Fe 和 Ca 含量 O/T 序列振幅频谱图显示的～800kyr 周期可能为长斜率周期 s_1-s_2 (Laskar et al.，2004；Boulila et al.，2020)。e/T 序列振幅频谱图显示的～2000kyr 的周期可能是超长偏心率周期 g_4-g_3，～1400kyr 和～700kyr 周期可能分别与长偏心率周期 g_1-g_5 和 g_2-g_1 有关(Laskaret al.，2004；Boulila et al.，2012，2020)。除了超长斜率周期(s_4-s_3)和超长偏心率周期(g_4-g_3)之外，其他较长周期的斜率或者偏心率在深时地质研究中较少涉及，仍需要进一步研究和讨论(Boulila et al.，2012，2020)。

Fe、Ca 含量和 Fe/Ca 的 O/T 序列振幅频谱图均显示了在～1200kyr 的最大值(图 3.11B、F、J)，而 Fe 含量和 Fe/Ca 的 e/T 序列振幅频谱图显示在～2000kyr 的最大值(图 3.11D、L)；Ca 含量的 e/T 序列振幅频谱图也显示在～2300kyr 的最大值(图 3.11H)。本书认为，O/T 序列在整个特马豆克期—早弗洛期显示出一个强大而持久的 1.2Myr 的旋回周期为超长斜率周期(s_4-s_3)(图 3.11B、F、J 和图 3.12C)，e/T 序列显示出特马豆克期到早弗洛期显著的～2Myr 旋回周期为超长偏心率旋回(g_4-g_3)(图 3.11D、H、L 和图 3.12E)，相似的超长斜率周期和超长偏心率周期在华北下—中奥陶统亮甲山剖面也有发现。

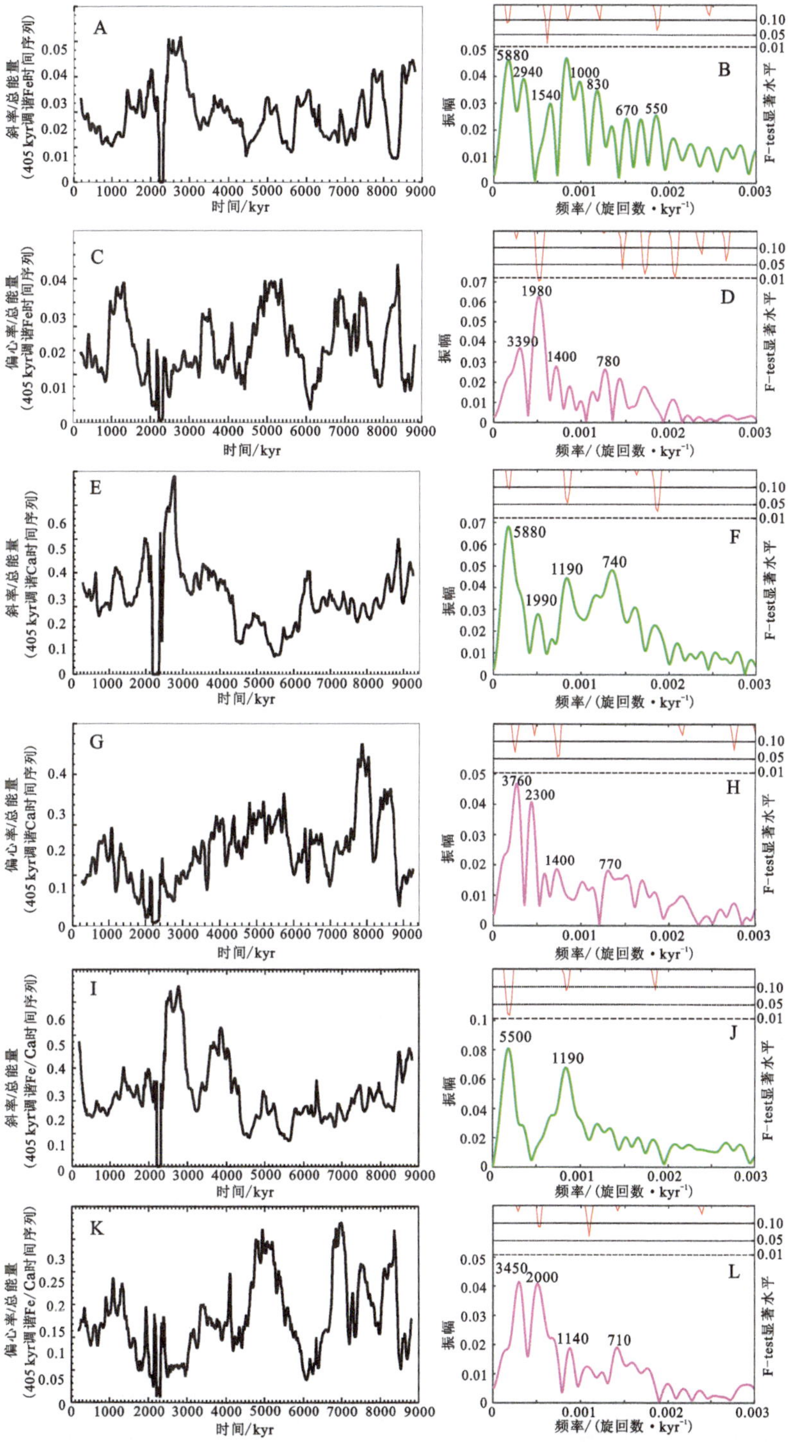

图 3.11　鄂尔多斯盆地西缘下岭南沟剖面斜率和偏心率能量分布与振幅频谱图

A、E、I. 为鄂尔多斯盆地西缘下岭南沟剖面 Fe、Ca 和 Fe /Ca 含量时间序列斜率与总功率比曲线[O/T，斜率频率：1/(25kyr)～1/(45kyr)]；B、F 和 J 为 A、E 和 I 中所示的功率比的振幅谱图；C、G 和 K 为鄂尔多斯盆地西缘下岭南沟剖面 Fe、Ca 含量和 Fe/Ca 时间序列短偏心率与总功率比曲线[e/T，短偏心率频率：1/(80kyr)～1/(130kyr)]；D、H 和 L 为 C、G 和 K 中所示的功率比的振幅频谱图。在 2π MTM 功率谱中，总功率为从 0 到奈奎斯特频率，滑动窗口为 500kyr

3.4.3 天文轨道力驱动早奥陶世海平面变化

许多研究表明，地球轨道参数在海平面变化中发挥着关键作用(Boulila et al.，2011；Fang et al.，2015，2017；Li et al.，2016a)。Boulila 等(2011)认为，第 3、第 4、第 5 和第 6 级海平面升降序列是由于天文的周期变化。在中始新世至全新世冰室条件下，三级海平面升降层序对应的是～1.2Myr 长斜率旋回，而在中生代温室条件下对应的是～2.4Myr 长偏心率旋回。Li 等(2016a)提出了中国南方早三叠世～1.2Myr 斜率旋回驱动海平面的变化。在古生代，Fang 等(2015，2017)认为中二叠统茅口组三级海平面升降序列受～1Myr 的斜率周期驱动。2.2～2.4Myr 的超长偏心率周期和海平面变化的耦合也在加拿大东部下石炭统 Windsor 群(Giles，2009)和波兰的上泥盆统 Kowala 剖面被识别出来(De Vleeschouwer et al.，2013)。目前，～1.2Myr 超长斜率旋回也被认为是中—晚奥陶世海平面变化的重要驱动因素之一(Fang et al.，2019；Zhong et al.，2020)。

Haq 和 Schutter(2008)系统总结了早奥陶世全球海平面三级层序的变化曲线，由于全球早奥陶世年代地层研究的不断更新，GTS2016 和 GTS2020 针对早奥陶世全球海平面三级层序的变化给出了不同的时间标尺(图 3.12D、F)。结合本书所建立的天文年代标尺，GTS2016 显示全球海平面三级层序 Cm 10-4—OTre 1、OTre 2—OTre 3、OTre 3—OTre 4 的持续时间均为～1.2Myr，OTre 1—OTre 2 和 OTre 4—OFlo 1 持续时间分别为 2.6Myr 和 2Myr(图 3.12D)(Ogg et al.，2016)；而 GTS2020 显示全球海平面三级层序 Cm 10-4—OTre 1 和 OTre 2—OTre 3 持续时间为～1Myr，而 OTre 1—OTre 2、OTre 3—OTre 4 和 OTre 4—OFlo 1 持续时间分别为 1.8Myr、2Myr 和 2.4Myr(图 3.12F)(Goldman et al.，2020)。对比 Fe/Ca 时间序列的 O/T 和 e/T 分布，GTS2016 所给出的全球海平面三级层序的变化在早奥陶世特马豆克期主要受～1.2Myr的超长斜率周期驱动(图 3.12C、D)；相反地，GTS2020 所给出的全球海平面三级层序的变化在早奥陶世特马豆克期主要受～2.4Myr 的超长斜率周期驱动(图 3.12E、F)。相比传统海平面变化曲线，本书提供了早奥陶世海平面变化的高分辨率时间表，并对 GTS2016 和 GTS2020 所给出的早奥陶世全球海平面三级层序进行补充与修正。在下岭南沟剖面建立的 DYNOT 和 $\rho 1$ 沉积噪声模型显示，在早奥陶世特马豆克期—早弗洛期，鄂尔多斯盆地同样具有 5 次明显的海平面变化序列(图 3.8)。值得注意的是，鄂尔多斯盆地在早特马豆克期海平面变化具有明显的～1.2Myr 周期且层序界面对应高斜率、低偏心率时期，而中特马豆克期—早弗洛期具有明显的～2.4Myr 周期且层序界面对应低斜率、低偏心率时期(图 3.12G、H)。因此，本书认为，在早奥陶世早特马豆克期三级海平面层序变化主要受超长斜率周期(s_4-s_3)驱动，而在中特马豆克期—早弗洛期三级海平面层序变化主要受超长偏心率周期(g_4-g_3)驱动。不仅如此，表示海平面快速下降的层序界面位置多对应于沉积噪声快速增高的转折区域和沉积微相向低海平面相变的区域(图 3.12D、F～I)。因此，下岭南沟下奥陶统剖面旋回地层学研究结果，初步证实了早奥陶世海平面变化的同步性。

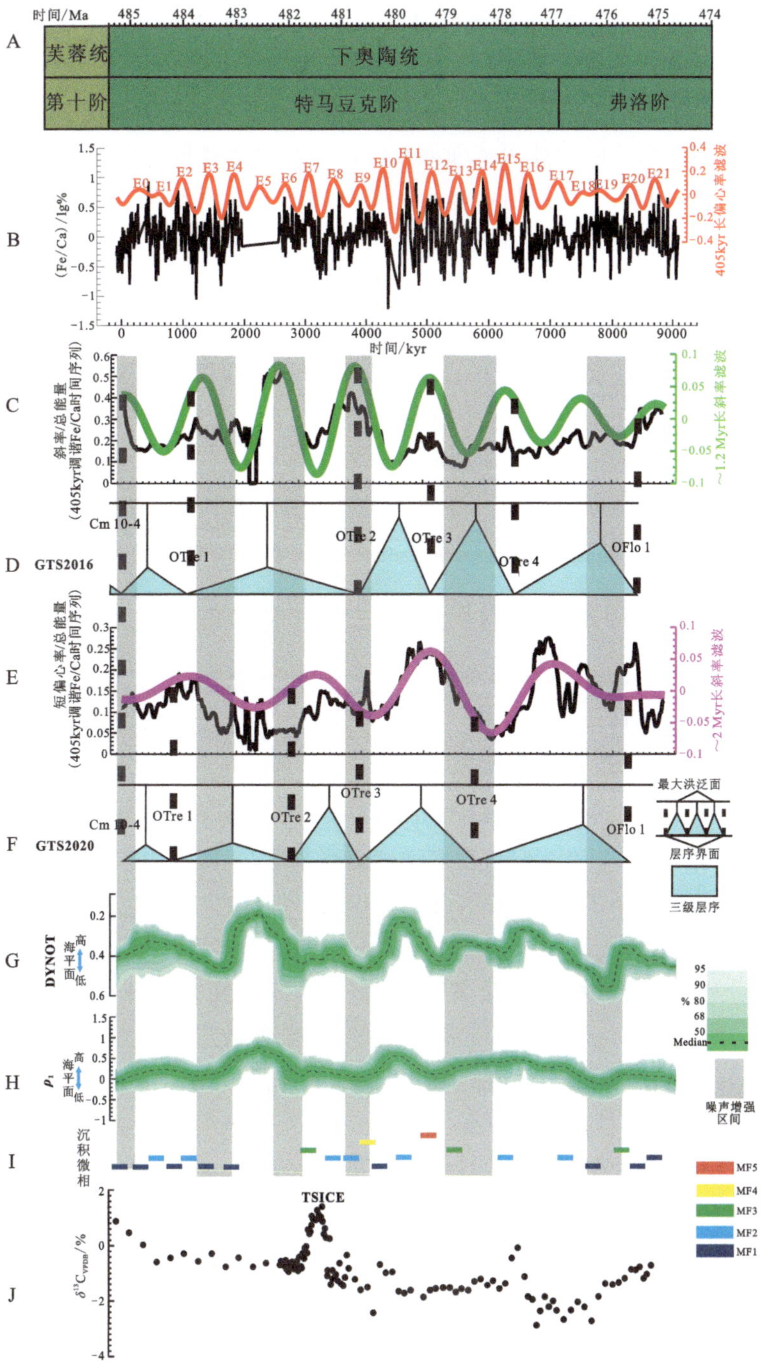

图 3.12 鄂尔多斯盆地西缘下岭南沟下奥陶统剖面综合地层分析图

A. GTS2020 早奥陶世时间标尺（据 Goldman et al.，2020 修改）；B. 下奥陶统下岭南沟剖面 Fe/Ca 时间序列和 405kyr 旋回滤波（图 3.10C）；C. 下岭南沟剖面 Fe/Ca 序列斜率/总能量曲线和～1.2Myr 的振幅周期滤波[滤波频率和带宽为（0.000 83±0.000 1）旋回数/kyr]；D. 根据 GTS2016 时间标尺约束的早奥陶世海平面变化三级层序（据 Ogg et al.，2016 修改）；E. 下岭南沟剖面 Fe/Ca 短偏心率/总能量曲线和～2Myr 的振幅周期滤波[滤波频率和带宽为（0.000 5±0.000 15）旋回数/kyr]；F. 根据 GTS2020 时间标尺约束的早奥陶世海平面变化三级层序（据 Goldman et al.，2020 修改）；G、H. 根据 Fe/Ca 时间序列建立的 DYNOT 和 ρ_1 沉积噪声模型（图 3.8C）；I. 下岭南沟剖面沉积微相分析结果（据涂丹，2019 修改）；J. 早—中奥陶世碳同位素变化（据 Edwards and Saltzman，2014 和 Goldman et al.，2020 修改）

目前，冰川驱动和地下水驱动是解释全球海平面波动的两种驱动模型（Wendler et al.，2016；李明松等，2023）。通常认为，斜率通过影响高纬度地区的冰川从而调控气候和海平面的变化，但是早奥陶世是地球典型的温室时期，极地只存在较少的冰川，在这种温室气候状态下，斜率通过影响高纬度地区的冰川从而调控气候的作用会被极大地削弱。在温室气候条件下，～1.0Myr 长斜率周期最大值期间，低（高）纬度的海表温度升高（降低），蒸发速率加快（减慢），从而增强了大气水分向极地的输送。最终，中纬度和高纬度地区降水的增加可能会增加大陆与含水层的储水量，这可能导致海平面下降（Wendler et al.，2016；李明松等，2023），地下水驱动模型可以很好地解释下岭南沟剖面观察到的早特马豆克期三级海平面层序变化主要受超长斜率周期驱动现象；而在中特马豆克期—早弗洛期层序界面对应低斜率、低偏心率时期且具有明显的～2.4Myr 周期，在这个时期地球的季节性会显著减弱，偏心率通过调制岁差控制“较弱”的冰川变化，在～2.4Myr 偏心率旋回中振幅最小的时候低日照量诱长了两极冰盖，而两极冰盖又导致了全球海平面下降和层序边界的形成（Boulila et al.，2011）。海平面变化的三级层序驱动周期的转变可能代表斜率周期在温室期对地球气候影响力的减弱。

3.4.4 天文旋回周期变化对奥陶纪生物大辐射的启示

奥陶纪生物大辐射持续了数千万年，是一起复杂、多阶段的幕式生物演化事件（Webby et al.，2004；Servais and Harper，2018）。尽管奥陶纪生物大辐射最剧烈的时期是中、晚奥陶世，但一些生物类群（如三叶虫、笔石和牙形石）在早奥陶世也发生了显著的多样化（Webby et al.，2004；詹仁斌等，2013；Servais and Harper，2018）。Fan 等（2020）利用 *Geobiodiversity Database* 所绘制的古生代至三叠纪生物多样性曲线显示，奥陶纪生物大辐射在寒武纪末已开始，比以往的研究结论提早了 2000 万年，且早奥陶世是生物快速演化的重要阶段（Fan et al.，2020；殷鸿福，2020）。

奥陶纪生物大辐射的影响因素众多，受生物自身演化规律和外部环境因素的共同制约（Barnes et al.，1996；Trotter et al.，2008）。其中，气候变化无疑是奥陶纪生物大辐射的一个重要的影响因素（詹仁斌等，2013）。鄂尔多斯盆地西缘下岭南沟剖面旋回地层学研究表明，在早奥陶世早特马豆克期斜率能量较高（图 3.11），海平面型层序地层的构筑特征主要受超长斜率周期（s_4-s_3）驱动的控制（图 3.12G、H），而在中特马豆克期—早弗洛期偏心率能量开始明显增强（图 3.11），且海平面型层序地层的构筑特征转变为受到超长偏心率周期（g_4-g_3）驱动（图 3.12G、H）。值得注意的是，著名的 Top Skullrockian 碳同位素正漂移事件（TSICE，图 3.12J）也发生在此地球轨道变化转折期，可能反映了地球环境变化和地球轨道变化之间的耦合关系（图 3.12）。针对天文轨道力和有机物的大量埋藏之间的联系存在两种不同的解释：一种为有机物更易于在偏心率的最小值时期得到保存；而另一种解释恰好相反，有机物更偏向于在偏心率的最大值时期得到保存（Gambacorta et al.，2018）。在偏心率的最小值时期，气候比较温和，地球季节性减弱，稳定的气候环境会使海水分层，进而导致有机物有效保存和海水持续缺氧（De Vleeschouwer et al.，2017；Da Silva et al.，2020）。然而，华北板块在奥陶纪位于低纬度地区，且早奥陶世是一个典型的温室期，偏心率调控岁差周期可以对低纬度气候产生重大影响（De Vleeschouwer et al.，2013；Ma et al.，2022）。本书的研究结果更支持后一种解释，在偏心率的最大值时期，季节变化明显，造成了较强的干湿气候变化，从而导致更强的风化、河流输送，使海洋生产力提高，造成有机物的大量积累(Gambacorta et al.，2018；Da Silva et al.，2020；Ma et al.，2022)。这个模型被认为是解释地中海地区上新统高生产力黑色腐泥层成因的经典模型(Rohling et al.，2015)。米兰科维奇旋回对万年到百万年尺度的重大生物演化事件的影响和驱动已经在显生宙的地质记录中被广泛证实(Bennett，1990；van Dam et al.，2006；Fang et al.，2023)。天文轨道旋回在中特马豆克期的转变可能导致地球气候发生有利于生物繁盛与进化的变化，继而促进奥陶纪生物大辐射的发展。

第4章 华北秦皇岛亮甲山奥陶系剖面和华南宜昌黄花场奥陶系剖面的旋回地层学研究

4.1 地质背景和研究剖面概述

4.1.1 秦皇岛亮甲山地区地质背景

秦皇岛石门寨亮甲山剖面位于华北板块的东北缘和柳江盆地地质遗迹国家级自然保护区的东南部(图4.1),久负盛名的亮甲山组就命名于石门寨镇管辖的亮甲山剖面。亮甲山剖面的研究始于1869年,德国地质学家李希霍芬在此进行地质矿产略查,之后叶良辅,刘季辰(1919)、葛利普(1921)和马底幼(1922)对亮甲山剖面分别从岩石地层和沉积相、古生物与生物地层的角度进行研究,为亮甲山组命名剖面研究奠定了坚实的基础(刘书燕和崔云贵,2015)。后来安太庠等(1983)、王英华等(1988)和冯增昭等(1989)在对华北地区奥陶纪生物地层、岩石学及岩相古地理进行研究时,也涉及对亮甲山剖面的研究。

柳江盆地地质资源丰富、出露良好、交通方便、环境优美,国家和当地政府重视保护,每年夏季都有数十所高校数以千计的大、中专学生和地质爱好者慕名来这里进行地质教学实习和地质旅行。加强对亮甲山组命名剖面的地层学、古生物学和沉积学研究不仅是河北柳江盆地地质遗迹国家级自然保护区建设和使用的需要,更是我国地质野外教学和人才培养急需的(柳成志,2006;王家生等,2011;马坤元等,2016)。

早—中奥陶世华北板块板内的古地理面貌分异不大,冶里组、亮甲山组和马家沟组的岩性、沉积相和古环境在华北板块内具有广泛的可对比性,但也存在一定的变化规律(图4.2)。本书选择位于华北板块的唐山赵各庄、北京西山和保定西南口3个剖面与秦皇岛亮甲山剖面进行地层对比。

华北板块冶里组均广泛发育泥质条带灰岩、生物碎屑灰岩夹钙质页岩,冶里组沉积期海水较深、化石丰富,地层厚度从东北到西南(唐山赵各庄剖面-北京西山剖面-保定西南口剖面)逐渐变薄,唐山赵各庄剖面冶里组厚度可达150m,到了保定西南口剖面仅有数十米的出露,下奥陶统冶里组与亮甲山组界线明显,均以冶里组顶部的薄层钙质页岩为界。秦皇岛地区冶里组厚度约为120m,岩性为泥质条带灰岩、竹叶状灰岩夹钙质页岩,亮甲山剖面冶里组风暴事件频繁,竹叶状灰岩十分发育,顶部以薄层钙质页岩与亮甲山组为界。

华北板块亮甲山组地层发育灰色泥质条带灰岩、生物碎屑灰岩、白云质灰岩和豹皮灰岩,生物种类丰富,以广泛发育叠层石礁和古杯海绵为共同特征。华北板块亮甲山组为浅海相沉

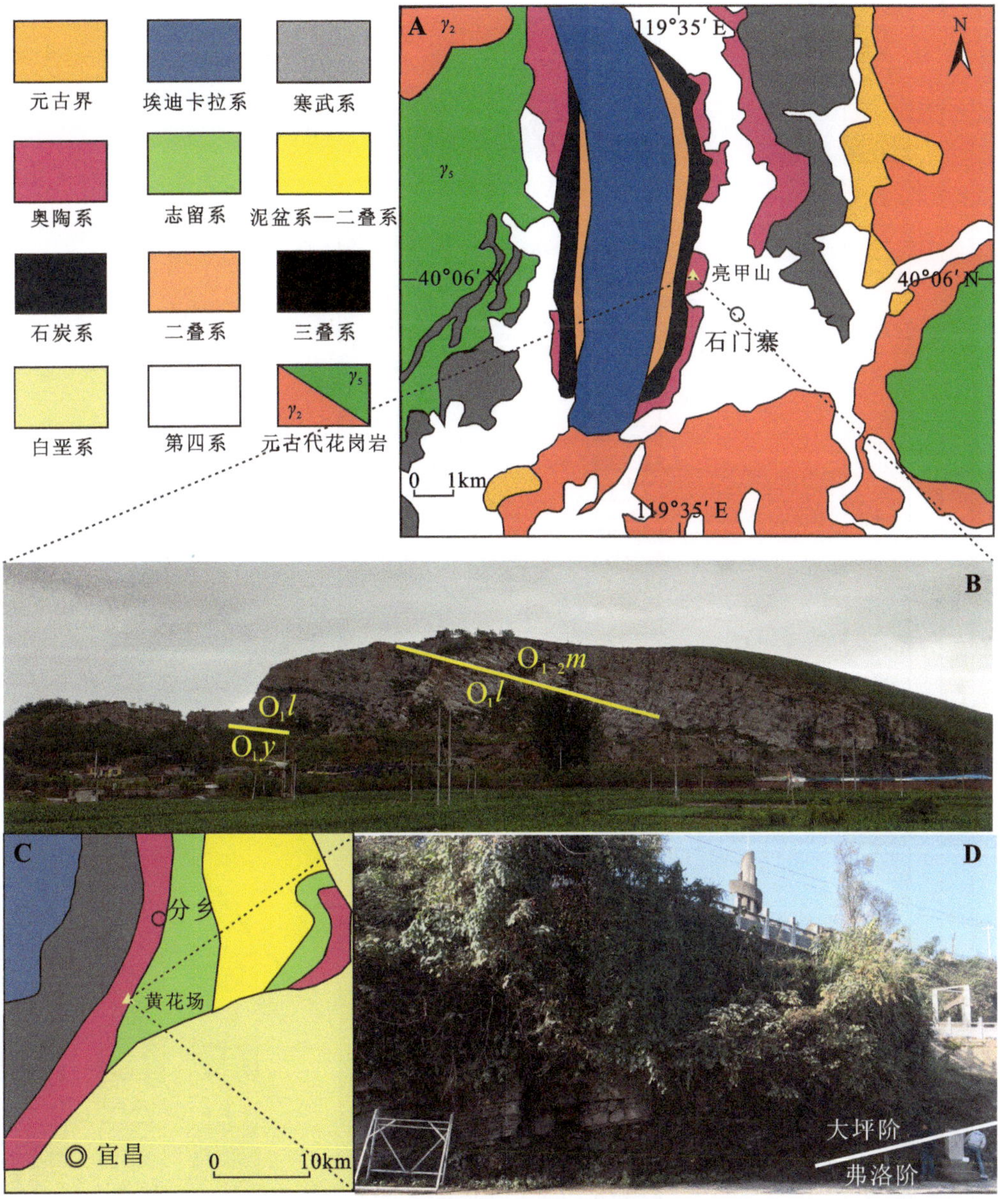

图 4.1　奥陶系研究剖面分布图

A. 河北秦皇岛市抚宁县石门寨镇亮甲山及邻区地质简图(据龚一鸣等,2009 修改);B. 亮甲山奥陶系剖面远眺;C. 湖北宜昌黄花场奥陶系剖面处地质简图;D. 黄花场"金钉子"及大坪阶—弗洛阶界线景观(据 Ma et al.,2019a)

积,后期华北板块发生海退,岩性从灰岩转变为白云岩(梅冥相,1995)。总体上亮甲山组地层沉积厚度大,偏东北地区的唐山赵各庄和北京西山剖面亮甲山组沉积厚度均超过 200m,西南方向的保定西南口剖面亮甲山组沉积厚度大于 100m,在秦皇岛亮甲山剖面,实测亮甲山组厚度为 91.0m,与前人提出的亮甲山组具有下部灰岩上部白云岩的二分性划分方案不同。在亮甲山剖面,亮甲山组具有明显的三分性:下部为竹叶状灰岩与泥质条带灰岩互层,中部以厚层生物碎屑灰岩为主,上部为厚层豹皮灰岩。

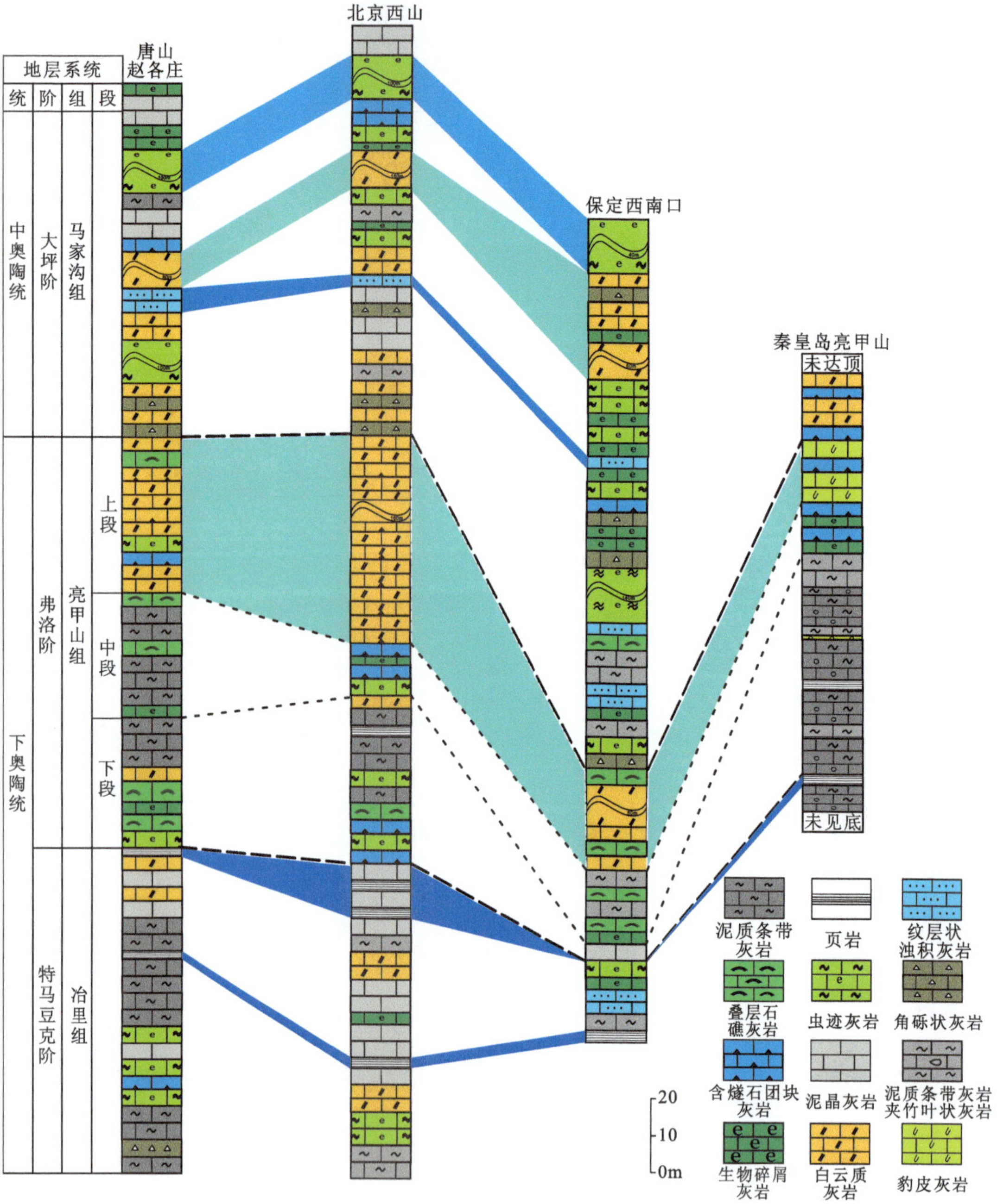

图 4.2 华北地区早—中奥陶世地层对比(据段吉业等,2002 修改)

华北板块马家沟组岩性以厚层白云质灰岩广泛发育为主要特征,沉积厚度大,并且具有明显的海进海退旋回特征,沉积环境为潮坪-浅海。马家沟组早期华北板块发生一次海侵,在唐山赵各庄和北京西山剖面,马家沟组下部为白云岩,海侵发生后沉积一套生物碎屑灰岩、虫迹灰岩。在秦皇岛亮甲山剖面,马家沟组地层广泛发育白云岩化并含燧石团块,角石、腹足类、叠层石和平行层面分布的树枝状、管状、网状遗迹化石丰富(马坤元等,2016)。

早—中奥陶世华北板块表现为北低南高，发生海退时，海水由南向北退出，海侵时，海水由东北向南侵入，这种古地理环境的差异是各地区沉积存在差异的主要原因（马学平等，1993；肖依等，2011；杨振鸿，2013）。整体来看，冶里组-亮甲山组早中期，华北板块处于海水较深的沉积状态，岩性以泥质条带灰岩、生物碎屑灰岩夹少量钙质页岩为主；亮甲山组沉积晚期—马家沟组沉积早期，华北板块发生海退，海水明显变浅，白云岩广泛发育；马家沟组沉积期间又陆续发生数次海进海退事件。

4.1.2 亮甲山剖面地层、古环境与古气候

亮甲山剖面自下而上单斜出露冶里组（O_1y）顶部、亮甲山组（O_1l）全部和马家沟组（$O_{1-2}m$）的下部地层，组与组之间均为整合接触关系（图4.3）（柳成志，2006；王家生等，2011；马坤元等，2016）。

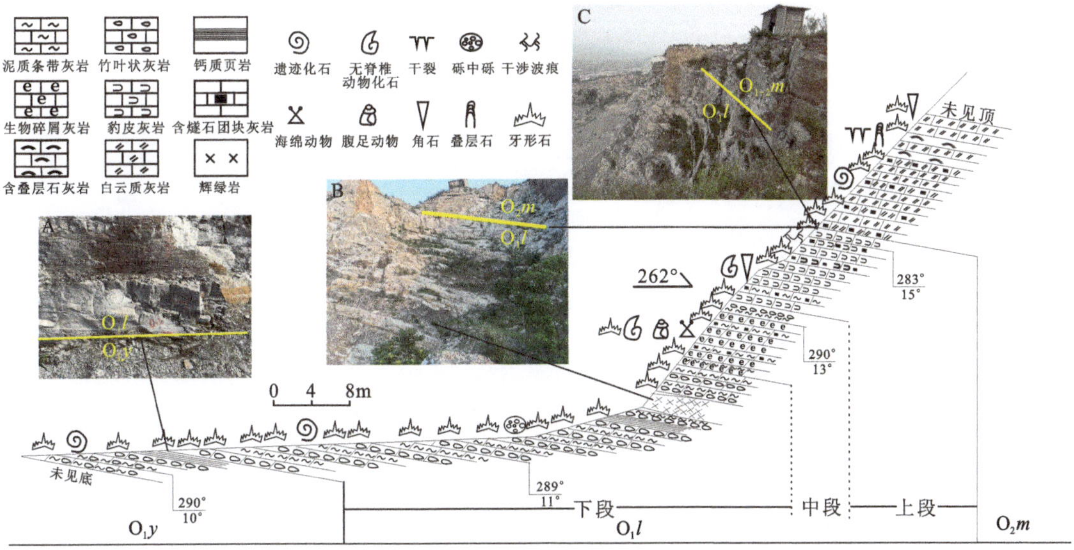

图4.3 秦皇岛石门寨亮甲山实测地层剖面（据马坤元等，2016修改）

A.亮甲山剖面冶里组和亮甲山组界线照片；B、C.亮甲山剖面亮甲山组和马家沟组界线照片

1. 冶里组（O_1y）

冶里组在亮甲山剖面仅出露其顶部，可见厚度为3.50m，岩性为浅灰色泥质条带灰岩、竹叶状灰岩夹钙质页岩。可区分出两种沉积相类型：浅海背景沉积（简称背景沉积）和浅海风暴事件沉积（简称事件沉积）。背景沉积的岩性主要为灰色—褐灰色薄—中层状钙质页岩、泥灰岩和泥质条带灰岩，含实体化石腹足类、腕足类和牙形石等，部分层位可见沿层面分布的遗迹化石（图4.4A）。这些相标志表明，亮甲山剖面冶里组中背景沉积的古环境为浅海中—下部。事件沉积的岩性主要为中—厚层竹叶状灰岩，“竹叶”的大小一般为2.0cm，呈水平和倾斜状排列，也可见呈直立状、倒“小”字形排列的竹叶状灰岩砾石。单层竹叶状灰岩的厚度一般为10.0cm，最大厚度可达100.0cm，表现为典型的风暴事件沉积。在事件层与背景层交界处可

见冲刷、充填构造和正递变层理，为浅海远端—中端风暴事件的产物。在冶里组顶部3.50m厚的地层中，识别出风暴事件层9层，累计厚度1.30m；浅海背景沉积累计厚度2.20m。

2. 亮甲山组(O_1l)

亮甲山组在亮甲山剖面上出露完整，可见厚度达91.00m，岩性为浅灰色薄—中层泥质条带灰岩和竹叶状灰岩夹少量钙质页岩；向上过渡为厚层生物碎屑灰岩与灰色薄层泥质条带灰岩互层，夹薄层竹叶状灰岩；上部为灰色厚层含燧石团块条带灰岩、厚层豹皮灰岩。

亮甲山组下段地层明显分为背景沉积和事件沉积两种，背景沉积的岩性主要为浅灰色薄—中层泥质条带灰岩，含实体化石腹足类、腕足类和牙形石等，部分层位可见垂直于层面分布的遗迹化石 *Skolithos* isp.(石针迹)(图4.4B)，这些相标志表明背景沉积的古环境为浅海中—下部。事件层的岩性主要为中—厚层竹叶状灰岩。亮甲山组的风暴沉积具有明显的旋回性，通常为一次大的风暴事件后伴随3～5次小的风暴事件，其中，大风暴事件形成的“竹叶”大小不一，“竹叶”的长轴变化范围为1.0～7.0cm，短轴的长度一般为0.2～1.5cm，“竹叶”呈水平和倾斜状排列，部分层中“竹叶”呈叠瓦状分布(图4.5B)，且在竹叶状灰岩层中可观察

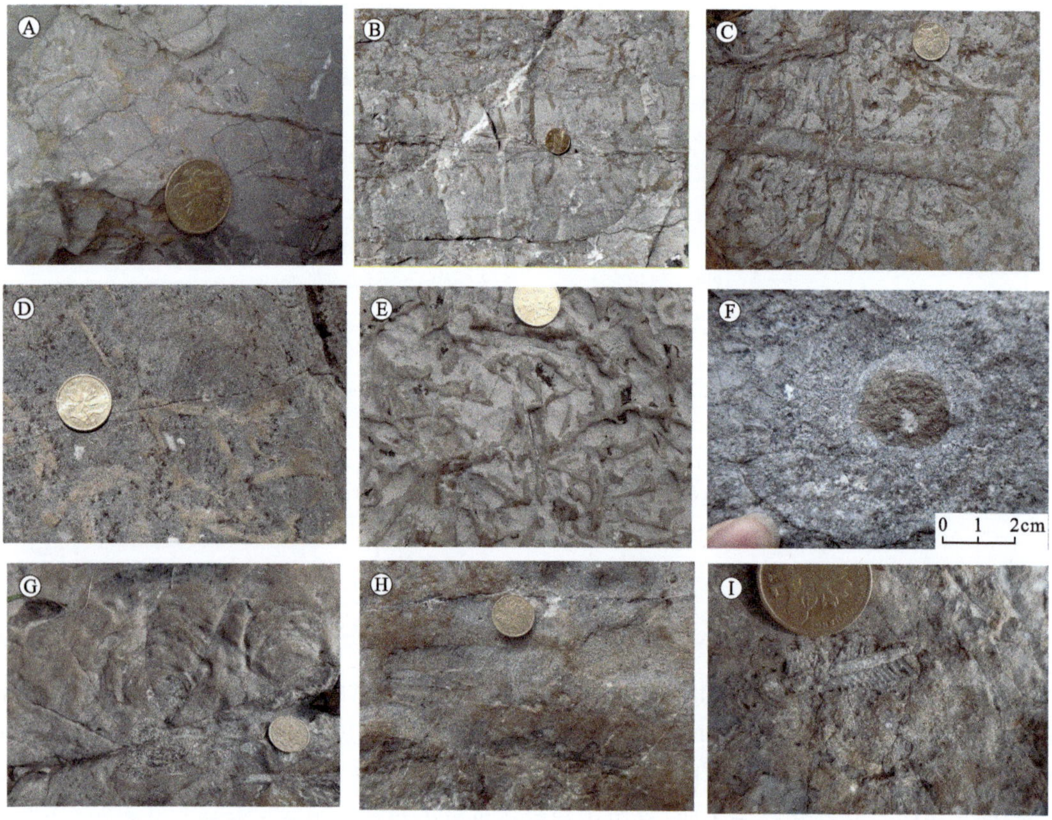

图4.4　华北亮甲山奥陶系剖面冶里组、亮甲山组和马家沟组中的实体与遗迹化石(据马坤元等，2016修改)
A. 平行层面分布的不规则状生物遗迹，冶里组顶部；B. *Skolithos* isp.(石针迹)，照片面垂直层面，亮甲山组下部；C. *Palaeophycus* isp.(古藻迹)，照片面平行层面，亮甲山组上部；D. 树枝状、管状遗迹化石叠加在叠层石之上(造迹生物吃叠层石)，照片面平行层面，马家沟组下部；E. 树枝状遗迹化石，照片面平行层面，马家沟组下部；F. 海绵化石，亮甲山组中上部；G. 包菜状叠层石，照片面平行层面，马家沟组下部；H、I. 角石[? *Endoceroides*(拟内角石)和? *Actinoceras*(珠角石)]，照片面平行层面。照片中硬币直径均为2.0cm

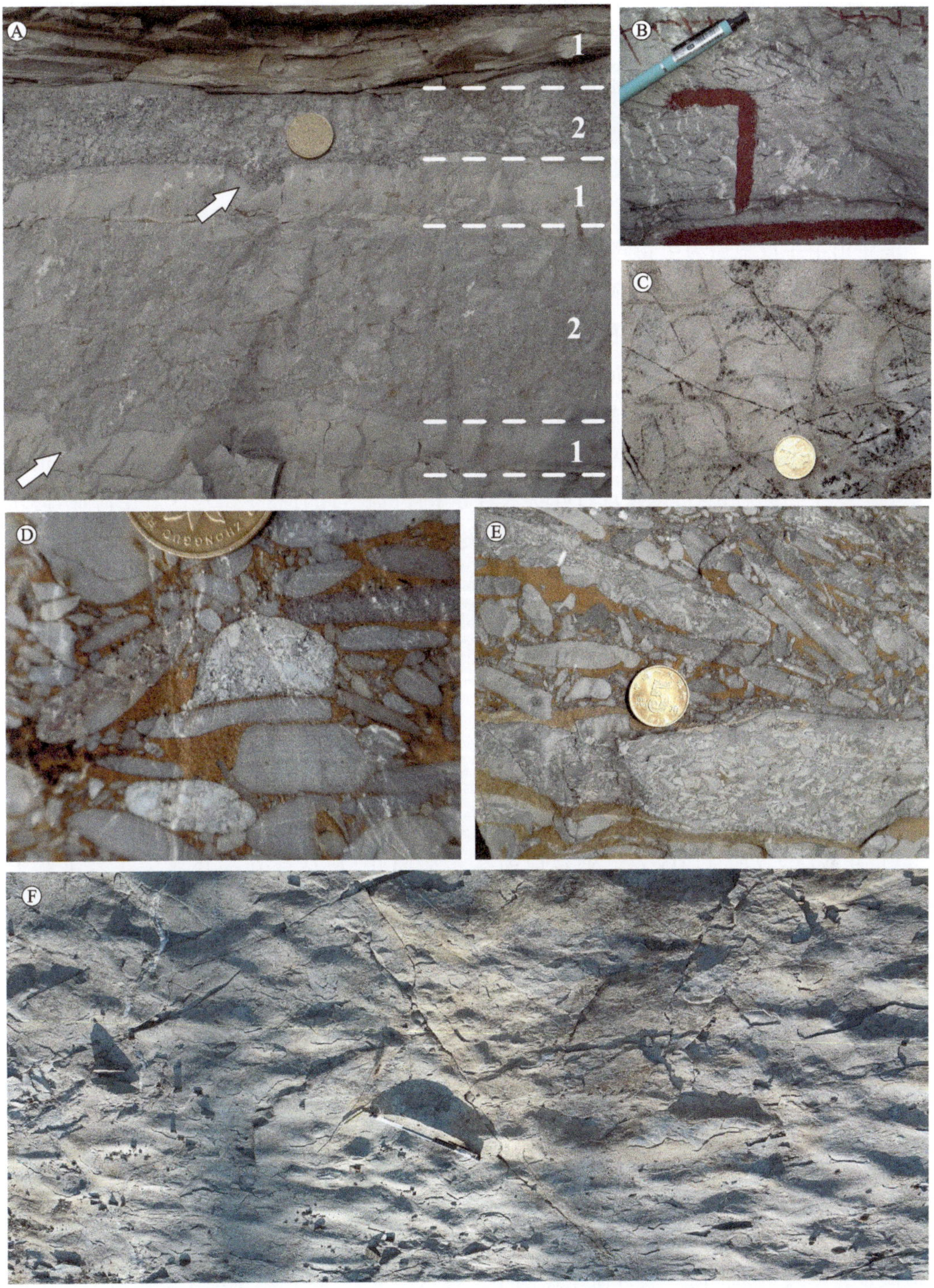

图4.5 华北亮甲山奥陶系剖面冶里组、亮甲山组和马家沟组组内物理-化学相标志(据马坤元等,2016修改)

A.由3个背景层1和2个事件层2构成的风暴沉积序列,1为由泥灰岩或泥质条带灰岩,2为竹叶状灰岩,在事件层底部可见冲刷面构造(白色箭头所指),亮甲山组下部;B.风暴事件层中呈叠瓦状排列的“竹叶”(内碎屑,照片中上部),亮甲山组第7层;C.白云岩层面上的干裂构造,马家沟组下部;D、E.竹叶状灰岩中的“砾中砾”,亮甲山组下部;F.灰岩层面上的干涉波痕,亮甲山组顶部。照片中硬币直径均为2.0cm,笔(照片中下部)长15cm

到“砾中砾”的“竹叶”(图 4.5D,E),这是多阶段、多期次风暴事件的产物。大风暴事件层的厚度可达 50.0～120.0cm,小风暴事件层通常与背景层互层,代表两次风暴事件之间的相对平静的时期(图 4.5A),“竹叶”长轴长度在 0.4～1.0cm 之间,短轴长度小于 0.2cm,排布不规则,“竹叶”之间大多由泥质填充,单层竹叶状灰岩的厚度为 2.0～30.0cm,大多数在5.0cm左右。在事件层与背景层交界处可见冲刷、充填构造和正递变层理,为浅海远端—中端风暴事件的产物。

亮甲山组中段地层为生物碎屑灰岩和薄—中层泥质条带灰岩互层,有小风暴事件层的出现,风暴事件的强度与频率大大减弱。背景层沉积中可见牙形石及完整的海绵和腹足类等化石,化石保存完整(图 4.4F),沉积环境仍然为浅海中—下部;事件层反映强度较小的风暴事件,“竹叶”长轴长度在 0.3～1.5cm 之间,短轴长度在 0.1～0.5cm 之间,分布紊乱,“竹叶”之间为泥质填充,单个竹叶状灰岩的厚度一般为 5.0cm,最厚可达 20.0cm。

亮甲山组上段地层为灰色厚层含燧石团块条带灰岩、厚层豹皮灰岩,仅在少数层中可以观察到一些生物碎屑化石,未发现竹叶状灰岩等事件沉积,此时亮甲山地区发生海退,海水变浅,岩性以厚层豹皮灰岩为主,亮甲山组顶部发育干涉波痕(图 4.5F),沉积环境为潮坪—浅海上部环境。

在亮甲山组 91.00m 厚的地层中,识别出风暴事件层 96 层,累计厚度 22.14m;浅海背景沉积累计厚度 68.86m。

3. 马家沟组($O_{1-2}m$)

亮甲山剖面实测马家沟组下部地层厚 18m,未达顶,岩性为灰黄色、深灰色厚层白云质灰岩,含燧石团块白云质灰岩。可见角石(图 4.4H、I)、腹足类和牙形石等实体化石,柱状、球状、纹层状叠层石(图 4.4D、G),平行层面分布的网状、树枝状和管状遗迹化石十分丰富(图 4.4D、E),在白云岩层面发育干裂构造(图 4.4C)。这些相标志表明马家沟组沉积环境为浅海—潮坪环境,古气候表现为相对干热。

4.1.3 宜昌黄花场地区地质背景和黄花场剖面特征

黄花场剖面研究历史十分悠久,该剖面首先被穆恩之等(1979)报道,随后众多地质工作者和研究人员(汪啸风,1980;曾庆銮等,1983;安太庠,1987;李志宏等,2004,2010)对其进行了详细研究。黄花场剖面在世界奥陶系划分对比中非常重要,是我国奥陶系划分对比的经典剖面之一。黄花场剖面(30°51′38″N,110°22′27″E)位于兴山县至宜昌市的公路旁,距宜昌市约 22km,交通十分便利(图 4.1C、D)。经过众多地质学家和研究人员的努力研究,黄花场剖面被认定为奥陶系弗洛阶—大坪阶全球层型剖面(GSSP)。黄花场剖面下奥陶统—中奥陶统界线出露完美,上下地层连续,地层构造简单,向东倾斜 11°,由一套薄层或瘤状灰岩夹黄绿色页岩组成,含有大量化石。在全球奥陶系界线剖面相关地层划分和对比中,宜昌黄花场剖面一直备受世界地质工作者关注(汪啸风等,1983,1987;Chen et al.,2003b,2004)。

宜昌黄花场剖面红花园组由一套灰色厚层灰岩组成，下部含 *Archaeoscyphia*、*Calathium* 和 *Serratognathus diversus* 生物带牙形石，最上部产 *Oepikodus communis* 生物带牙形石，并且 *Oepikodus communis* 生物带延至上覆大湾组的下部。下—中奥陶统界线位于大湾组下段上部。根据对黄花场剖面的进一步研究，汪啸风等(1987)将大湾组分为下、中、上 3 个岩性段。黄花场剖面大湾组下段厚 12.07m，主要由灰色薄—中层灰岩和海绿石灰岩组成，夹杂少量黄绿色页岩。下段的下部厚 5.45m，底部为灰色厚层海绿石灰岩(厚 0.93m)，上部为灰色薄层海绿石灰岩、瘤状灰岩夹少量黄绿色页岩；中部的 4.52m 由灰色薄层生物碎屑灰岩夹少量黄绿色页岩组成，仅中部最上部 0.9m 为灰紫色—灰色中层白云质泥晶灰岩；大湾组下段上部厚 3m，其下部为灰色薄层瘤状灰岩夹黄绿色页岩，上部为浅灰紫色薄—中层灰岩夹黄绿色页岩，顶部以黄绿色页岩为主，夹薄层或瘤状灰岩。大湾组中段，即常称的"中红层"，以 13m 厚的紫色中层泥晶灰岩为主，夹少量黄绿色泥灰岩和页岩，含 *Baltoniotus navis* 和 *Paroistodus originalis* 两个牙形石生物带。大湾组上段厚 28m，由黄绿色页岩夹薄层瘤状灰岩和泥灰岩组成，近顶部产 *Baltoniodus norrlandicus* 和 *Lenodus antivariabilis* 生物带牙形石(安太庠，1987；汪啸风等，2005)，大湾组上段对应大坪阶至达瑞威尔阶底部。

4.2　亮甲山剖面和黄花场剖面旋回地层学研究

4.2.1　亮甲山剖面旋回地层学研究

4.2.1.1　古气候替代指标的获取和遴选

亮甲山剖面的冶里组、亮甲山组和马家沟组与华北板块其他地区同时代的地层一样受风暴作用影响明显，地层序列由背景层与事件层交替构成，由于竹叶状灰岩构成的风暴事件层从地层学和沉积学的时间尺度来看是风暴事件瞬间沉积的产物，不能反映背景环境沉积作用和沉积速率的特征(白万备等，2011)，所以笔者在采样时，对于背景层采取 0.10m 的等间距采样，而对于事件层则是每层采一个样，对于厚度大于 0.50m 的事件层，在事件层内部等间距采 2～3 个样，以期反映背景层与事件层构成的沉积旋回特征。

亮甲山剖面的实测数据和由背景层与事件层构成的沉积旋回的野外统计显示，事件层主要集中在冶里组和亮甲山组中下部。冶里组、亮甲山组和马家沟组的事件层数量分别为9 个、96 个、0 个，累计厚度分别为 1.37m、22.14m、0.00m，平均厚度分别为 0.15m、0.23m、0.00m，冶里组和亮甲山组事件层方差$\left(S^2=\frac{\sum_{i=1}^{n}(x-\overline{x})^2}{n}\right)$分别为 0.091、0.057(表 4.1)。由于亮甲山剖面风暴事件层(竹叶状灰岩)厚度主要集中在 20.0cm，其他相标志也表明亮甲山剖面的冶里组、亮甲山组和马家沟组的风暴沉积主要为中端—远端风暴岩，近端风暴岩很少(图 4.4、图 4.5)，从保存的遗迹化石类型(以浅阶层的 *Planolites*、*Palaeophycus*、*Gordia*、*Skolithos* 等为主)来看，绝大部分风暴事件对下伏沉积地层的侵蚀、冲刷作用不大。

表 4.1　华北亮甲山奥陶系剖面事件层数据统计

地层	事件层数量	累计厚度/m	平均厚度/m	方差
马家沟组	0	0.00	0.00	—
亮甲山组	96	22.14	0.23	0.057
冶里组	9	1.37	0.15	0.091

使用手持式 XRF 扫描仪，在单斜、连续出露的亮甲山剖面上共采得数据 1024 个，其中包括冶里组背景层中的 24 个、事件层中的 9 个，背景层和事件层的累积厚度分别为 2.20m 和 1.37m；亮甲山组背景层中的 724 个，事件层中的 96 个，背景层和事件层的累积厚度分别为 22.14m 和 68.86m；马家沟组背景层中的 171 个，事件层中的 0 个，背景层和事件层的累积厚度分别为 18.00m 和 0.00m。由于亮甲山剖面为碳酸盐岩剖面，因此，本书选择 Ca 元素含量作为古气候替代指标进行旋回地层分析。

4.2.1.2　亮甲山剖面化学地层特征

亮甲山剖面化学地层特征（图 4.6）显示，Ca、Si 和 Al 元素的含量在厚度为 48m 时前后差异非常明显，在 67m 和 91m 处有一段突变。Ca 的平均含量在 48m 之前为 19.35%，48m 之后为 29.5%，差异十分明显。其中 48～67m 的平均含量为 29.86%，67～91m 的平均含量为 31.83%，91～109m 的平均含量为 28.01%；厚度为 48m 之前 Si 的平均含量为 0.44%，48.00m之后的平均含量为 6.61%，变化巨大，其中 48～67m 的平均含量为 6.43%，67.00～91.00m 的平均含量为 7.02%，91～109m 的平均含量为 6.52%；Al 在 48m 之前地层中的含量几乎不能被 XRF 仪器识别，48m 后才能被 XRF 仪器识别，平均含量为 1.56%，48～67m 的平均含量为 1.76%，67～91m 的平均含量为 1.08%，91～109m 的平均含量为 1.6%。厚度为 91m 处也恰好是马家沟组和亮甲山组的界线位置，Ca 元素含量有明显降低的趋势，而 Si 和 Al 元素的含量有升高的趋势。Fe 和 Ti 元素含量在亮甲山剖面没有明显变化，Fe 在 48m 之前平均含量为 0.77%，48m 之后为 0.62%；Ti 在 48m 之前平均含量为 0.095%，48m 之后为 0.105%。

4.2.1.3　亮甲山剖面深度域旋回地层分析

环境和气候的改变会导致地层的沉积速率发生改变，而天文轨道旋回在地层中的记录特征和表现形式也会发生变化。为了更加客观地解读地层记录中的天文旋回记录，在进行旋回地层分析时，不仅要对背景层数据进行分析，还需要综合考虑古环境阶段性变化特点并进行分段处理。亮甲山剖面化学地层特征（图 4.6）表明，在地层厚度为 48m 处（投影到背景层为背景层厚度 30m 处），地层中某些元素含量（Al、Si 等）出现非常明显的变化，表明气候或沉积环境发生了改变，所以本书在背景层进行分段分析时分为−2.19～29.97m 和 30.07～86.72m 两段。

对 Ca 背景层数据深度域进行旋回分析，在深度域的傅里叶算法能量谱图和深度域的频谱图中（图 4.7D、E），可以观察到长偏心率、短偏心率、斜率和岁差等信号的记录，同时长偏心

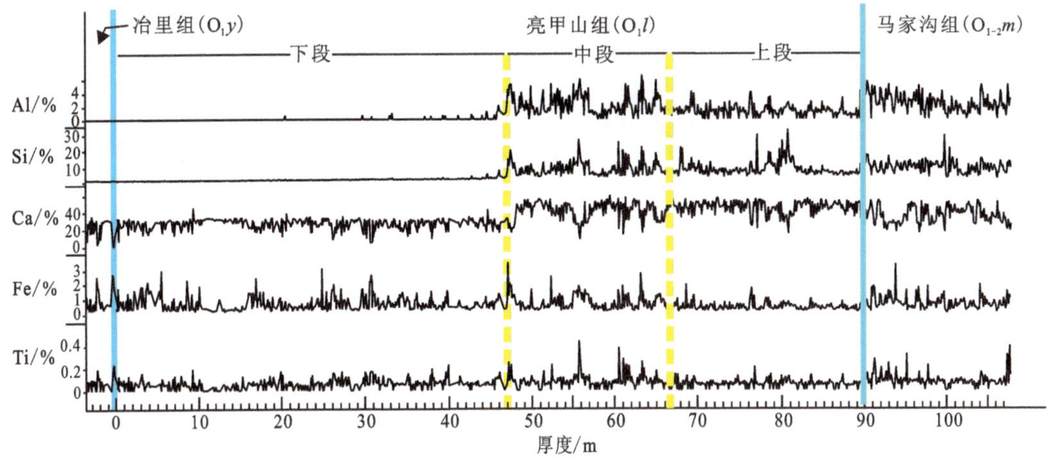

图 4.6　华北亮甲山奥陶系剖面气候-环境敏感元素化学地层特征

率和短偏心率在亮甲山剖面的地层记录中一直存在，且信号强烈，而斜率和岁差在亮甲山组晚期和马家沟组地层中才有记录。

在−2.19～29.97m 的地层序列中，Ca 含量序列能量谱图显示旋回步长在 6.9m、3.13m、1.56m、0.78m、0.37m、0.31m、0.23m 和 0.21m 的能量最高(图 4.7C)(置信度>95%的峰值)，这导致了两种不同的旋回解释：①6.9m、1.56m、0.78m 和 0.37～0.31m 旋回分别代表 405kyr 长偏心率周期、～90kyr 短偏心率周期、～46kyr 的斜率周期和～21.7～18.2kyr 的岁差周期；②3.13m、0.78m、0.37～0.31m 和 0.23～0.21m 旋回分别代表 405kyr 长偏心率周期、～100kyr 短偏心率周期、～47.9～401kyr 和～29.8～27.2kyr 的斜率周期(没有明显的岁差周期)。

在 30.07～86.72m 的地层序列中，Ca 含量序列能量谱图显示旋回步长在 7.04m、4.17m、2.17m、1.72m、1.37m、0.76m、0.64m、0.54m、0.42m、0.33m 和 0.28m 的能量最高(图 4.7B)(置信度>95%的峰值)，对比早—中奥陶世米兰科维奇旋回的旋回比值(表 2.3)，笔者认为7.04m，2.17～1.37m、0.76～0.54m 和 0.42～0.28m 的沉积旋回分别代表 405kyr 长偏心率周期、～125～80kyr 短偏心率周期、～43.7～30.5kyr 的斜率周期和～22.4～16.1kyr 的岁差周期。因此，根据可能的长偏心率和短偏心率沉积旋回，对亮甲山剖面深度域 Ca 含量序列进行滤波(图 4.8)。

4.2.2　黄花场剖面旋回地层学研究

4.2.2.1　古气候替代指标的获取和遴选

本书使用手持式 XRF 扫描仪进行剖面实测。在黄花场剖面地层厚度为 2～13m 测试间隔为 5cm，在该剖面其他地方测试间隔为 10cm，在黄花场剖面共获得 525 个 XRF 数据。黄花场剖面总体上以碳酸盐岩序列为主，因此，本书选择 Ca 含量作为古气候替代指标进行旋回地层分析。

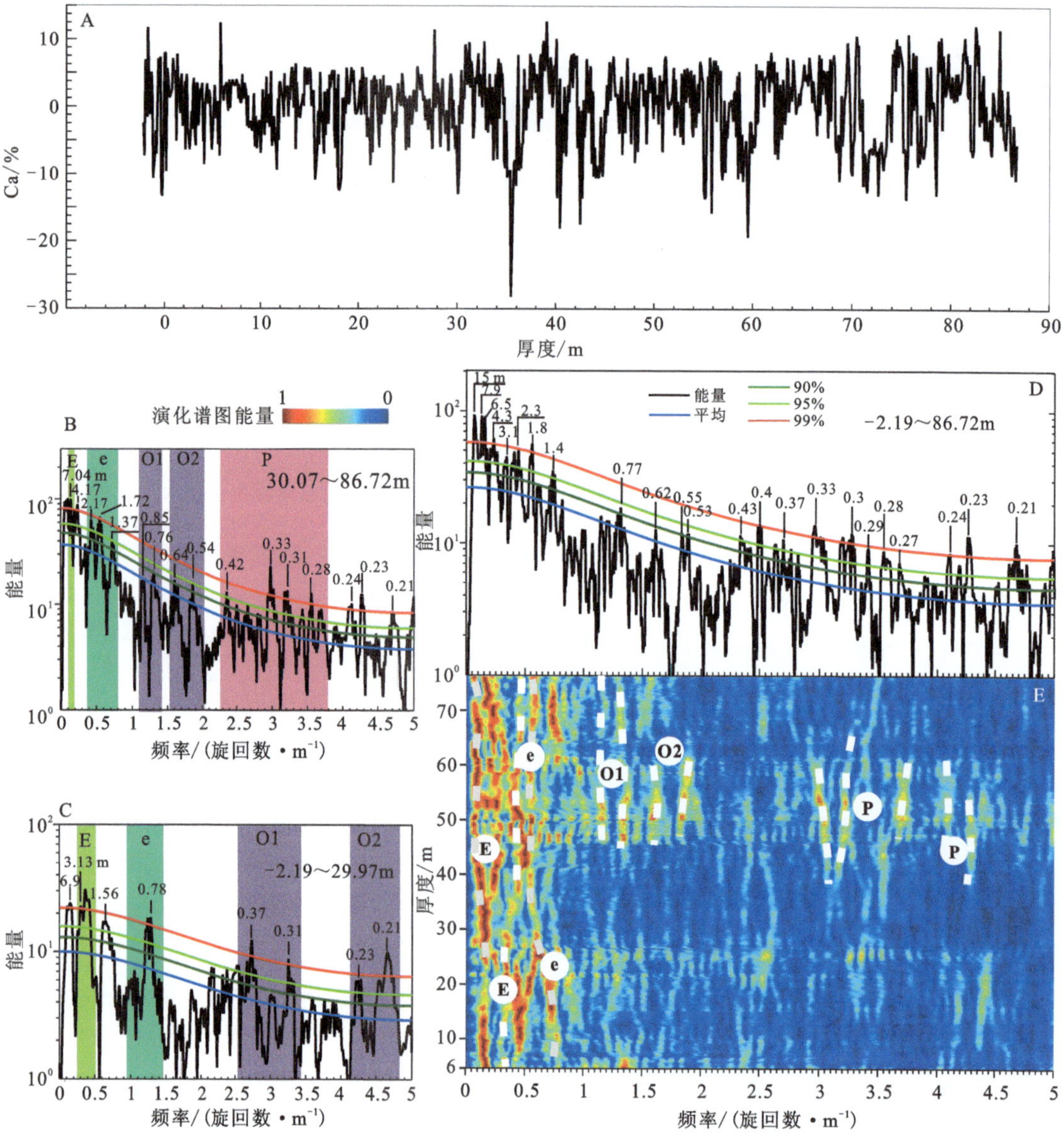

图 4.7　华北亮甲山奥陶系剖面深度域频谱分析

A. 去除 35%加权平均值后 Ca 含量序列；B、C、D. 30.07～86.72m、−2.19～29.97m 和整个地层序列的 2π MTM 能量谱图；E. 亮甲山剖面未调谐 Ca 含量序列的 FFT 演化图谱，滑动窗口为 12m(E、e、O1 和 O2、P 分别代表长偏心率、短偏心率、斜率和岁差旋回)

4.2.2.2　黄花场剖面深度域旋回地层分析

黄花场剖面 Ca 含量序列的能量谱图显示出很高能量的步长在 5m、2.5m、1.2m、0.74m、0.39m、0.33m、0.26m 和 0.24m 的沉积旋回(图 4.9C)，其中，5m、1.2m、0.39～0.33m 和 0.26～0.21m 的沉积旋回比符合早—中奥陶世米兰科维奇旋回 405kyr、～100kyr、～33kyr 和 20kyr 比。因此，本书把 5m 的沉积旋回作为 405kyr 长偏心率周期(图 4.9B)，将其转换到时间域的尺度上，建立浮动天文年代标尺。

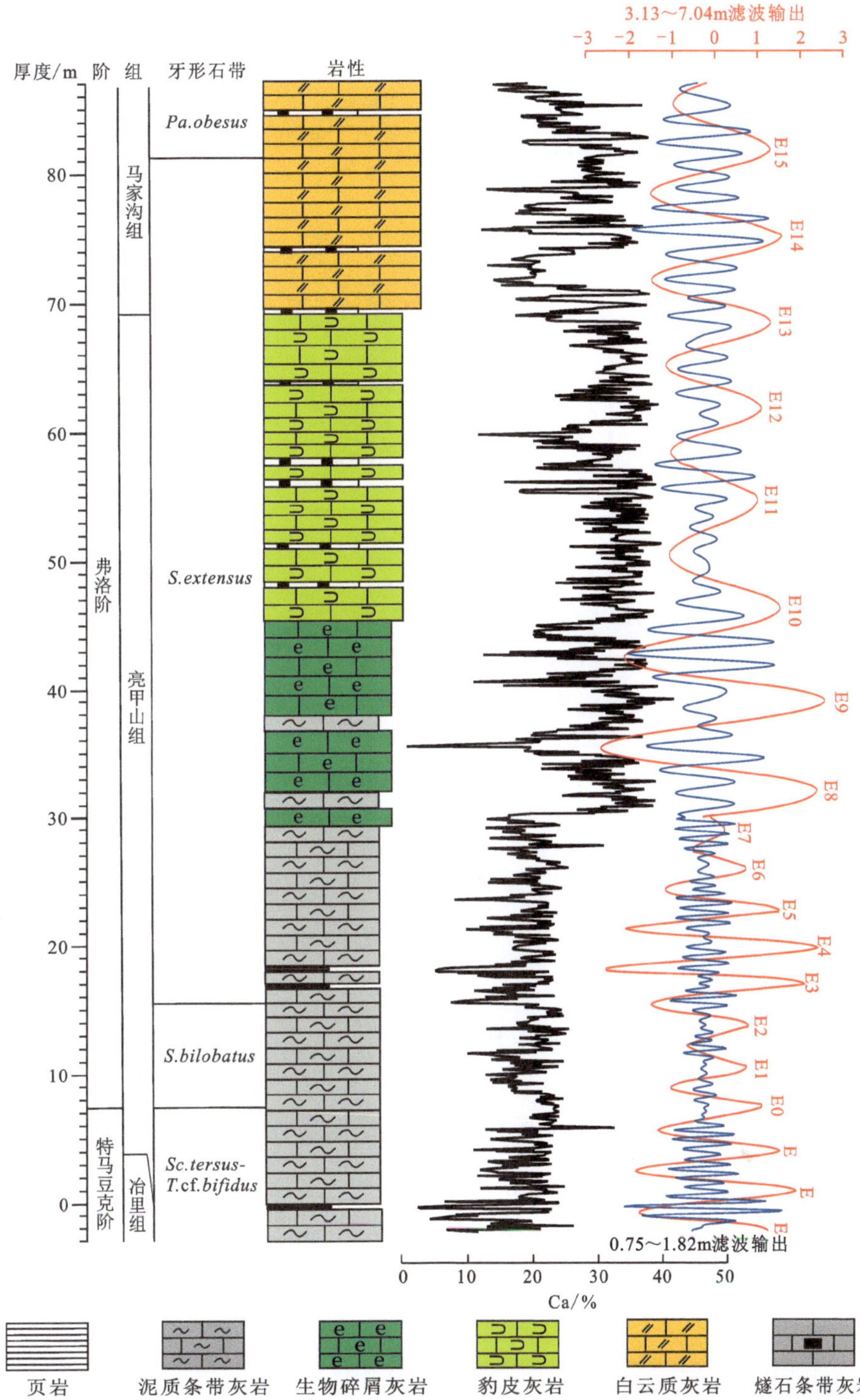

图4.8 华北亮甲山奥陶系剖面浅海背景沉积序列中Ca含量序列在深度域上的旋回地层分析

黑色曲线为亮甲山剖面背景层Ca含量序列；红色曲线为背景层Ca含量序列受长偏心率E驱动的深度旋回滤波图(高斯滤波，其中，－2.19～29.97m滤波频率和带宽为(0.32±0.07)旋回数/m，30.07～86.72m滤波频率和带宽为(0.142±0.05)旋回数/m)；蓝色曲线为背景层Ca含量序列受短偏心率e驱动的深度旋回滤波图(高斯滤波，其中，－2.20～30m滤波频率和带宽为(1.34±0.34)旋回数/m，30.07～86.72m滤波频率和带宽为(0.55±0.15)旋回数/m)

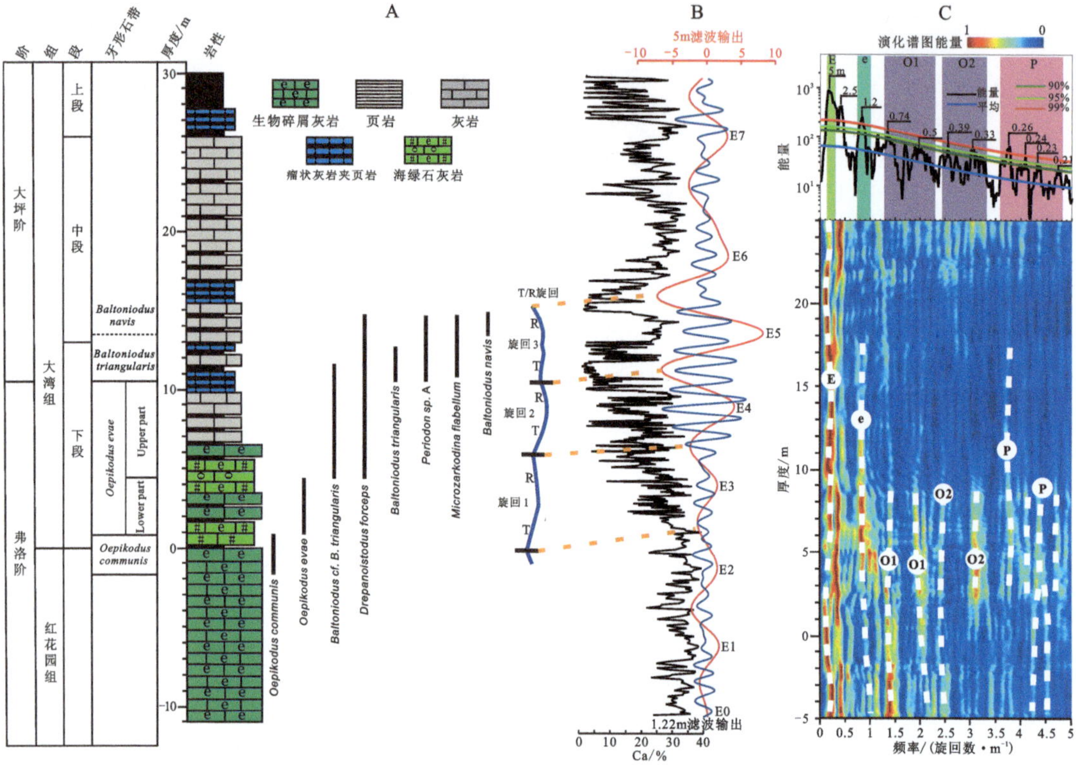

图 4.9 华南黄花场奥陶系剖面主要牙形石的延限和深度域旋回地层学分析

A. 采用 Wang 等(2009)报道的岩性、牙形石生物地层和 T/R 旋回；B. 黑色曲线为深度域 Ca 含量序列，红色和蓝色曲线分别为 405kyr 和～100kyr 轨道偏心率旋回驱动的沉积旋回[红色曲线和黑色“E”，高斯滤波，滤波频率和带宽为(0.2±0.08)旋回数/m；蓝色曲线，高斯滤波，滤波频率和带宽为(0.82±0.22)旋回数/m]；C. 深度域未调谐 Ca 含量序列的 2π MTM 能量谱图和 FFT 演化图谱，滑动窗口为 10m(E、e、O1 和 O2、P 分别代表长偏心率、短偏心率、斜率和岁差旋回)

4.2.3 早—中奥陶世牙形石生物地层对比

4.2.3.1 华南和华北早—中奥陶世牙形石生物地层对比

尽管华南和华北的牙形石生物相存在差别，但是王志浩等(2014)对华南和华北的牙形石生物地层进行了详细对比(图 4.10)。根据 *Triangulodus* aff. *bifidus* 分子，华北的 *Scalpellodus tersus*-*Triangulodus* aff. *bifidus* 带可以对比到华南的 *Triangulodus bifidus* 带；根据 *Serratognathus diversus* 分子，华北的 *Serratognathus bilobatus* 带和 *Serratognathus extensus* 带相当于华南的 *Serratognathus diversus* 带；而对于 *Paraserratognathus obesus* 带，华南和华北有明显区别，一些研究者提议华北的 *Paraserratognathus obesus* 带相当于华南的 *Prioniodu honghuayuanensis*(*Oepikodus communis*)带(Liu，2009；Liu and Zhan，2009；李志宏等，2010；王志浩等，2014)。

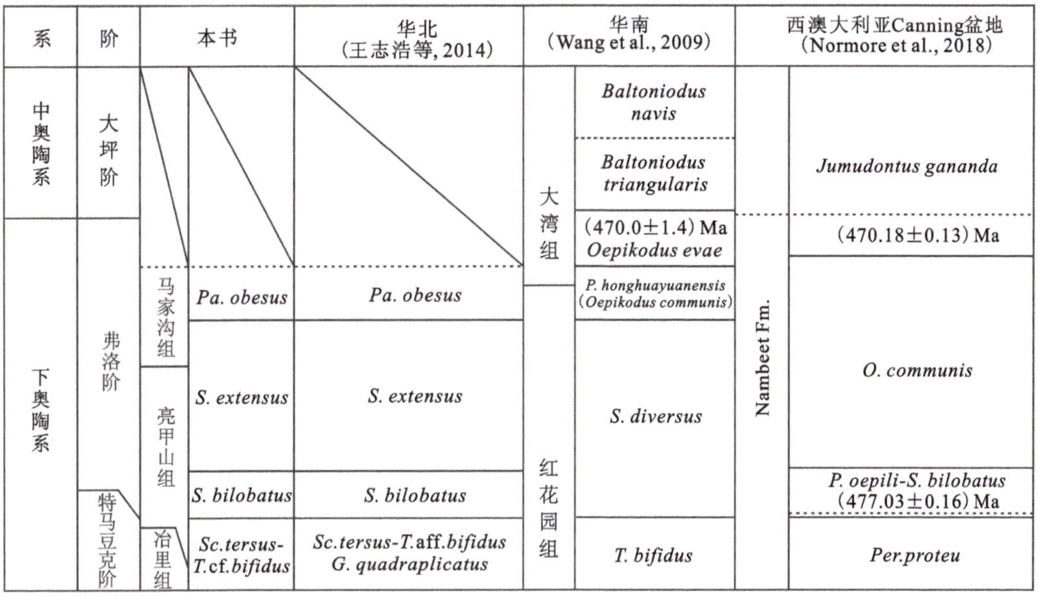

图 4.10　华北、华南和西澳大利亚早—中奥陶世牙形石生物地层对比

Pa. = *Paraserratognathus*; *S.* = *Serratognathus*; *Sc.* = *Scalpellodus*; *T.* = *Triangulodus*; *Par.* = *Paroistodus*; *P.* = *Prioniodus*; *O.* = *Oistodus*

4.2.3.2　中国和澳大利亚 Canning 盆地早—中奥陶世牙形石生物地层对比及 Canning 盆地 U-Pb 锆石年龄

在早奥陶世，牙形石生物地理分区不明显，标准牙形石带在早—中特马豆克期可以进行全球范围的对比(Bergström and Ferretti,2017)。但是，到了晚特马豆克期，由于华北板块发生了大面积海退，出现了许多区域性的牙形石分子，这使得华北的牙形石生物地层很难和世界上其他地区进行精细对比(王志浩等,2014,2016)。本书根据 Canning 盆地高精度的CA-IDTIMS U-Pb 锆石年龄和牙形石生物地层，将其与华南、华北的牙形石生物地层进行对比(Normore et al.,2018)。Canning 盆地 *P. oepili-S. bilobatus* 带底部的 U-Pb 锆石年龄为(477.03±0.13)Ma，和 GTS2012 给出的特马豆克阶—弗洛阶界线年龄(477.7±1.4)Ma 相吻合(Gradstein et al.,2012;Normore et al.,2018)。并且，(470.18±0.13)Ma 的 U-Pb 锆石年龄和 GTS2012 弗洛阶-大坪阶界线年龄(470.0±1.4)Ma 相吻合。高精度的绝对年龄为本书建立早—中奥陶世的天文年代标尺提供了可靠的"锚点"。

4.2.4　亮甲山剖面和黄花场剖面天文年代标尺的构建

牙形石生物地层为本书建立早—中奥陶世天文年代标尺提供了可靠的时间约束。亮甲山剖面和黄花场剖面牙形石生物地层表明，弗洛阶由 *Serratognathus bilobatus*、*Serratognathus extensus*、*Oepikodus communis* 和 *Oepikodus evae* 带组成。根据 Canning 盆地高精度的 U-Pb 锆石年龄，弗洛阶的持续时间比(6.95±0.206)Myr 略长(Normore et al.,2018)。

因此，对于前文亮甲山剖面－2.2～30m 的旋回解释，如果假设①成立，那么整个弗洛阶有 14 个长偏心率周期，持续约 5.7Myr。相反，假设②得到了 7 个长偏心率周期，那么整个弗洛阶持续了 17.5 个长偏心率周期，持续约 7.1Myr，这个年龄与 GTS2012 所提出的弗洛阶持续时间(7.8±1.2)Myr(Cooper and Sadler，2012)和在 Caning 盆地得到的弗洛阶持续时间(6.95±0.206)Myr 十分接近。因此，本书把在亮甲山剖面和黄花场剖面观察到的 3.13m、7.04m和 5m 的沉积旋回解释为受长偏心率 405kyr 驱动。亮甲山剖面－2.2～30m 的 0.78m、0.37～0.31m 和 0.23～0.21m 沉积旋回和 30～86.72m 的 3～1.37m、0.76～0.53m 和 0.39～0.28m 沉积旋回分别受短偏心率、斜率和岁差周期的驱动。因此，本书在亮甲山剖面建立了基于 405kyr 长偏心率周期调谐的深-时转换模型(图 4.11A)。

在黄花场剖面，笔者认为 5m、1.2m、0.39～0.33m 和 0.26～0.21m 的沉积旋回分别受长偏心率、短偏心率、斜率和岁差周期驱动。同理，基于 405kyr 长偏心率周期，同样建立了黄花场剖面的深-时转换模型(图 4.11B)。根据亮甲山剖面和黄花场剖面的深-时转换模型，建立了早—中奥陶世的天文年代标尺(图 4.12)。亮甲山剖面和黄花场剖面时间序列能量谱图显示出贯穿整个沉积序列的 405kyr 长偏心率周期，短偏心率、斜率和岁差也有较强的能量显示(图 4.13)。

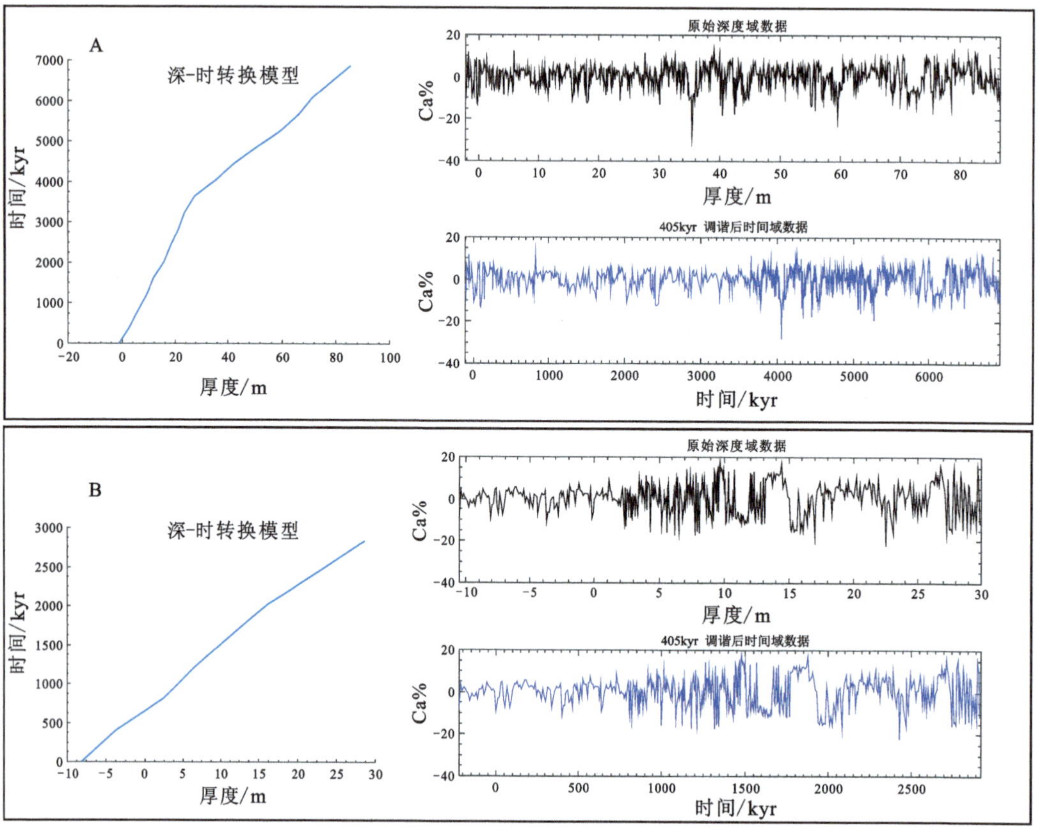

图 4.11　华北亮甲山奥陶系剖面和华南黄花场奥陶系剖面 405kyr 长偏心率调谐深-时转换模型

A. 左侧图为亮甲山剖面 405kyr 调谐的深-时转换模型，右侧上图为亮甲山剖面深度域 Ca 含量数据，下图为 405kyr 调谐后时间域 Ca 含量数据；B. 左侧图为黄花场剖面 405kyr 调谐的深-时转换模型，右侧上图为黄花场剖面深度域 Ca 含量数据，下图为 405kyr 调谐后时间域 Ca 含量数据

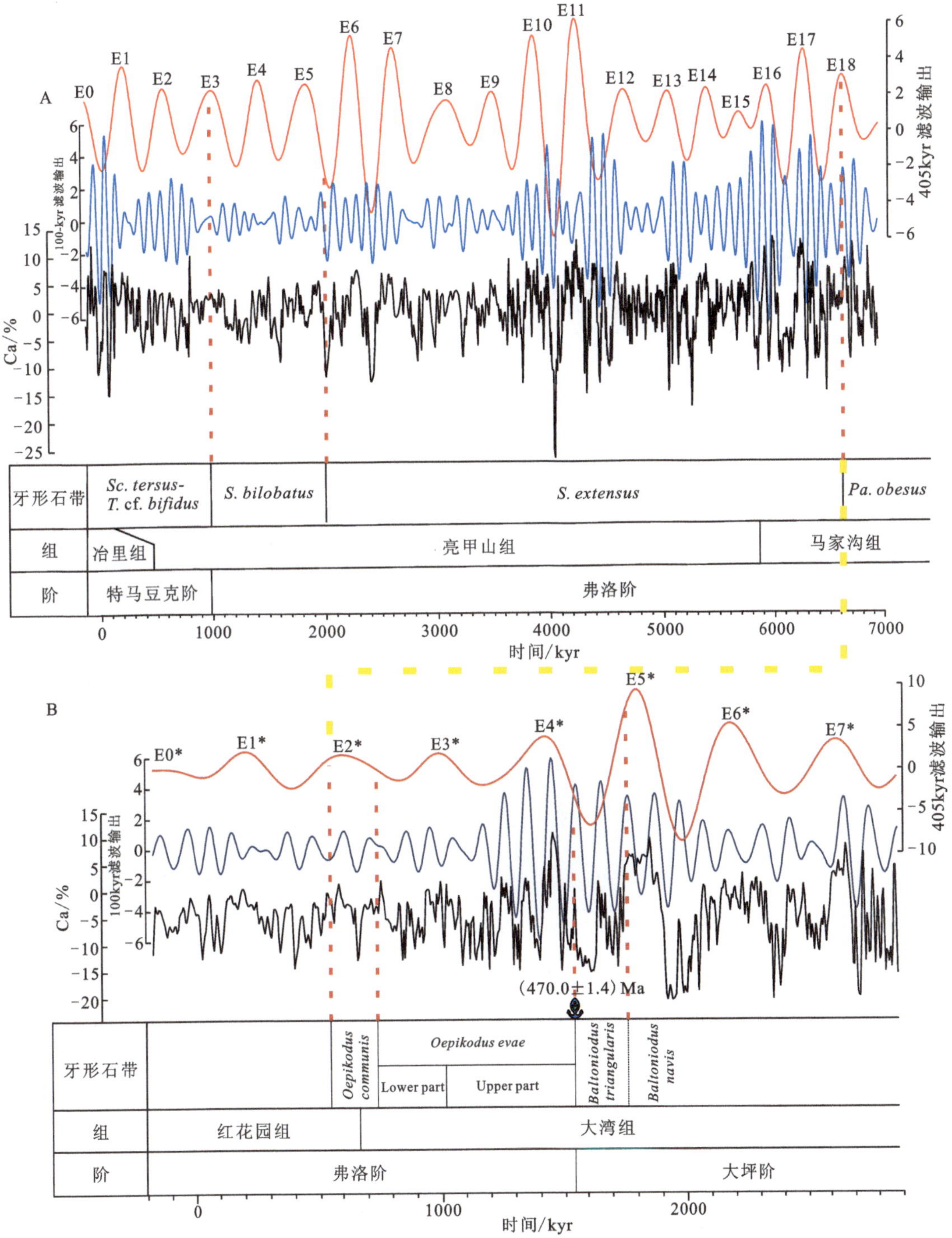

图 4.12　华北亮甲山奥陶系剖面和华南黄花场奥陶系剖面时间域旋回地层学分析

A. 经过长偏心率调谐后的亮甲山剖面 Ca 含量时间序列和 405kyr 与 100kyr 滤波曲线[红色曲线和黑色“E”，高斯滤波，滤波频率和带宽为(0.002 5±0.001)旋回数/kyr；蓝色曲线，高斯滤波，滤波频率和带宽为(0.01±0.003)旋回数/kyr]；B. 经过长偏心率调谐后的黄花场剖面 Ca 含量时间序列和 405kyr 与 100kyr 滤波曲线[红色曲线和黑色“E*”，高斯滤波，滤波频率和带宽为(0.002 5±0.001 3)旋回数/kyr；蓝色曲线，高斯滤波，滤波频率和带宽为(0.01±0.003)旋回数/kyr]

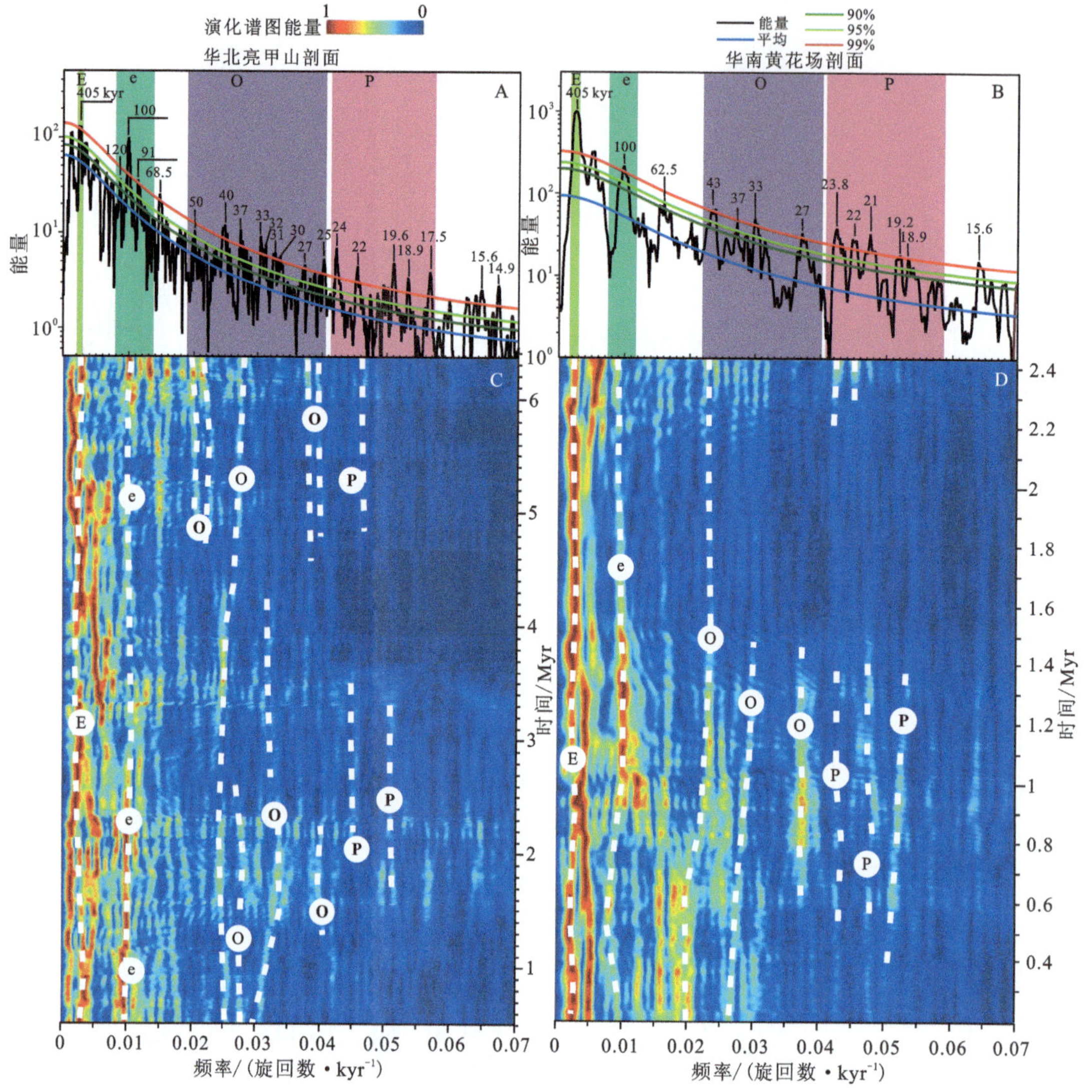

图 4.13 华北亮甲山奥陶系剖面和华南黄花场奥陶系剖面 405kyr 调谐后 Ca 含量时间序列频谱图

A、B. 2π MTM 能量谱图；C、D. FFT 演化图谱。亮甲山剖面滑动窗口为 1000kyr(左)，黄花场剖面滑动窗口为 800kyr(右)(E、e、O 和 P 分别代表长偏心率、短偏心率、斜率和岁差旋回)

根据亮甲山剖面和黄花场剖面的天文年代标尺，可以对早—中奥陶世各个牙形石带的延限时间进行天文年代标定(图 4.12)。*Serratognathus bilobatus* 带有 2.5 个长偏心率旋回，持续 1.0Myr；*Serratognathus extensus* 带有 12.5 个长偏心率旋回，持续 5.1Myr；*Oepikodus communis* 带有 0.5 个长偏心率旋回，持续 0.2Myr；*Oepikodus evae* 带有 2 个长偏心率旋回，持续 0.8Myr；*Baltoniodus triangularis* 带有 0.5 个长偏心率旋回，持续 0.2Myr；*Scalpellodus tersus*-*Triangulodus* aff. *Bifidus* 带没有出露完全，只发现了 3 个长偏心率旋回。

天文年代标尺表明，整个弗洛阶共持续～17.5 个长偏心率周期(亮甲山剖面 E3～E18(图 4.12A)，黄花场剖面 E2*～E4*(图 4.12B)，因此，弗洛阶持续时间为 7.08Myr，这个年龄和 GTS2012 给出的弗洛阶持续时间(7.8±1.2)Myr 吻合得很好(Cooper and Sadler,2012)。

但是,对于 7.08Myr 这个数字年龄存在以下 3 个不确定性影响。

(1)405kyr 旋回对比:对于两个 405kyr 旋回段,起始点的位置(亮甲山 E0,黄花场 E0*)可以在一个 405kyr 周期内随时出现,因此,存在不确定性为 202.5kyr(半个 405kyr 周期)(Pas et al.,2018),结束点(亮甲山 E18.5,黄花场 E7*)也是如此。因此,这两个部分本身的持续时间(含不确定性)如下。亮甲山:17.5 * 405kyr=(7.087 5±0.405)Myr;黄花场:8 * 0.405Myr=(3.24±0.405)Myr。而亮甲山剖面弗洛阶沉积时长为(E3～E18.5):15.5 * 0.405Myr=(6.277 5±0.405)Myr;黄花场剖面弗洛阶沉积时长为(E0.5*～E4*):4.5 * 0.405Myr=(1.822 5±0.405)Myr。

(2)华南和华北牙形石生物地层对比:在 4.2.3 节已经讨论过华南、华北有不同的牙形石生物带,因此,它们之间的地层对比存在着误差和不确定性。如果 E18 和 E2* 完美吻合,那么弗洛阶的沉积时长即为(15+2.5) * 0.405Myr=(7.087 5±0.4)Myr。然而实际上,未知的一系列不确定因素会导致不确定性提高到最大的±0.4Myr。

(3)中国和澳大利亚牙形石生物地层对比:Caning 盆地高精度的 U-Pb 锆石年龄为本书的天文年代标尺提供了“锚点”,然而,Caning 盆地的牙形石带同样和华南、华北牙形石带存在差异。Caning 盆地较为年轻的 *J. gananda* 锆石年龄比 GTS2012 弗洛阶和大坪阶界线年龄(470.0±1.4)Ma 出现层位要低,但是 Caning 盆地高精度的 U-Pb 锆石年龄比 GTS2012 的时间精度提高了一个数量级,同时也给本书的年代标尺提供了更精确的时间约束。

综上所述,亮甲山和黄花场剖面的天文年代标尺表明,弗洛阶的持续时间为(7.08±0.405)Myr(考虑来自华南、华北之间未知的不确定性)。Canning 盆地 U-Pb 锆石数据为天文年代标尺提供了重要的“锚点”,但需要更严格的相关性研究来进行时间的对比和约束。约束优化研究结合区域牙形石带、U-Pb 锆石年龄和天文年代标尺可以有效解决这些时间的相关性问题。

4.3 早—中奥陶世气候变化的天文轨道力驱动

亮甲山和黄花场剖面均发现了稳定可靠的米兰科维奇旋回。其中,斜率和岁差周期信号虽然在亮甲山组下段(0～40m,下弗洛阶)较弱,但是在亮甲山组中段(40～60m,中—上弗洛阶)逐渐凸显(图 4.13C)。

亮甲山组下段地层主要由灰岩和钙质砾岩组成,Ca 的含量相对较低,但是,在亮甲山组 48m 以上地层,Ca 平均含量增加了 10.15%,岩性也转变为生物碎屑灰岩(图 4.6、图 4.8)。黄花场剖面下部地层主要由生物碎屑灰岩组成,Ca 含量很高,并且在这段地层序列中,斜率和岁差周期信号十分强烈(图 4.9A、图 4.13D)。而黄花场剖面上部地层主要由灰岩夹页岩组成,Ca 含量相对较低,巧合的是,在这段地层序列中,斜率和岁差周期信号缺失了(图 4.9A、图 4.13D)。两个剖面的 Ca 含量分布模式表明,在早弗洛期,华北处于海洋生产力较低的阶段,而中—晚弗洛期,华北和华南处于海洋生产力较高的阶段,到了大坪期,海洋生产力又回到了较低水平。而在此时期，高海洋生产力恰好对应强斜率和岁差信号，这意味着海洋生产力可能受天文轨道力驱动。

不仅如此，在黄花场剖面有 3 个晚弗洛期—大坪期 T/R 旋回被识别出来，它们的厚度分别为 6m、4.5m 和 4.5m(Wang et al.,2009)，恰好对应 405kyr 长偏心率周期 E3、E4 和 E5(图 4.9)。因此，黄花场剖面 T/R 旋回代表了晚弗洛期—大坪期 405kyr 长偏心旋回作用下的四级海平面升降序列。

4.4 早奥陶世长周期天文轨道旋回和地球-火星间的混沌现象

行星间的轨道运动可以通过太阳系统中行星的基频来追踪，分别为 g_i 和 s_i，其中，i 指的是行星与太阳之间距离远近的顺序。火星和地球的轨道运动有两种长期共振模式：当两行星处于振动状态时，$(s_4-s_3)-2(g_4-g_3)=0$；当它们处于循环状态时，$(s_4-s_3)-(g_4-g_3)=0$(Laskar,1990)。在 0～60Ma，天文模型的 g_4-g_3 和 s_4-s_3 的周期分别为～2.4Myr 和～1.2Myr，即地球和火星轨道之间的长期共振为 2∶1，这已被新生代旋回地层学所证实(Shackleton et al.,1999;Westerhold et al.,2012)。模型显示，太阳系在大约 50Ma 之前就开始分化，但所有模型都表明，在整个太阳系历史中，行星轨道经历了不规则运动(Laskar et al.,2011b;Zeebe,2017)。La2004 模型表明，地球和火星的轨道可能在最近的 100Ma 时经历了混沌转变；La2004 还表明，在 92～85Ma 也可能发生了混沌转变，在这期间，两条轨道的共振模式从 2∶1 到 1∶1，再回到 2∶1 的长期共振(Laskar et al.,2004)，这个推论在白垩纪地层中被证实(Ma et al.,2017a,2019)。但是地球-火星混沌现象的演化在更久远的时间里还没有被可信的模型证明。

在本书的研究中，亮甲山剖面 405kyr 调谐的 Ca 含量序列的频谱分析揭露出显著的低频信号(图 4.13A、C)。为了研究可能与地球-火星长周期共振状态有关的长周期天文轨道周期，本书根据 405kyr 调谐的 Ca 含量序列计算了斜率能量和总能量的比值(O/T)和短偏心率能量和总能量的比值(e/T)分布(图 4.14A、B)。

O/T 序列的振幅频谱图显示在 1350kyr 和 1000kyr 有两个最大值(图 4.14C)，而 e/T 序列的振幅频谱图也显示在 1880kyr 和 1230kyr 有两个最大值(图 4.14D)。O/T 序列在整个晚特马豆克期—晚弗洛期显示出一个强大而持久的 1Myr 的周期(图 4.14A)，相反，e/T 序列经历了从晚特马豆克期到早弗洛期 1.9Myr 旋回，再到中弗洛期 1Myr 旋回的演化过程(图 4.14B)。

因此，笔者提出在 O/T 序列中显著的 1Myr 周期对应 s_4-s_3，而在 e/T 序列中显著的从特马豆克期/弗洛期界线附近～1.9Myr 周期在中弗洛期转变为～1Myr 周期的信号对应 g_4-g_3。g_4-g_3 超长偏心率周期从 1.9Myr 周期向 1Myr 周期的转变可能揭示了在早奥陶世火星和地球轨道从 $(s_4-s_3)-2(g_4-g_3)$ 振动共振状态向 $(s_4-s_3)-(g_4-g_3)$ 循环共振状态转变的混沌现象。

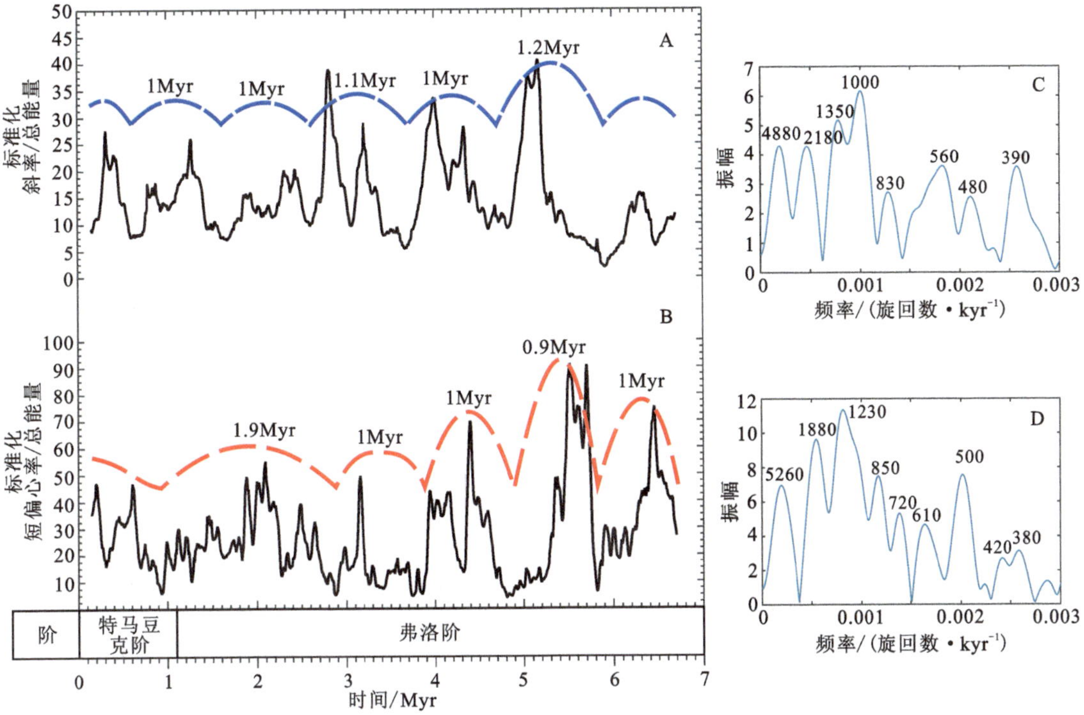

图 4.14　华北亮甲山奥陶系剖面斜率和偏心率能量分布和振幅频谱图

A. 斜率能量与总能量的比值曲线[O/T，斜率：1/(30kyr)－1/(40kyr)]。B. 短偏心率能量与总能量的比值曲线[e/T，短偏心率频段：1/(95kyr)—1/(105kyr)]。总能量为在 2π MTM 能量谱图中从 0 到尼奎斯特频率的总和，滑动窗口为 500kyr。C 和 D. A 和 B 中所示的功率比的振幅频谱图。约 1Myr(s_4-s_3)的长斜率周期和约 1.9Myr、1Myr(g_4-g_3)的超长偏心率周期分别用蓝色和红色虚线弧标出

第5章 西准噶尔晚泥盆世旋回地层学研究

5.1 序 言

晚泥盆世是地球气候演化的关键时期:全球气候由中泥盆世的温室期演变为石炭纪的冰室期(Lakin et al.,2016)。晚泥盆世发生了许多重大的生物-环境事件,其中最著名的是弗拉期—法门期(F-F)生物大灭绝事件(又称 Kellwasser 事件),它是显生宙生物的“五大”灭绝事件之一(Cooper,2002;McGhee et al.,2013)。生物科级的灭绝率约为 20%,属级的灭绝率约为 50%(Sepkoski,1996;Alroy et al.,2008)。全球珊瑚礁生态系统在这次危机中遭受了最严重的破坏,近 80%的平板珊瑚属(Scrutton,1988)和 60%的四射珊瑚属遭遇了灭绝(Hill,1981);造礁层孔虫在法门期消失了大约 50% (McGhee,1996)。底栖生物也遭受了重大损失,在 F-F 生物危机期间,超过 75%的腕足类物种(McGhee,1996)和 65%~80%的海洋底栖介形虫物种灭绝(Song et al.,2019)。浮游生物受到的影响明显大于底栖生物,89%的牙形石分子在 F-F 生物危机期间无法存活(Aldridge et al.,1988;Wang et al.,2016)。在 F-F 灭绝事件中,菊石属的灭绝率约为 67%,在种水平上的灭绝率约为 88% (Becker et al.,1993)。同时,陆地生态系统也遭受了巨大损失(McGhee et al.,2013)。在 F-F 危机期间,约 43%的孢粉消失,只有 29 种存活下来(Richardson and McGregor,1986)。不仅如此,在法门期末发生的 D-C 生物灭绝事件(又称 Hangenberg 事件),造成的生物危机可能与 F-F 生物大灭绝不相上下(Becker et al.,2012,2016b;McGhee,2013;McGhee et al.,2013;Kaiser et al.,2016)。显著的海洋 $\delta^{13}C$ 振荡(Buggisch and Joachimski,2006)标志着富含有机质的沉积物的快速海进事件,如 Nehden 事件、*Annulata* 事件和 Dasberg 事件,揭露了晚泥盆世全球碳循环的重大变化(House,1983,1985,2002;Walliser,1996;Becker et al.,2016a)。虽然在弗拉期—法门期和泥盆纪—石炭纪界线处得到了大量的放射性同位素年龄(Davydov et al.,2011;Becker et al.,2012;Myrow et al.,2014;Percival et al.,2018),然而,这些同位素年龄的误差都比较大,晚泥盆世的地层年代仍然缺乏一个精确的时间框架,这极大地阻碍了对晚泥盆世众多生物-环境事件的时间和进程的认识。

阻碍晚泥盆世旋回地层学研究的关键问题是缺乏连续的、出露良好的、具有高精度的生物地层或放射性同位素年代的地层剖面。中国上泥盆统出露良好,且积累了大量的生物地层、化学地层等地层资料,为开展旋回地层学研究提供了理想的地层基础。本章和第 6 章以西准噶尔布龙果尔剖面、乌兰柯顺剖面和华南杨堤剖面、拉利剖面为研究对象，通过系统的旋回地层学研究建立了晚泥盆世高精度的天文年代标尺，同时厘清晚泥盆世国际标准牙形石带的延限时间和重大生物-环境事件的时间进程，进一步研究天文轨道力对晚泥盆世 F-F 生物大灭绝及古气候、古环境的驱动。

5.2　西准噶尔地区地质背景和研究剖面概述

西准噶尔地区位于塔里木盆地北部，天山山脉南部，新疆的西北部(龚一鸣和纵瑞文，2015)。西准噶尔具有从奥陶纪到二叠纪的地层出露。其中，泥盆纪、石炭纪地层广泛分布(图 5.1)。古地理上，西准噶尔地区在泥盆纪发生多次海侵事件，确立了古亚洲多岛洋的古地理格局(图 5.2)；进入早石炭世，西准噶尔地区几乎被海水覆盖；西准噶尔地区在晚石炭世进入陆内造山阶段，成为中亚造山带重要的一部分(肖序常等，1992；Cocks and Torsvik，2007；龚一鸣和纵瑞文，2015)。

谢米斯台山、沙尔布尔提山一带在地理区划上属于沙尔布尔提山地层小区或玛依力山地层小区(龚一鸣和纵瑞文，2015)，其泥盆系—石炭系剖面为一套弧后盆地相浅水沉积，出露连续，含有丰富的海相生物化石和植物化石。该地区上泥盆统的代表性研究剖面主要分布于和什托洛盖镇北部的和布克河、布龙果尔、额姆哈、根那仁以及和布克赛尔蒙古自治县西部乌兰柯顺一带(图 5.1B)。其中，朱鲁木特组和洪古勒楞组在乌兰柯顺一带到沙尔布尔提山西部均有出露。

经过多次野外踏勘，本书选择了布龙果尔、乌兰柯顺和根那仁 3 条剖面进行实测，并分别采集磁化率样品和进行 XRF 剖面实测。布龙果尔、乌兰柯顺和根那仁剖面的洪古勒楞组出露连续、化石丰富，岩石地层可进行良好对比(张梓歆，1985；王增吉和赵治信，1987；范若颖等，2015)，但是根那仁剖面缺少牙形石生物地层研究，无法提供精细的牙形石生物地层对比和年代约束。因此，本书以布龙果尔和乌兰柯顺剖面的洪古勒楞组为研究重点，开展旋回地层研究工作。

5.2.1　布龙果尔剖面

布龙果尔剖面位于和什托洛盖镇北约 30km 的布龙水库附近(地理坐标：46°44′58.85″N，86°08′36.99″E)，交通便利，可以驱车直接前往，地层出露连续，是研究区内上泥盆统—下石炭统研究程度较高的剖面，也是洪古勒楞组的命名剖面(许汉奎等，1990；Chen et al.，2009；Suttner et al.，2014；Ma et al.，2017b)。

露头宏观照片显示布龙果尔剖面洪古勒楞组具有极为明显的三分性(图 5.3A)，下段为一套风暴岩相的浅色生物介壳灰岩和钙质页岩，中段是一套杂色的凝灰岩和沉凝灰岩，而上段以浅色的钙质砂岩和生物碎屑灰岩为主，夹有少量浅绿色沉凝灰岩，向上过渡到以绿灰色沉凝灰岩及粉砂岩为主的黑山头组(图 5.3A、C)。洪古勒楞组下伏地层朱鲁木特组也广泛分

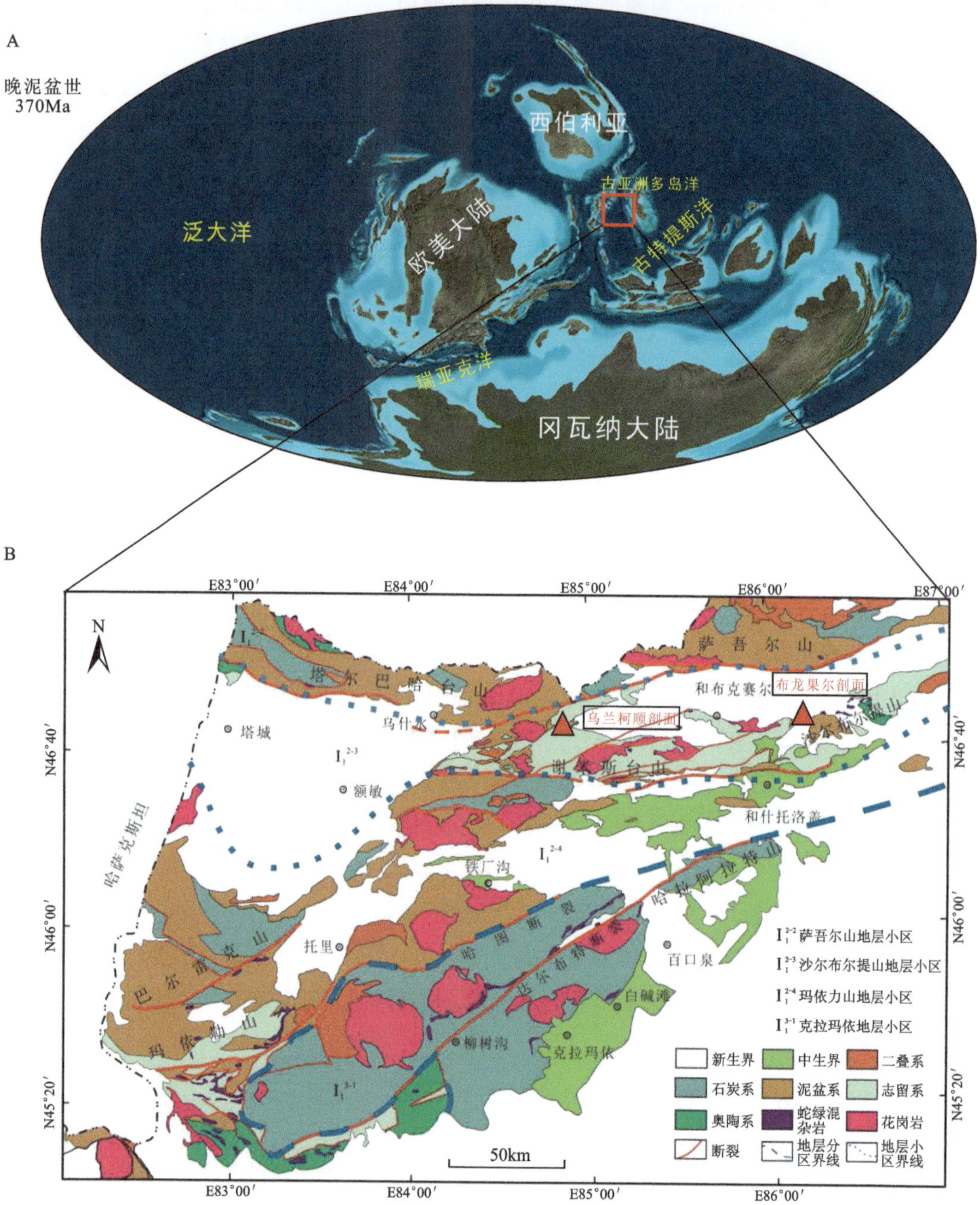

图 5.1　西准噶尔地区上泥盆统研究剖面分布

A. 晚泥盆世古地理图及古亚洲洋位置(据 Blakey,2008 修改);B. 西准噶尔地区地质简图及研究剖面位置(据龚一鸣和纵瑞文,2015;Song et al.,2017 修改)

布于准噶尔盆地西部,为一套含丰富植物化石斜方薄皮木(*Leptophloeum rhombicum*)的河流相与火山源混积的陆源粗碎屑岩,其时代属于弗拉期(王志宏等,2013),F-F 界线很可能位于朱鲁木特组的上部。

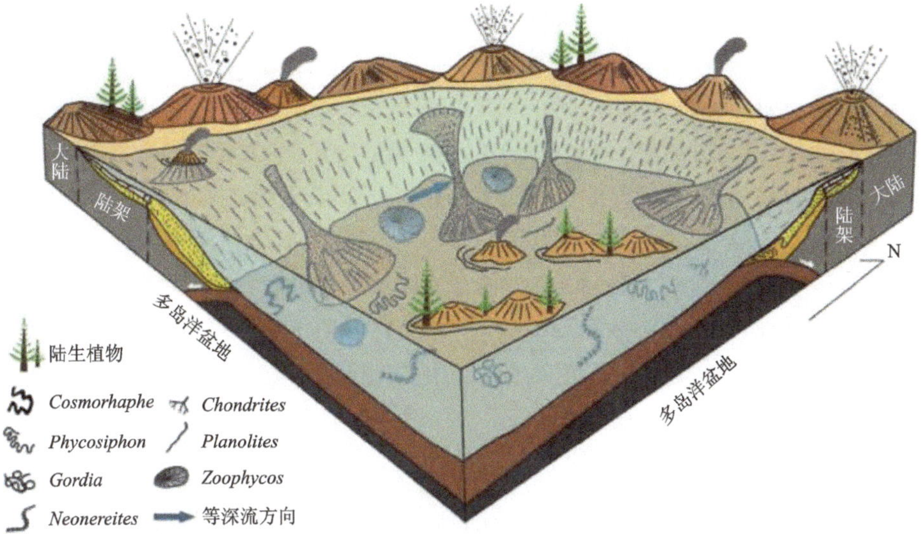

图5.2 西准噶尔中古生代古地理格局示意图(龚一鸣和纵瑞文,2015)

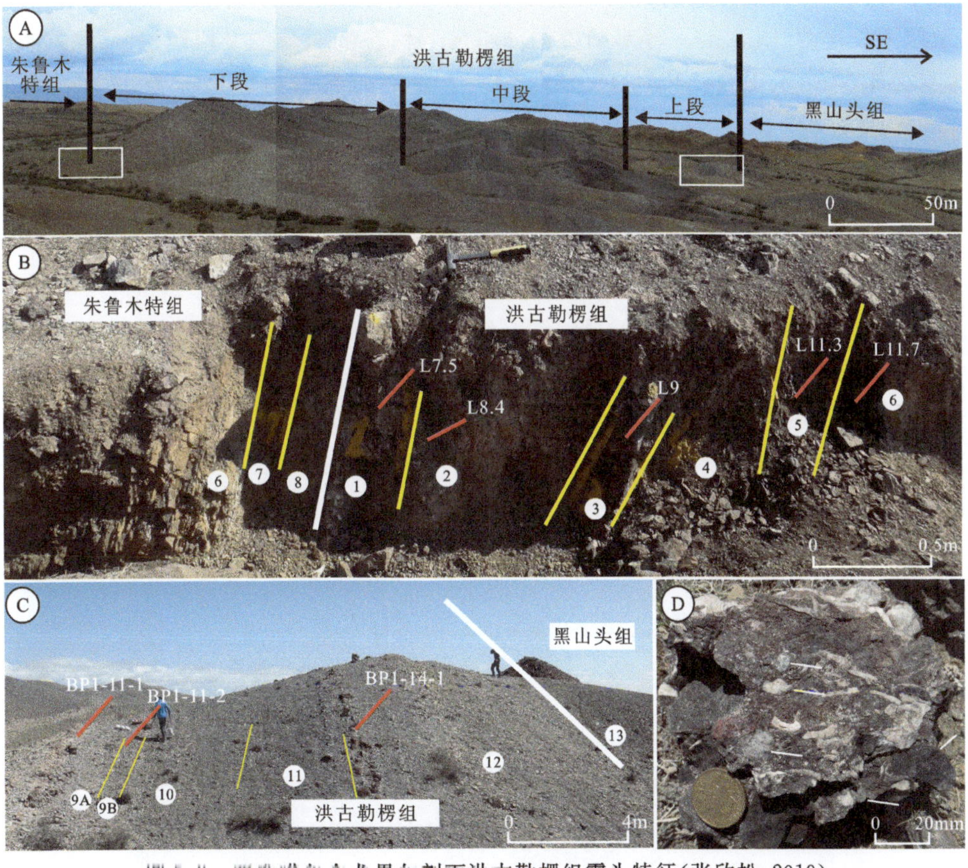

图5.3 西准噶尔布龙果尔剖面洪古勒楞组露头特征(张欣松,2010)

A.布龙果尔剖面露头远景,白色方框为洪古勒楞组的底界和顶界位置(Song et al.,2017);B.洪古勒楞组与朱鲁木特组界线探槽,两个组间的界线用白色线条表示,黄色线条为分层界线;C.洪古勒楞组和黑山头组界线露头,界线用白色线条表示,黄色线条表示许汉奎等(1990)提出的分层界线,红色箭头指向含有牙形石的层位;D.洪古勒楞组底部腕足介壳灰岩布龙果尔剖面朱鲁木特组顶部以粉砂岩为主，上覆地层为洪古勒楞组介壳风暴岩（图 5.3B、D）。朱鲁木特组和洪古勒楞组之间存在明显的相变特征，但是由于未发现两组之间存在明显的沉积间断，因而它们之间的接触关系仍被认为是整合接触。洪古勒楞组的风暴灰岩的出现可能代表一次阶跃型海侵过程（龚一鸣，1995）。

洪古勒楞组下段分层主要参考笔者所在研究组的地层划分工作（Fan and Gong，2016）。洪古勒楞组中段岩性单一，主要是一套杂色的凝灰岩和沉凝灰岩。洪古勒楞组上段岩性为灰色中薄层钙质砂岩-钙质粉砂岩到砂质灰岩夹粉砂岩，颜色较浅，黑山头组底部为深灰色凝灰质砂屑灰岩，颜色较深，因此，张欣松（2019）以 12 层到 13 层颜色突变作为洪古勒楞组与黑山头组之间的岩性界线，这也是本书所采取的岩石地层划分方案。具体分层方案可参考马学平等（2013）、Fan 和 Gong（2016）、张欣松（2019）的研究。

5.2.2 乌兰柯顺剖面

乌兰柯顺剖面位于和布克赛尔蒙古自治县西部约 65km 的山区，研究剖面交通十分便捷，可通过乡村公路直接驱车前往（图 5.1B）。乌兰柯顺剖面地层构造简单，露头出露好，覆盖少，地层沉积连续（图 5.4）。笔者研究团队将乌兰柯顺剖面分为 2 段测制。下段剖面起点地理坐标为 46°46′05.1″N、84°54′43.7″E，中—上段剖面起点地理坐标为 46°46′05.16″N、84°55′50.9″E（王志宏，2016）。

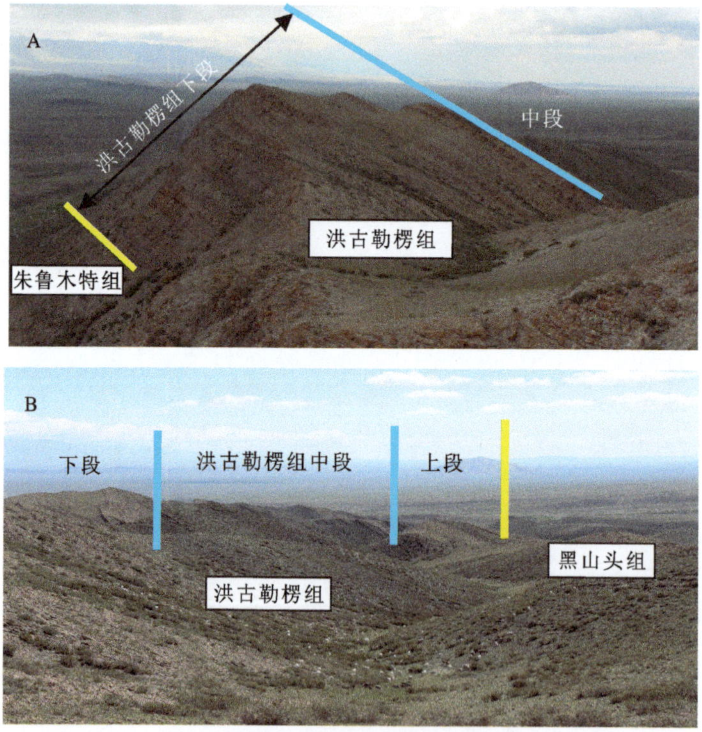

图 5.4 西准噶尔乌兰柯顺剖面洪古勒楞组野外远景图（据王志宏，2016 修改）

乌兰柯顺剖面地层自下而上为朱鲁木特组、洪古勒楞组和黑山头组，实测剖面总厚度为382m。朱鲁木特组岩性为灰绿色厚层状含砾长石砂岩，大型槽状交错层理发育，是典型的陆相河流沉积，可以发现保存良好的植物化石 *Leptophloeum rhombicum*。上覆地层为洪古勒楞组，两者之间为整合接触。

乌兰柯顺剖面洪古勒楞组总厚度约为 358.3m，按岩性特征分为 3 段。下段以一套灰黄色泥质生物碎屑灰岩、灰黄色薄层泥质条带灰岩为主，为浅海风暴沉积环境，含有丰富的化石。中段底部为一套厚约 3m 的灰色砾岩，岩性主要为一套灰绿色中—厚层沉凝灰岩，含海百合茎、三叶虫、苔藓虫、腕足类、少量植物化石碎片及丰富的遗迹化石。上段下部主要岩性为灰绿色中—薄层状沉凝灰岩，纹层发育，夹少量硅质粉砂岩，含大量化石；上部主要岩性为灰黄色中薄层钙质生物碎屑灰岩，深灰色—灰黄色钙质凝灰质粉—细砂岩，实体化石和遗迹化石都很丰富。上覆地层为黑山头组，两者之间为整合接触。

黑山头组下部以深灰色细火山碎屑沉积岩为主，并且地层中夹杂少量钙质碎屑岩以及碳酸盐岩薄层或透镜体（王志宏，2016；宋俊俊，2017）。

5.3　布龙果尔剖面旋回地层研究

5.3.1　古气候替代指标的获取和选择

对布龙果尔剖面主要以 0.2m 的分辨率进行测量。在 243.8m 的实测剖面上共获得 XRF 数据 1184 个，数据覆盖了布龙果尔剖面的朱鲁木特组上段部分，整个洪古勒楞组及黑山头组下段部分。

布龙果尔剖面地史时期处于古亚洲洋多岛洋的环境中，晚泥盆世时为岛弧背景下的浅海环境（图 5.2）（龚一鸣和纵瑞文，2015）。布龙果尔剖面处于岛弧背景中的构造活动区，需要考虑火山作用对古气候替代指标的影响。布龙果尔剖面洪古勒楞组在岩性上有三分的特点，下段和上段以灰岩和钙质碎屑岩为主，火山作用较弱，中段以凝灰质细碎屑岩为主，火山作用强烈。布龙果尔剖面的化学地层表明，很多元素的含量在不同位置有着较大的波动，波动范围也并不一致，这可能是受到了火山作用的影响。其中，Fe 在洪古勒楞组下段的平均含量为 2.19%，在洪古勒楞组中段的平均含量为 2.35%，在洪古勒楞组上段的平均含量为 2.52%，在黑山头组下部的平均含量为 1.94%。在火山活动较弱的洪古勒楞组上段、下段，火山作用较强的洪古勒楞组中段，Fe 的平均含量相近（图 5.5），并且 Fe 含量序列在整个剖面范围内都没有大的波动，这可能反映了布龙果尔剖面的 Fe 含量受火山作用的影响很小。Fe 在沉积物中的来源一般是陆源输送矿物里的氧化物、氢氧化物和硫化物，因此，其含量变化可以反映陆源物质的输送强度。

综合考量了多种元素和元素比值后发现，Fe 能很好地反映剖面的旋回特征，并取得了较好的分析结果。综上，本书将 Fe 作为古气候替代指标进一步进行旋回地层分析。

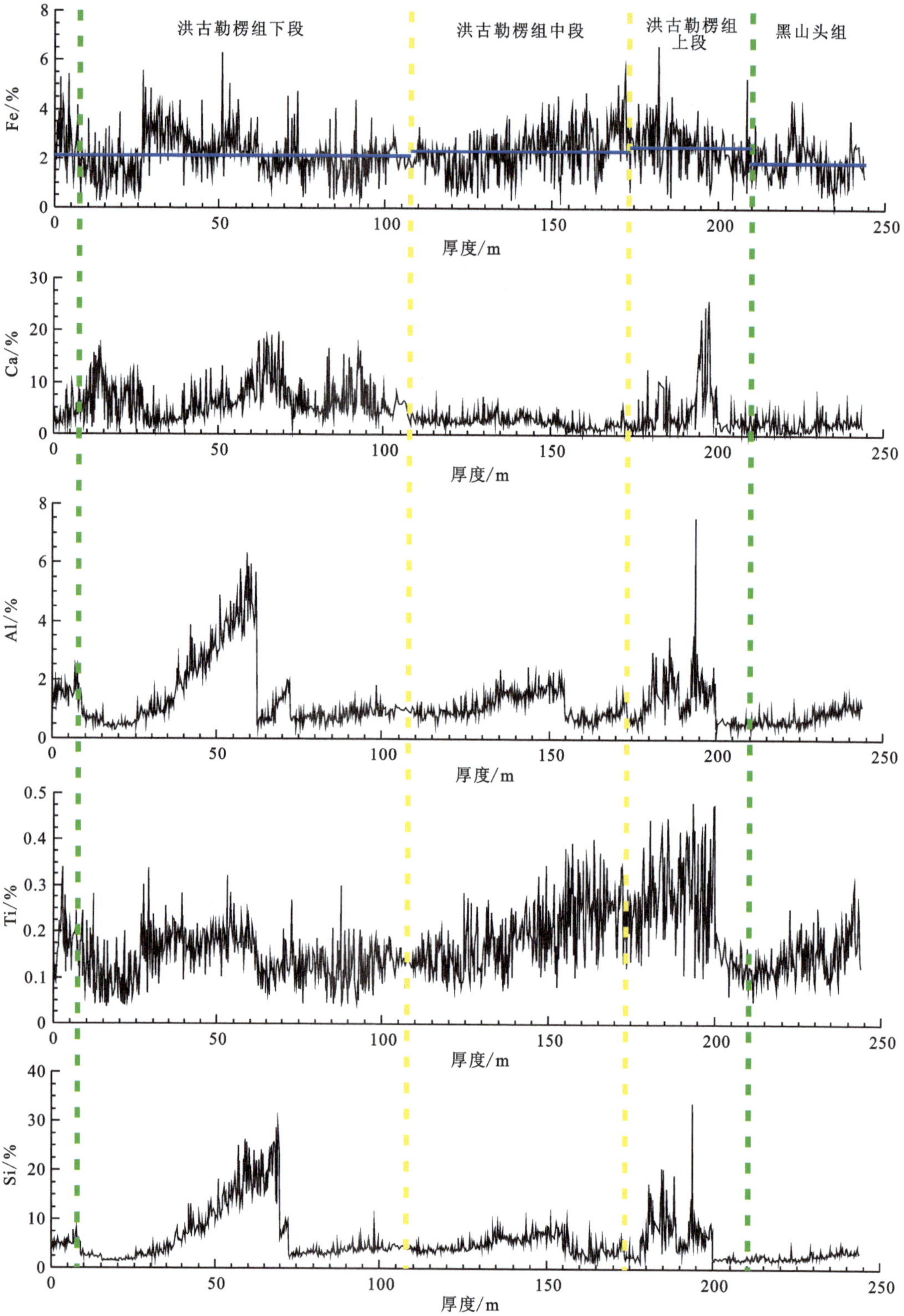

图 5.5　西准噶尔布龙果尔剖面气候-环境敏感元素化学地层特征

（图中绿色虚线代表岩石地层间的界线，黄色虚线代表洪古勒楞组内下、中、上三段的界线，蓝色实线代表范围内 Fe 含量的平均值）

5.3.2　布龙果尔剖面旋回地层学分析

布龙果尔剖面 Fe 含量序列的 FFT 演化图谱表明，在 7.5m 的位置，能量由高频转移到了低频，沉积速率增大。这个位置的能量转换不连续，因此，此处可能存在沉积间断(图 5.6C)。而朱鲁木特组和洪古勒楞组的界线恰好也位于此处，表明了两组之间的平行不整合接触关系；在 107m 左右，能量开始由低频向高频转移，代表了沉积速率减小，此处是洪古勒楞组下段和中段的界线位置；在 178m 左右，能量由低频向高频转移，沉积速率减小，此处为洪古勒楞组中段和上段的界线位置；在 210m 左右，能量由高频转移至低频，沉积速率又增大，此处为洪古勒楞组和黑山头组的界线位置(图 5.6C)。综合 FFT 演化图谱和剖面的岩性特征，本书将 Fe 含量序列分为 4 段进行深度域的旋回地层学分析：0～107.8m、107.8～178m、178～210m 和 210～243.8m。第一段包括了朱鲁木特组的顶部和洪古勒楞组下段，第二段为洪古勒楞组中段，第三段为洪古勒楞组上段，第四段为黑山头组下部地层(图 5.6B、图 5.7)。

Fe 含量深度域序列的能谱图表明(图 5.7)，在 0～107.8m，能量高于 95%的置信度的沉积旋回有 25.6m、12m、7.7m、2.5m、1.8m、1.2m、1m、0.85m、0.64m、0.57m、0.53m、0.46m 和 0.43m。其中，旋回步长在 7.7m、2.5m、1.8m 和 0.64～0.57m 的比近似于 12∶4∶3∶1，可能分别代表了 405kyr 长偏心率周期、130kyr 短偏心率周期、100kyr 短偏心率周期和～30kyr的斜率周期，能谱图中能量最高、频率最低的 25.6m 可能代表了超长斜率周期。

在 107.8～178m，能量高于 95%的置信度的沉积旋回有 11m、5.6m、2.6m、2m、1.4m、1.1m、0.83m、0.79m、0.56m、0.53m、0.48m 和 0.42m。其中，旋回步长在 5.6m、2m、1.4m 和 0.79～0.53m 的比近似 12∶4∶3∶1，可能分别代表 405kyr 长偏心率周期、130kyr 短偏心率周期、100kyr 短偏心率周期和～30kyr 斜率周期，另外，11m 的沉积旋回可能代表超长斜率周期。

在 178～210m，能量高于 95%的置信度的沉积旋回有 7.2m、2.7m、2.2m、1.1m、0.82m、0.59m、0.5m 和 0.45m。其中，旋回步长在 7.2m、2.7m、2.2m 和 0.82～0.45m 的比近似于 12∶4∶3∶1，可能分别代表了 405kyr 长偏心率周期、130kyr 短偏心率周期、100kyr 短偏心率周期和～30kyr 的斜率周期。

在 210～243.8m，能量高于 95%的置信度的沉积旋回有 14.3m、4.6m、1.5m、1.3m、0.91m、0.52m 和 0.45m。其中，旋回步长在 14.3m、4.6m、1.3～0.91m、0.45m 的比近似于 24∶8∶2∶1，可能分别代表了 405kyr 长偏心率周期、130kyr 短偏心率周期、～30kyr 斜率周期和～17kyr 岁差周期。根据以上旋回步长的变化，可以发现在这 4 段中，沉积速率从 0～107.8m 到 107.8～178m 减小，到 178～210m 和 210～243.8m 逐渐增大，完全符合之前根据 FFT 演化图谱得出的沉积速率变化结果(图 5.6C)。

旋回分析表明，剖面整体都能识别出 405kyr 长偏心率、130kyr 和 100kyr 的短偏心率周期，但是 100kyr 短偏心率周期在洪古勒楞组中段和黑山头组下部并不明显。使用高斯滤波提取剖面中的 405kyr 长偏心率周期信号(图 5.6B)。根据稳定的 405kyr 长偏心率周期，通过深-时转换(图 5.8)，将布龙果尔剖面 Fe 含量序列从深度域转入时间域分析。

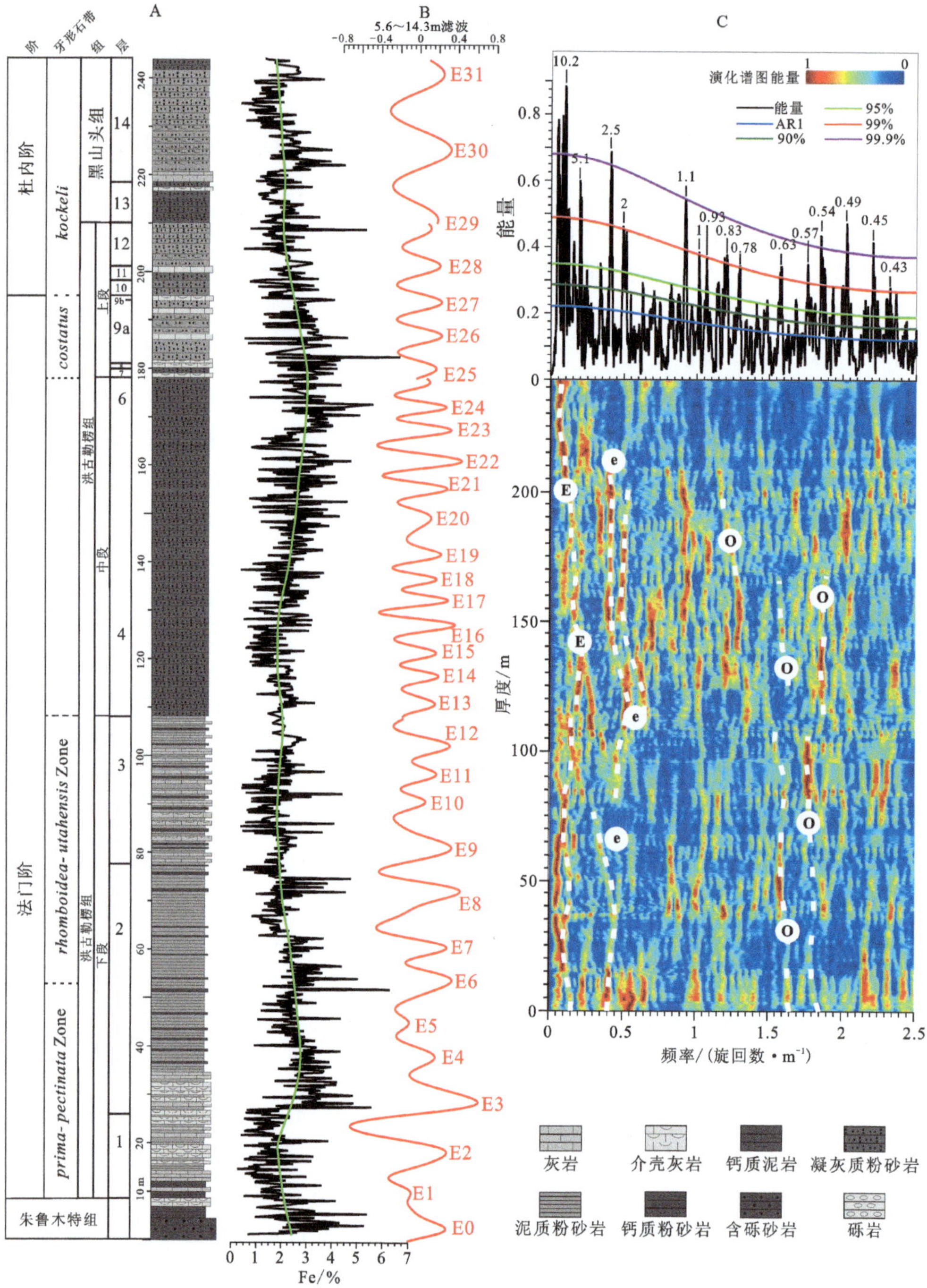

图 5.6　西准噶尔布龙果尔剖面 Fe 含量序列在深度域上的旋回地层分析

A. 布龙果尔剖面岩性柱状图及牙形石带划分(张欣松,2019);B. 黑色曲线为布龙果尔剖面 Fe 含量序列(去除极值,绿色曲线为 15% LOWESS 趋势),红色曲线为受长偏心率(E)驱动的深度旋回滤波图[其中,0～107.8m 滤波频率和带宽为(0.105±0.07)旋回数/m,107.8～178m 滤波频率和带宽为(0.18±0.06)旋回数/m,178～210m 滤波频率和带宽为(0.137±0.03)旋回数/m,210～243.8m 滤波频率和带宽为(0.07±0.02)旋回数/m];C. 布龙果尔剖面 Fe 含量序列深度域 2π MTM 频谱图(紫色、红色、青色和绿色曲线分别代表 99.9%、99%、95%和 90%的置信度,黑色曲线为布龙果尔剖面 Fe 含量序列频谱分布)和布龙果尔剖面 Fe 含量序列深度域 FFT 演化图谱(滑动窗口为 25m,E 代表长偏心率,e 代表短偏心率,O 代表斜率)

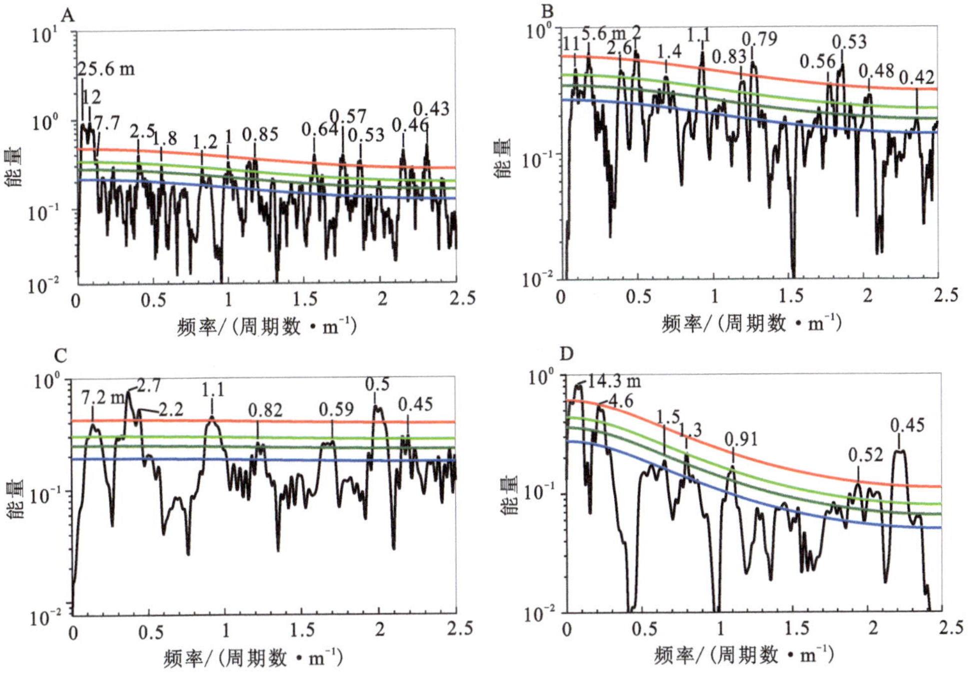

图 5.7　西准噶尔布龙果尔剖面 Fe 含量数据深度域分段序列 2π MTM 能量谱图

(红色、青色和绿色曲线分别代表 99%、95%和 90%的置信度，黑色曲线为 Fe 含量频谱分布)

A. 0～107.8m；B. 107.8～178m；C. 178～210m；D. 210～243.8m

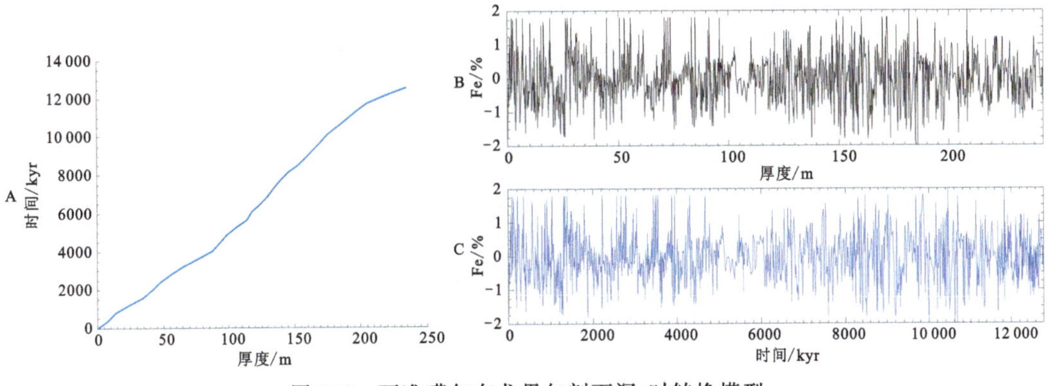

图 5.8　西准噶尔布龙果尔剖面深-时转换模型

A. Fe 含量序列深-时转换模型；B. 布龙果尔剖面深度域 Fe 含量数据；C. 405kyr 调谐后时间域 Fe 含量数据

布龙果尔剖面 Fe 含量时间域 2π MTM 能量谱图和 FFT 演化图谱分析结果表明(图 5.9)，能量很强的 405kyr、135kyr 和 100kyr 的低频长偏心率和短偏心率信号，以及 37～23.8kyr 和 22.7～17.8kyr 的高频斜率和岁差信号(置信度>99%)均可以在晚泥盆世沉积地层中识别出来。根据稳定的 405kyr 长偏心率周期对布龙果尔剖面 Fe 含量时间序列进行滤波，共得到 31 个长偏心率周期(图 5.10)。其中，洪古勒楞组下段 7.5～107.8m(对应时间域 E1～E12)可识别出 12 个长偏心率周期，沉积时长为 4.9Myr，沉积速率为 20.5m/Myr；中段

107.8～178m(对应时间域 E12～E25)可识别出 12.5 个长偏心率周期,沉积时长为 5.1Myr,沉积速率为 13.8m/Myr;上段 178～207.4m 可识别出 4 个长偏心率周期(对应时间域 E25～E29),沉积时长为 1.6Myr,沉积速率为 18.5m/Myr;黑山头组仅部分出露(207.4～243.8m),可识别出 2 个长偏心率周期(对应时间域 E29～E31),沉积速率为 45.5m/Myr。

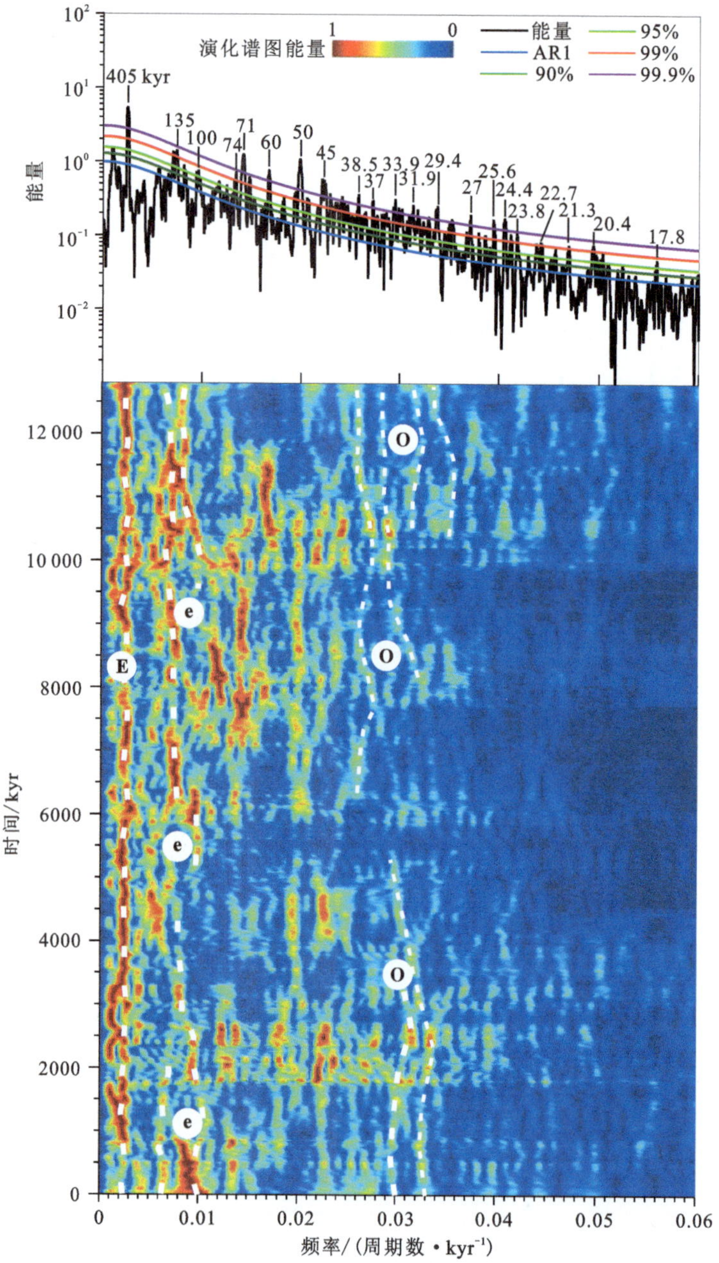

图 5.9 西准噶尔布龙果尔剖面 Fe 含量时间域 2π MTM 能量谱图和 FFT 演化图谱

(滑动窗口为 1000kyr,E、e 和 O 分布代表长偏心率、短偏心率和斜率)

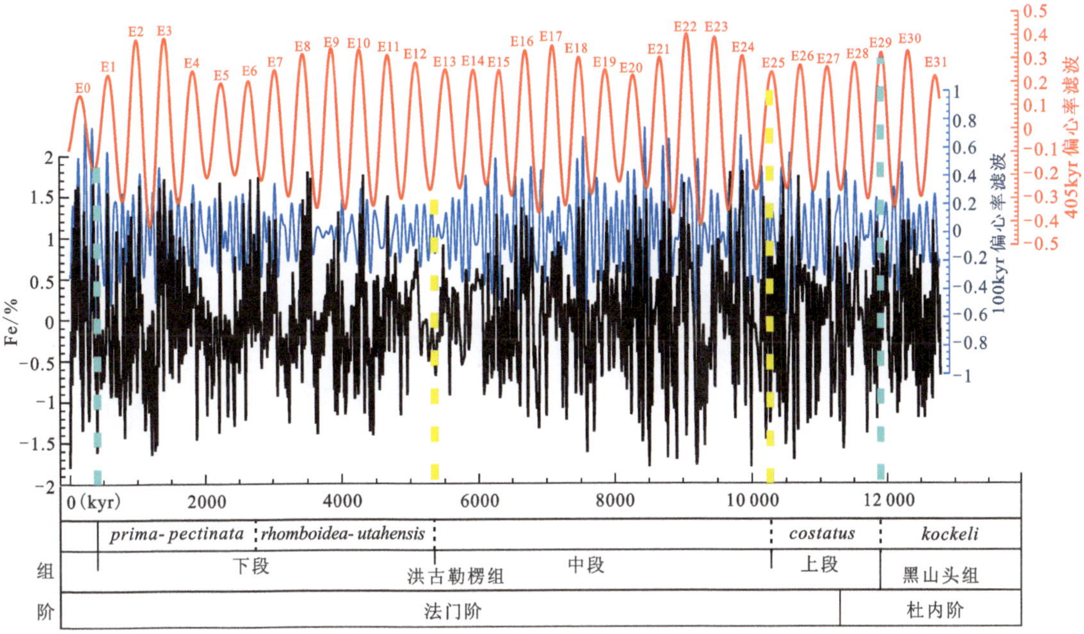

图 5.10　西准噶尔布龙果尔剖面 Fe 含量序列时间域旋回地层分析

[红色曲线代表长偏心率 405kyr 滤波，高斯滤波，滤波频率和带宽为(0.002 5±0.000 5)旋回数/kyr；蓝色曲线代表短偏心率 100kyr 滤波，高斯滤波，滤波频率和带宽为(0.01±0.003)旋回数/kyr，黑色曲线为 Fe 含量时间序列]

5.4　乌兰柯顺剖面旋回地层研究

5.4.1　古气候替代指标的获取和遴选

对乌兰柯顺剖面主要以 0.2m 的分辨率(部分地层按 0.5m 分辨率测试)，使用手持式 XRF 扫描仪进行实地测试，共获得 XRF 数据 1227 个，涵盖了整个洪古勒楞组和黑山头组下段部分地层。

与布龙果尔剖面类似，乌兰柯顺剖面处于古亚洲洋多岛洋的沉积环境中，由于处于岛弧背景中的构造活动区，火山作用对剖面的沉积影响较大(龚一鸣和纵瑞文，2015)，因此，选择古气候替代指标需要考虑火山作用的影响。和布龙果尔剖面 XRF 结果类似，Fe 含量在乌兰柯顺剖面变化不大。在火山活动较弱的洪古勒楞组上段、下段和火山作用较强的洪古勒楞组中段，Fe 的平均含量相近(图 5.11B)，并且元素含量序列在整个剖面范围内都没有大的波动，即剖面的 Fe 含量受火山作用的影响很小。因此，本书在乌兰柯顺剖面也选择 Fe 来进行旋回地层分析，并且可以和布龙果尔剖面进行对比。

5.4.2　乌兰柯顺剖面旋回地层学分析

乌兰柯顺剖面深度域 FFT 演化图谱揭示了剖面的沉积速率变化情况(图 5.11C)。从洪古勒楞组下段到中段地层，能量由低频转到较高频，沉积速率降低；而从洪古勒楞组中段到上段及黑山头组地层，能量向更高频转换，表明沉积速率持续降低。因此，综合 FFT 演化图谱和剖面的岩性特征，本书在进行旋回分析时，将乌兰柯顺剖面地层分为 3 段进行分析：−0.2～172m、172～301.5m 和 301.5～382m。

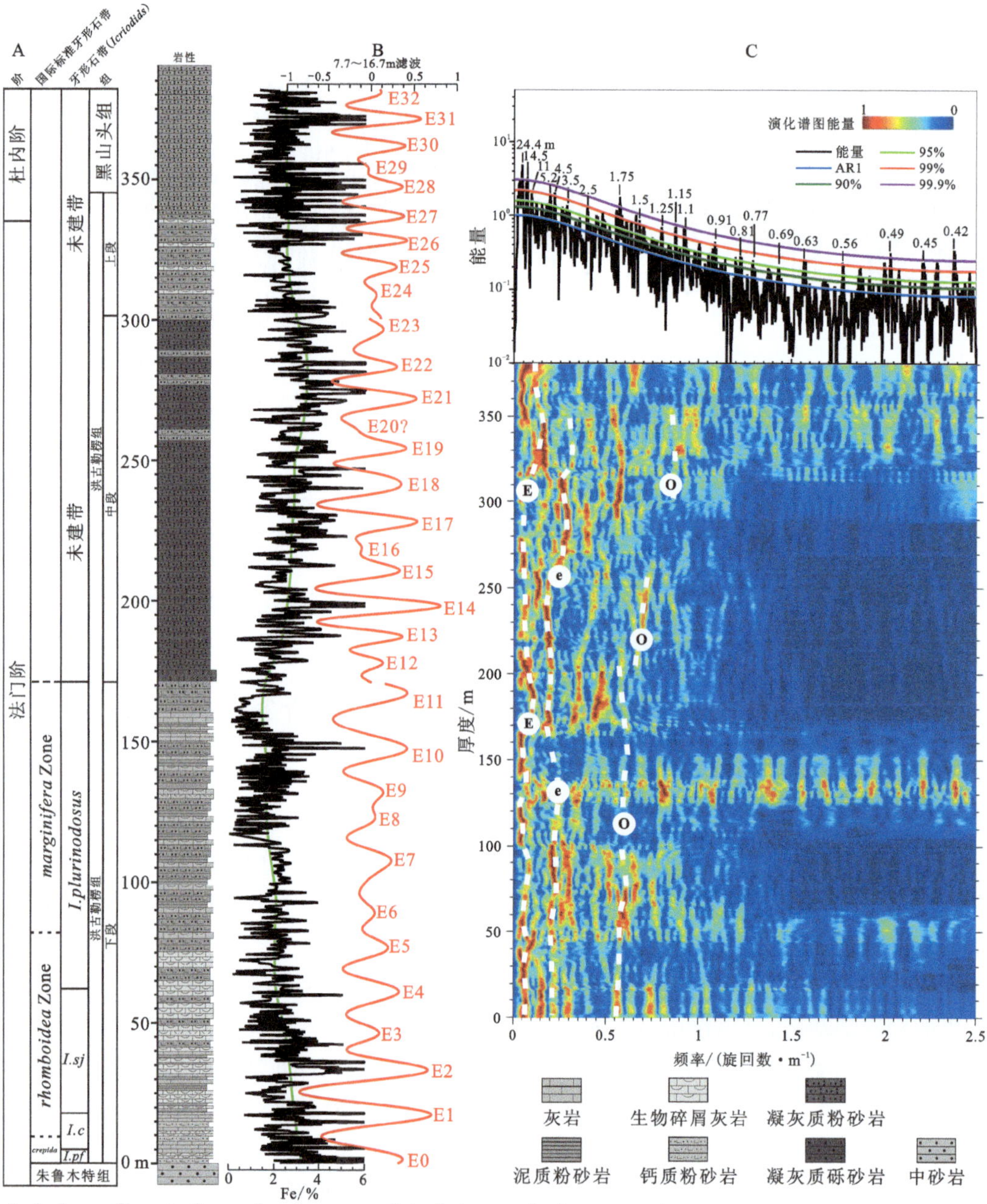

I.pf = *I.praealternatus ferus* *I.c* = *I.cornutus* *I.sj* = *I.stenoancylus junnggarensis*

图 5.11 西准噶尔乌兰柯顺剖面 Fe 含量序列在深度域上的旋回地层分析

A. 乌兰柯顺剖面岩性柱状图及牙形石带划分(王志宏，2016)；B. 黑色曲线为乌兰柯顺剖面 Fe 含量序列(绿色曲线为 15% LOWESS 趋势)，红色曲线为受长偏心率(E)驱动的深度旋回滤波图[高斯滤波，−0.2～172m 滤波频率和带宽为(0.06±0.02)旋回数/m，172～301.5m 滤波频率和带宽为(0.08±0.03)旋回数/m，301.5～382m 滤波频率和带宽为(0.1±0.03)旋回数/m]；C. 乌兰柯顺剖面 Fe 含量序列深度域 2π MTM 频谱图(紫色、红色、青色和绿色曲线分别代表 99.9%、99%、95%和 90%的置信度，黑色曲线为乌兰柯顺 Fe 含量序列频谱分布)和乌兰柯顺剖面 Fe 含量序列深度域 FFT 演化图谱(滑动窗口为 25m，E 代表长偏心率，e 代表短偏心率，O 代表斜率)

洪古勒楞组下段—0.2～172m 的地层序列中，Fe 含量能量谱图显示旋回步长在 16.7m、4.5m、3.1m、1.8m、1.3m、0.94～0.71m 和 0.59～0.42m 的能量最高（置信度>95%）（图 5.12），对比晚泥盆世米兰科维奇旋回比（表 2.3），16.7m、4.5m、1.8～1.3m 和 1～0.71m 的旋回步长比接近 24∶6∶2∶1。因此，本书认为 16.7m、4.5m、1.8～1.3m 和 1～0.71m 的沉积旋回分别代表长偏心率、短偏心率、斜率和岁差周期。

洪古勒楞组中段 172～301.5m 地层序列中，虽然在乌兰柯顺剖面整体上 Fe 含量受火山作用不明显，但是 Fe 含量能量谱图仍然揭示了火山作用对地层沉积的影响：受火山作用影响，该层段的地层沉积旋回能量明显偏弱，尤其是高频旋回基本不可被有效识别（图 5.12）。本书认为能量较高的 12.5m、3.6m 和 1.06～0.94m 沉积旋回比接近 12∶3∶1，分别代表长偏心率、短偏心率和斜率周期。

洪古勒楞组上段和黑山头组下部 301.5～382m 地层序列中，Fe 含量能量谱图显示旋回步长在 10m、6.3m、2.5m、1.8m、1m 和 0.63～0.43m 的能量最高（置信度>95%）（图 5.12），其中，10m、2.5m、1m 和 0.63～0.43m 的沉积旋回比接近 24∶6∶2∶1，和晚泥盆世米兰科维奇旋回周期比一致，分别代表了长偏心率（405kyr）、短偏心率（100kyr）、斜率（～33kyr）和岁差（～20kyr）周期（表 2.3）。

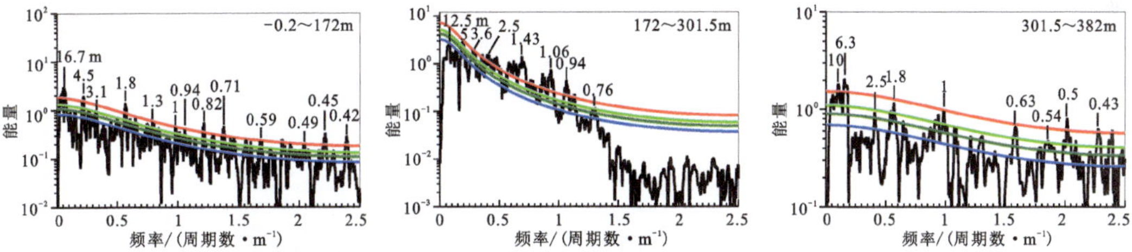

图 5.12 西准噶尔乌兰柯顺剖面 Fe 含量数据深度域分段序列 2π MTM 能量谱图

（红色、青色和绿色曲线分别代表 99%、95%和 90%的置信度，黑色曲线为 Fe 含量频谱分布）

因此，本书根据识别出的 405kyr 长偏心率旋回周期（图 5.11B），建立深-时转换模型（图 5.13），将乌兰柯顺剖面 Fe 含量序列从深度域尺度转换到时间域尺度。

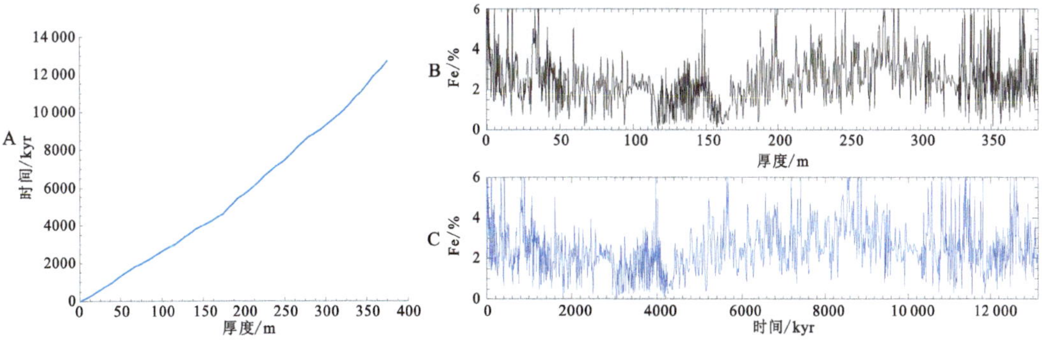

图 5.13 西准噶尔乌兰柯顺剖面深-时转换模型

A. Fe 含量序列深-时转换模型；B. 乌兰柯顺剖面深度域 Fe 含量数据；C. 405kyr 调谐后时间域 Fe 含量数据

乌兰柯顺剖面 Fe 含量时间域 FFT 演化图谱和 MTM 频谱图显示了高能量的 405kyr 长偏心率周期（调谐周期）、100kyr 短偏心率周期、～33kyr 斜率周期和 20.2～18.2kyr 的岁差周期（图 5.14），和理论上的晚泥盆世米兰科维奇旋回周期基本吻合（表 2.3）。此外，～1Myr

的低频长周期也有很高的能量。通过对 405kyr 长偏心率进行滤波，乌兰柯顺剖面 Fe 含量时间序列共得到了 32 个长偏心率周期(图 5.15)。其中，洪古勒楞组下段共得到～11.5 个长偏心率周期(对应时间域 E0～E11)，地层沉积时长为 4.7Myr，沉积速率约为 36.6m/Myr；洪古勒楞组中段共得到～12 个长偏心率周期(对应时间域 E12～E23)，地层沉积时长为 4.9Myr，沉积速率约为26.4m/Myr；洪古勒楞组上段和黑山头组下部分别得到～4.25 个长偏心率周期(对应时间域 E24～E28 和 E28～E32)，沉积时长均为 1.7Myr，沉积速率分别为 26.1m/Myr 和21.3m/Myr。

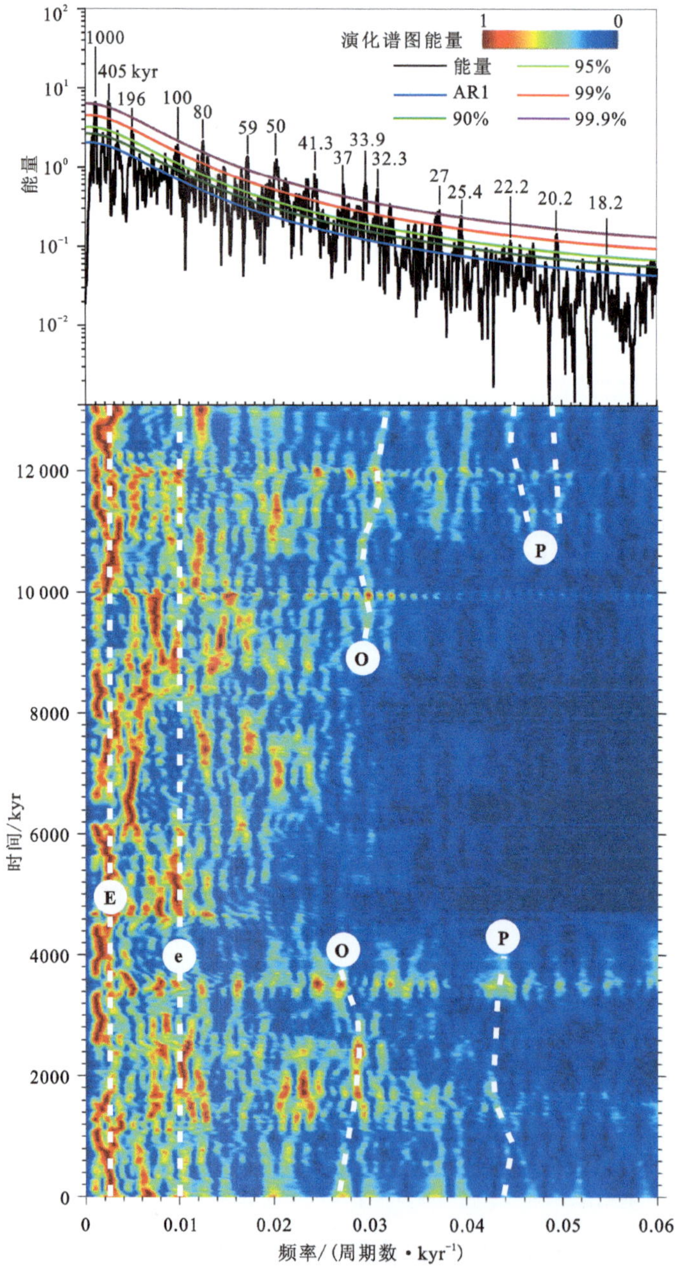

图 5.14　西准噶尔乌兰柯顺剖面时间域 Fe 含量序列 2π MTM 能量谱图和 FFT 演化图谱

(滑动窗口为 1000kyr，E、e、O 和 P 分别代表长偏心率、短偏心率、斜率和岁差周期)

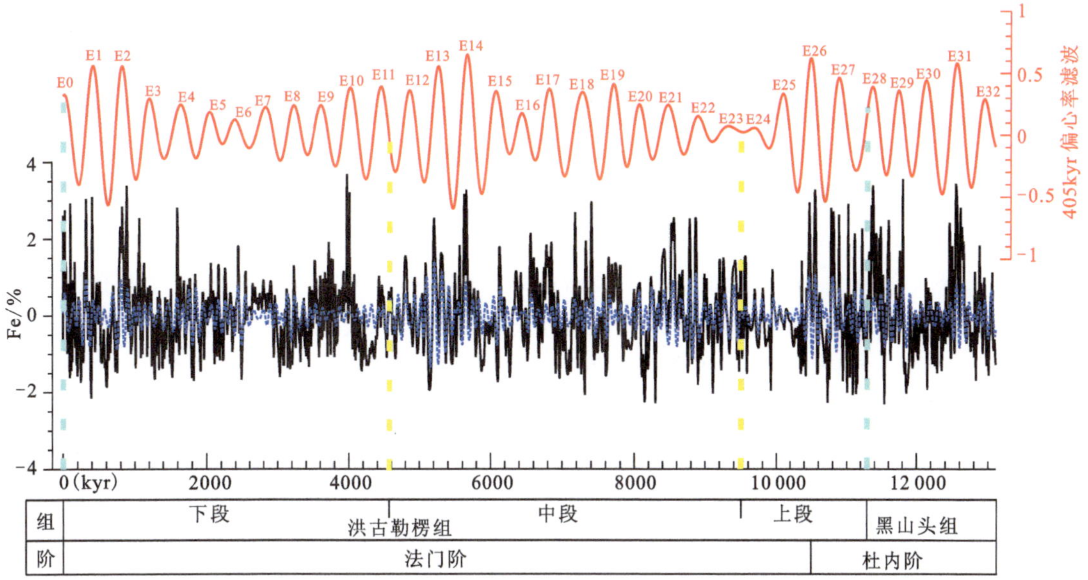

图 5.15 西准噶尔乌兰柯顺剖面 Fe 含量序列时间域旋回地层分析

[红色曲线代表长偏心率 405kyr 滤波，高斯滤波，滤波频率和带宽为(0.002 46±0.000 6)旋回数/kyr；蓝色虚线代表短偏心率 100kyr 滤波，高斯滤波，滤波频率和带宽为(0.01±0.003)旋回数/kyr，黑色曲线为 Fe 含量时间序列]

对比布龙果尔剖面旋回地层研究结果(图 5.10)，布龙果尔洪古勒楞组下段 7.5～107.8m 可识别出 12 个长偏心率周期，沉积时长为 4.9Myr，沉积速率为 20.5m/Myr；中段 107.8～178m 可识别出 12.5 个长偏心率周期，沉积时长为 5.1Myr，沉积速率为 13.8m/Myr；上段 178～207.4m 可识别出 4 个长偏心率周期，沉积时长为 1.6Myr，沉积速率为 18.5m/Myr。布龙果尔剖面和乌兰柯顺剖面洪古勒楞组各段的旋回分析结果基本一致，可以相互印证旋回分析的准确性。

5.5 讨 论

5.5.1 洪古勒楞组的时代问题

Becker 等(2020)对泥盆纪地层分布的火山灰中的锆石的 U-Pb 定年结果进行分析，给出了法门阶—杜内阶界线的精确时间标定，即(358.9±0.3)Ma。据马学平等(2013)和 Zong 等(2014)资料，布龙果尔泥盆纪—石炭纪界线位于洪古勒楞组上段 9b 层顶(本书中厚度 195m 处)，结合布龙果尔天文年代标尺(图 5.10)，布龙果尔剖面法门阶共可识别出 27 个长偏心率周期，由于在计数长偏心率周期时，在开始或结束的位置不一定处于准确的 0 相位或者 $\pi/2$ 相位，会存在半个长偏心率周期的误差(± 0.2Myr)，因此，本书为布龙果尔剖面法门阶沉积时长添加一个误差，即沉积时长为(11.5±0.28)Myr。不同研究者所给出的法门阶持续时间的并集为 12.5～15.5Myr(Becker et al.，2012；De Vleeschouwer and Parnell，2014；Pas et al.,2018;Ma et al.,2020),布龙果尔剖面法门阶沉积时长明显短于整个法门阶的持续时间,因此,可以认为布龙果尔剖面的洪古勒楞组不存在 F-F 界线。将 Becker 等(2020)给出的 D-C 年龄作为"锚点",结合洪古勒楞组的持续时间,洪古勒楞组的底界年龄为(370.2±0.41)Ma。

牙形石是确定古生代地层界线的重要化石之一,通过与标准牙形石带进行对比,就能将同一时代、不同地区的剖面联系起来(张欣松,2019)。晚泥盆世具有良好的牙形石研究基础和完整的牙形石地层框架。其中,法门阶共有 20 个标准牙形石带(Spalletta et al.,2017)。完善牙形石的数字定年后,就能根据牙形石带的延限时间精确对比不同地区的牙形石生物地层,这对区域地质研究和地质时代研究都具有十分重大的意义。张欣松(2019)建立了布龙果尔剖面洪古勒楞组的牙形石生物地层。但由于牙形石材料暂不足以满足细致的建带要求,以及中段牙形石研究条件不足,在上段开展牙形石工作也较为困难,因此,在布龙果尔剖面只给出了 4 个牙形石带的大致范围。根据本书建立的 405kyr 天文年代标尺(图 5.10),可以得出布龙果尔剖面洪古勒楞组下段 *prima-pectinata* 牙形石带持续时间约为 2.2Myr(未见底),*rhomboidea-utahenisis* 牙形石带持续时间约为 2.6Myr(未见顶)。张欣松(2019)在洪古勒楞组探槽最底部(7.5m)发现了早法门期 *prima* 带的带分子 *pa. prima*,所以牙形石生物地层的研究结果也否定了洪古勒楞组存在 F-F 界线。

由于乌兰柯顺剖面洪古勒楞组中段及其以上地层均未发现能明确指示早石炭世的牙形石分子,所以乌兰柯顺剖面泥盆系和石炭系界线位置一直无法准确卡定。纵瑞文等(2020)通过三叶虫 *Omegops* 和 *Belgibole-Conophillipsia* 组合带将乌兰柯顺剖面泥盆系和石炭系界线限定在洪古勒楞组顶部一套厚约 2.5m 的灰白色凝灰质中细粒岩屑长石砂岩之上(相当于本书中的 346m 左右层位)。在布龙果尔剖面,通过开展化学地层、腕足生物地层、牙形石生物地层和三叶虫生物地层研究,泥盆系—石炭系界线被限定在 9b 层顶(相当于本书中的 195m 左右层位)(马学平等,2013;Zong et al.,2014)。洪古勒楞组中段和上段之间岩性的巨大差异使得它们之间的界线极易分辨。布龙果尔剖面天文年代标尺表明,泥盆系—石炭系界线位于距洪古勒楞组中—上段界线之上 2.5 个长偏心率旋回处(图 5.10)。布龙果尔和乌兰柯顺剖面的旋回地层研究表明,两者之间各个层段的旋回分析结果基本一致(图 5.10、图 5.15)。通过旋回地层学分析对比,本书将乌兰柯顺剖面泥盆系—石炭系界线也限定在距洪古勒楞组中—上段界线 2.5 个长偏心率旋回处(图 5.15),即乌兰柯顺剖面 334m 处[图 5.11A,相当于王志宏(2016)第 8 层顶部]。

5.5.2 晚泥盆世—早石炭世古亚洲洋的海平面变化

晚弗拉期到早杜内期,沙尔布尔提山一带沉积环境不稳定,洪古勒楞组和黑山头组出现了多次的海平面变化。在弗拉期,乌兰柯顺-沙尔布尔提山一带的朱鲁木特组为辫状河相-曲流河相沉积。到弗拉期末,海水自西向东侵入。早法门期,西准噶尔地区的海侵范围达到峰值。随后,塔克台高原的抬升使西准噶尔地区的海平面明显下降,但整体上仍然处于较为稳定的海相沉积环境中。中法门期,洪古勒楞组中段沉积杂色细火山碎屑岩,这一时期的海水又逐渐加深。之后海平面持续下降并一直持续到法门期末。到了杜内期,西准噶尔地区经历短暂的海侵，后来海水大规模退去，西准噶尔地区进入陆内演化阶段（纵瑞文，2016）。

布龙果尔剖面和乌兰柯顺剖面的沉积噪声模型揭示的海平面变化趋势与前人的研究成果基本一致（图5.16）（龚一鸣和纵瑞文，2015；纵瑞文等，2020），即海平面在法门早期先下降，到法门中期（洪古勒楞组中段）海水又加深，随后海水在法门晚期逐步退去（图5.17B～E）。不仅如此，沉积噪声模型显示，晚泥盆世古亚洲洋遭遇频繁的噪声增强，揭示了晚泥盆世—早石炭世古亚洲洋8次重要的海平面下降事件（图5.17B～E）。海平面在早泥盆世下降，随后在中泥盆世（洪古勒楞组中段）上升，最后在晚泥盆世末期又逐渐下降。布龙果尔剖面和乌兰柯顺剖面的沉积噪声模型变化也对应了晚泥盆世的全球事件，如Nehden事件、Condroz事件、*Annulata*事件、Dasberg事件和Hangenberg事件，这些事件都伴随着海平面的大幅下降并对应着沉积噪声的显著增强（图5.17）（Becker et al.，2020）。

布龙果尔剖面去趋势后的DYNOT和$\rho 1$中值曲线的功率谱显示主周期为3.03Myr和～2Myr，次周期为1.4～0.91Myr（图5.16A、C）。同样，乌兰柯顺剖面去趋势后的DYNOT和$\rho 1$中值曲线的功率谱显示主周期为～2.5Myr和～1.9Myr，次周期为1.22Myr和1.09Myr（图5.16B、D）。同时，布龙果尔剖面和乌兰柯顺剖面的e/T系列分别揭示了约3.05Myr、2.4Myr、1.94Myr、1.4～0.91Myr和3.65Myr、1.9Myr、1.4～0.83Myr的长周期旋回，这些长周期旋回可与沉积噪声曲线上的长周期旋回相对应（图5.16E、F），表明超长周期轨道偏心率驱动与百万年尺度的海平面变化存在因果关系。对布龙果尔剖面和乌兰柯顺剖面的沉积噪声模型所揭示的海平面变化进行频谱分析，发现了一个显著的～2.0Myr长周期旋回（图5.16）。DYNOT和$\rho 1$沉积噪声模型中～2.0Myr的长周期旋回与e/T曲线中的～2.0Myr长周期旋回变化大致处于同一阶段（图5.17B～E、G～H）。这些结果进一步证明了晚泥盆世温室条件下～2.0Myr超长偏心率（g4—g3）驱动与海平面变化之间的因果关系（图5.17B～E，图5.18G～H）。

通常有两种模式可作为全球海平面变化的驱动机制，即冰川-海平面升降和含水层海平面升降（Boulila et al.，2021；李明松等，2023）。通过斜率的振幅调制（Zhang et al.，2022；Shi et al.，2023），或轨道偏心率的振幅调制（Boulila et al.，2021；Wang et al.，2023），大陆地下水储量变化可以解释温室气候条件下的海平面变化（Sames et al.，2016；Wendler，2016；Li et al.，2018a）。然而，含水层海平面升降假说不能解释非常大的海平面变化，如白垩纪Turonian海平面变化（Haq and Huber，2016；Boulila et al.，2020）。因此，冰川-海平面升降机制仍然是解释海平面升降变化的最佳机制（Boulila et al.，2011，2020；Simmons et al.，2020）。

泥盆纪大部分时期以温室气候为主（Joachimski et al.，2009；De Vleeschouwer et al.，2014；Huang et al.，2018b；Zhang et al.，2021a），在此期间，含水层海平面升降可能比冰川-海平面升降发挥了更重要的作用。然而，含水层海平面升降只能解释较小的海平面变化（Jacobs and Sahagian，1993；Schulz and Schafer-Neth，1997；De Vleeschouwer et al.，2013）。很明显，晚泥盆世的海平面变化幅度超过100m（Haq and Schutter，2008），可能更多地涉及冰川-海平面升降机制（McGhee，2014；Qie et al.，2019）。

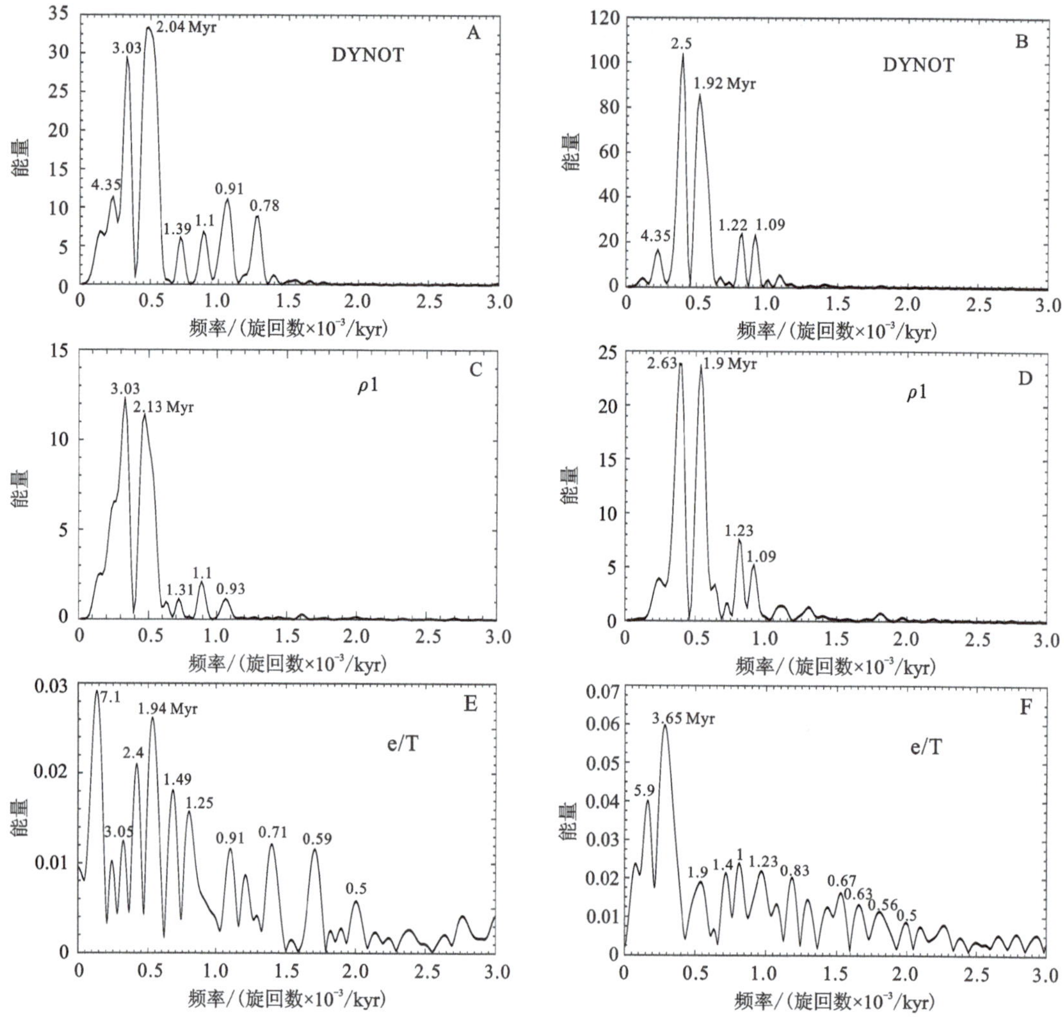

图 5.16 西准噶尔布龙果尔和乌兰柯顺剖面 Fe 含量时间序列的 DYNOT、ρ1 和 e/T 周期图

A、B. 布龙果尔和乌兰柯顺剖面 DYNOT 沉积噪声模型去趋势后周期图；C、D. 布龙果尔和乌兰柯顺剖面 ρ1 沉积噪声模型去趋势后周期图；E、F. 布龙果尔和乌兰柯顺剖面短轨道偏心率功率与总功率之比(e/T)的周期图

本书的研究结果更支持冰川-海平面升降机制对晚泥盆世海平面升降的影响。在晚泥盆世的温室条件下，当只有少量冰盖且短暂存在甚至没有极地冰盖时，斜率驱动对全球古气候的影响将大大降低。相反，通过调节气候岁差(岁差指数)，轨道偏心率周期可以主导海平面上升的变化(Boulila et al.,2011;De Vleeschouwer t al.,2013;Maet al.,2022)。最低海平面与轨道偏心率的低值之间的耦合揭示了轨道驱动与海平面变化之间的关系(图 5.17B～H)：在低轨道偏心率期间，冈瓦纳大陆高纬度地区的南方夏季日照量只会有较小幅度的变化，从而为小型大陆冰盖的积累创造了有利条件(De Vleeschouwer et al.,2013)。由于地球气候逐渐变冷，在低轨道偏心率时期海平面下降(图 5.18A)。相反，高轨道偏心率期间南方夏季日照最强烈，导致显著的冰川融化和冰盖崩塌(De Vleeschouwer et al.,2013;Ma et al.,2022)，这又导致了全球变暖和海平面上升(图 5.18B)。在波兰的 Kowala 上泥盆统剖面也发现了海平面变化的 2.2～2.4Myr 的长周期旋回(De Vleeschouwer et al.,2013)。

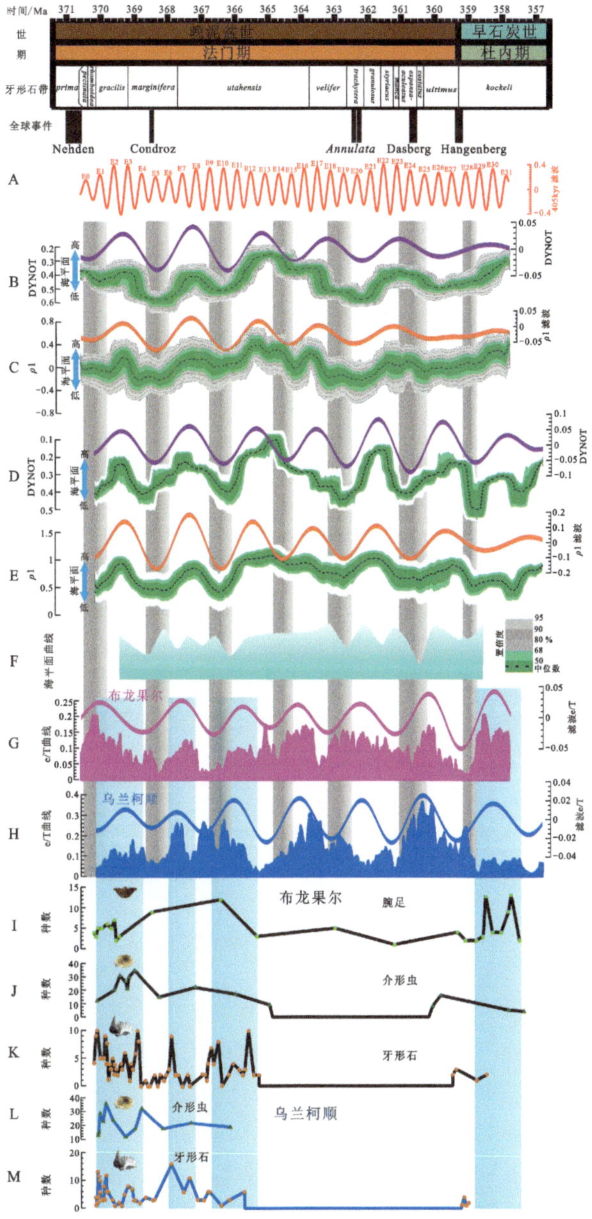

图 5.17　西准噶尔布龙果尔剖面和乌兰柯顺剖面综合分析图

A. 405kyr 旋回滤波(图 5-10)；B、C. 布龙果尔剖面调谐后 Fe 含量时间序列的 DYNOT、$\rho 1$ 噪声模型和～2Myr 的滤波曲线[DYNOT，紫色曲线，滤波频率和带宽：(0.000 54±0.000 15)旋回数/kyr；ρ_1，橙色曲线，滤波频率和带宽：(0.000 51±0.000 15)旋回数/kyr]；D、E. 乌兰柯顺剖面调谐后 Fe 含量时间序列的 DYNOT、$\rho 1$ 噪声模型和～2Myr 的滤波曲线[DYNOT，紫色曲线，滤波频率和带宽：(0.000 52±0.000 1)旋回数/kyr；ρ_1，橙色曲线，滤波频率和带宽：(0.000 53±0.000 1)旋回数/kyr]；F. 布龙果尔剖面海平面变化(据 Zong et al.，2016 修改)；G. 布龙果尔剖面短偏心率/总能量曲线和～2myr 的振幅周期滤波[紫红色曲线，滤波频率和带宽为(0.000 5±0.000 15)旋回数/kyr]，偏心率能量的截止频率为 1/(80kyr)到 1/(120kyr)；H. 乌兰柯顺剖面短偏心率/总能量曲线和～3Myr 的振幅周期滤波[蓝色曲线，滤波频率和带宽为(0.000 54±0.000 1)旋回数/kyr]，偏心率能量的截止频率为 1/(80kyr)到 1/(120kyr)；I、J 和 K. 布龙果尔剖面腕足、介形虫和牙形石的多样性分布[数据来自 Zong et al. (2016)，Song et al. (2017) 和 Zhang et al. (2021b)]；L、M. 乌兰柯顺剖面介形虫和牙形石的多样性分布[数据来自 Wang et al. (2016)和 Song et al. (2017)]。DYNOT 和 $\rho 1$ 噪声模型估计均使用 500kyr 的窗口，置信水平的估计使用 5000 次的蒙特卡罗模拟

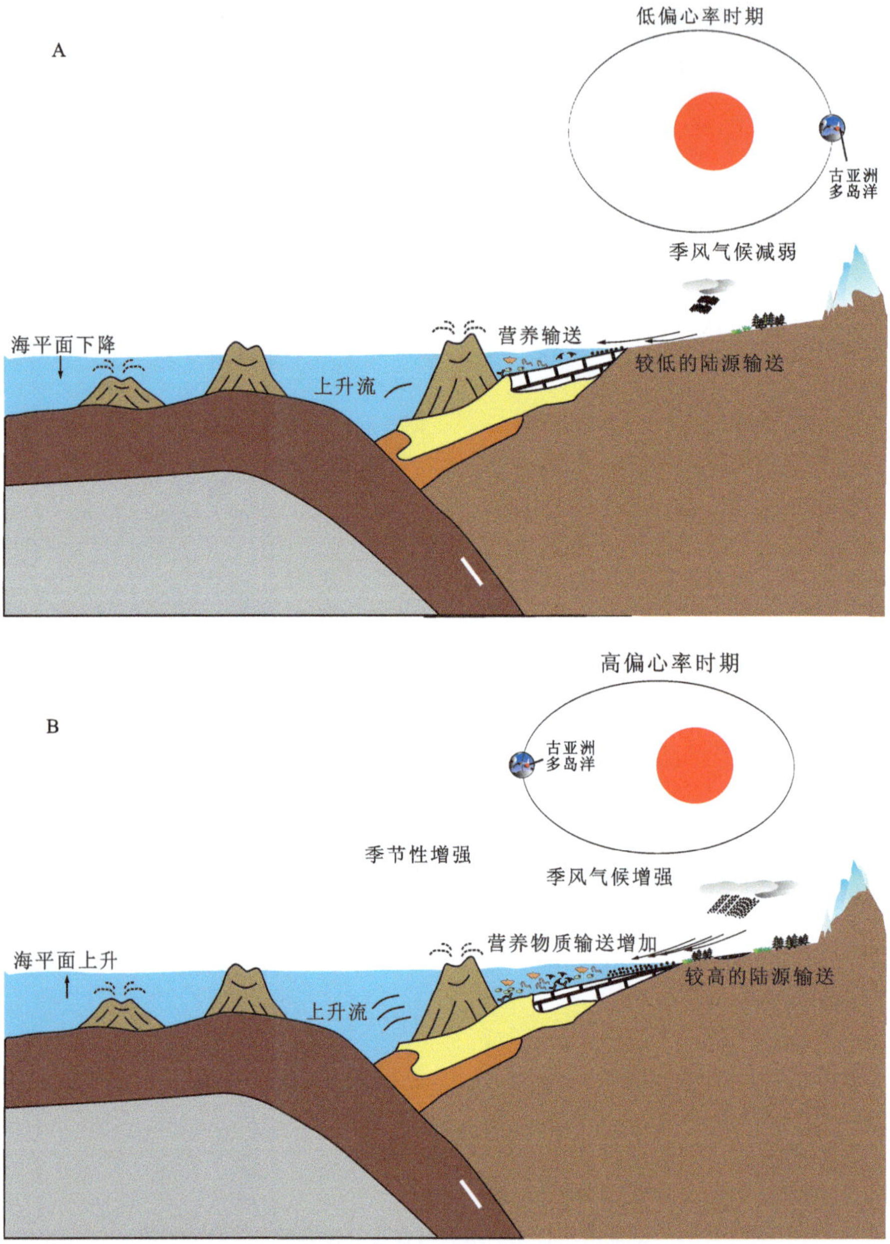

图 5.18　西准噶尔晚泥盆世洪古勒楞组天文驱动气候变化与生物复苏模式图

A. 低轨道偏心率期间季风气候减弱，促进了冰川的形成和积累，并导致海平面下降；B. 高轨道偏心率期间季节性增强，增加了海洋的营养输入，导致冰盖和冰川融化，海平面上升

5.5.3　晚泥盆世法门期洪古勒楞组地层中生物复苏的天文驱动机制

布龙果尔剖面和乌兰柯顺剖面生物地层研究资料丰富，其中，腕足类、介形虫和牙形石生物地层资料（Wang et al.，2016；Zong et al.，2016；Song et al.， 2017；Zhang et al.，2021b）显示出 4 个显著的生物多样性峰值（图 5.17I～M）。从旋回地层分析的结果来看，这些生物多

样性峰值的出现时间有以下特征：短轨道偏心率与总能量之比（e/T）表明，在生物多样性峰值区间（图 5.17G～M 中蓝色阴影区间），轨道偏心率能量较高，反之亦然。在轨道偏心率高值时期，气候岁差经历大幅度的变化，导致强烈的干湿季节差异，从而增强了河流流量、海洋上升流、海洋生产力爆发和有机质积累（Fang et al.，2018；Gambacorta et al.，2018；Da Silva et al.，2020；Ma et al.，2022，2023）。

在地质历史记录中，天文轨道驱动对生物种群的丰度、多样性、更替和进化的影响广泛存在（van Dam et al.，2006；Li et al.，2016a；Fang et al.，2023；Ma et al.，2023）。西准噶尔地区布龙果尔剖面和乌兰柯顺剖面研究结果显示，在超长周期（2～2.4Myr）轨道偏心率极小值期间，减弱的季风导致流向海洋的河流流量减小，由此导致陆源的营养供应减少，引发了西准噶尔地区生物数量的下降（图 5.18A）。相反，在超长周期（2～2.4Myr）轨道偏心率高值期间，季节性显著增强，气候干湿变化剧烈，物理风化和化学风化作用增强，陆源碎屑通过河流流向海洋的流量增加，导致更多的营养物质被输送到海洋，提高了初级生产力（图 5.18B）。同时，季风增强引起的上升流增强导致缺氧和深色页岩沉积，这被认为是晚泥盆世全球事件的重要特征，如上、下 Kellwasser 事件，Nehden 事件，*Annulata* 事件，Hangenberg 事件等（Joachimski and Buggisch，1993；Bond and Wignall，2009；Bond et al.，2004，2013；Formolo et al.，2014；Becker et al.，2012，2020）。西准噶尔地区受晚泥盆世古亚洲洋火山岛弧环境影响（龚一鸣和纵瑞文，2015），上升流的影响相对较弱，区内无缺氧或暗色页岩沉积（图 5.18B）。由于持续丰富的营养和氧化作用，西准噶尔地区的生物经历了快速而有效的恢复，使它们在 F-F 生物大灭绝危机后得以茁壮成长。

第6章 华南晚泥盆世旋回地层学研究及F-F生物大灭绝的触发因素

6.1 华南板块晚泥盆世地质背景和研究剖面概述

加里东构造阶段末期，华南板块由华夏板块与扬子板块相互碰撞而形成（董榕生，1982）。泥盆纪华南板块一直位于古特提斯洋东缘，赤道附近的低纬度地区（图 6.1A）（Blakey，2008）。受加里东运动影响，东南加里东造山带隆升，扬子板块主体因此抬升为陆地。华南板块在海西运动早期处于松弛拉张的构造环境（曾允孚等，1993），在这种构造背景下，华南陆表海在晚埃姆斯期到法门期被一系列的北东向、北西向的同沉积断裂切割为相间分布的浅水碳酸盐岩台地和深水盆地（Hou et al.，1988；Ma and Bai，2002）。在历经泥盆纪两次大的北东向海侵后，晚泥盆世，华南地区的广西形成了台盆相间、棋盘式的古地理格局（吴诒等，1997；黄程，2015）。

华南地区岩相及生物的分布明显受华南特殊的古地理构造格局影响。碳酸盐岩台地相（包括开阔台地和局限台地）位于滨岸碎屑岩相的南部，该岩相分布十分广泛，占据了华南大部分地区；斜坡相（台间盆地）大多呈北东和北西向，分布于裂谷带中，并切割碳酸盐岩台地相（图 6.1B）。生物的分布主要分为两种类型，在浅水碳酸盐岩台地相区（又称为“象州型”），占据了华南大部分地区，底栖生物繁盛，浮游生物相对匮乏；深水盆地相区（又称为“南丹型”）以浮游生物为主，底栖生物较少（吴诒等，1997；黄程，2015）。

6.1.1 拉利剖面

拉利剖面（地理坐标：24°27′22.56″ N，108°17′25.48″ E）位于广西宜州区西约 50km 处的拉利乡（图 6.1B）。季强（1987）和苏一保等（1988）最早报道了拉利剖面。后来，Ji 和 Ziegler（1993）实测了拉利剖面，并开展了牙形石生物地层的研究。二十余年后，Chen 等（2016）和李娜（2018）在拉利剖面分别开展了层序地层和少许牙形石生物地层的工作。Zhang 等（2019b）在此剖面对牙形石进行了系统的采样，重新建立了高精度的牙形石生物地层框架，建立了弗拉期—早杜内期完整的牙形石带。其中，弗拉期有 8 个牙形石带（*falsiovalis*，*transians*，*punctate*，*hassi*，*jamieae*，Lower *rhenana*，Upper *rhenana* 和 *linguiformis* 带），弗拉期有 20 个牙形石带（*subperlobata*，*trian*，*platys*，*minuta*，*crepida*，*termimi*，*prima*，*pectinata*，*rhomboidea*，*gracilis*，*marginifera*，*utahensis*，*velifer*，*trachytera*，*granulosus*，*styriacus*，*manca*，*expansa-aculeatus*，*costatus* 和 *ultimus* 带），早杜内期有两个牙形石带（*cki* 和 *sulcata-duplicata* 带）。

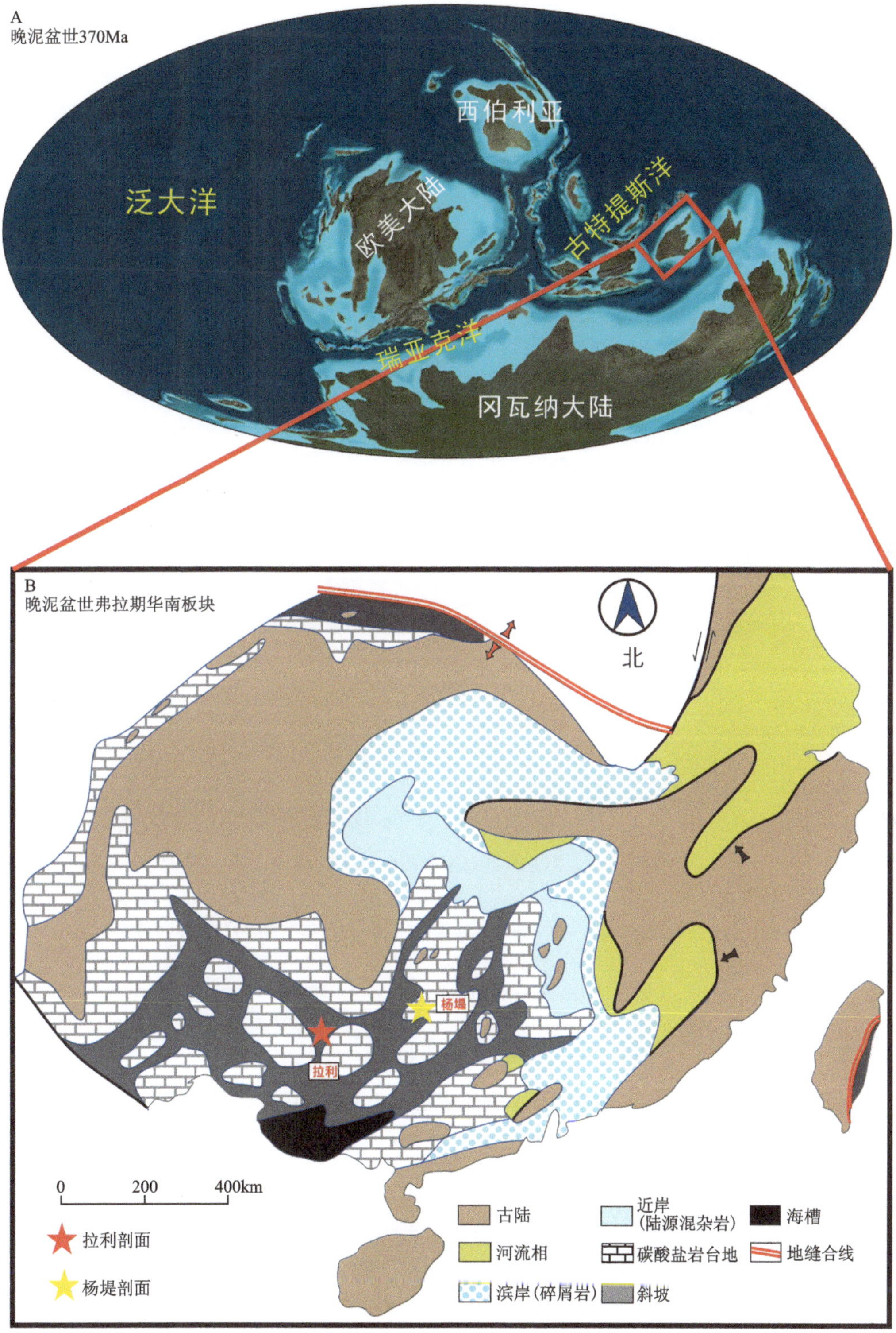

图 6.1　华南地区上泥盆统研究剖面分布

A. 晚泥盆世古地理图及华南板块位置(据 Blakey，2008 修改)；B. 晚泥盆世华南板块古地理图(据吴诒等，1997 修改)

在拉利剖面，弗拉阶的下段主要由老爷坟组的生物碎屑灰岩组成，其大化石，如腕足类和珊瑚等化石极为丰富，但是成层性较差。拉利剖面野外露头特征较为单调，五指山组内部宏体化石极为稀少，弗拉阶上段和整个法门阶都被划分为五指山组，岩性主要为瘤状灰岩和泥质条带灰岩，并且包含 Ji 和 Ziegler(1993)当年所划分出来的香田组。法门阶最顶部和杜内阶下部属于王佑组，王佑组由塘口段和拉沙段组成。其中，塘口段岩性为黑色—暗灰色薄层钙质页岩(代表了 Hangenberg 事件层)，拉沙段岩性为灰色中—薄层微晶灰岩，底部由暗棕色的薄层硅质微晶灰岩组成(图 6.2)。

图 6.2　华南拉利上泥盆统剖面事件层的露头特征(张欣松，2019)

A. 下 Kellwasser 事件层，黑色碳酸盐岩；B. 上 *Annulata* 事件层，黑色碳酸盐岩(*granulosus* Zone)；C. 上 Kellwasser 事件层，黑色碳酸盐岩；D. 王佑组拉沙段(灰色中—薄层硅质微晶灰岩)和塘口段(黑色页岩)的界线；E. Hangenberg 事件层，塘口段黑色页岩(*cki* Zone)

6.1.2　杨堤剖面

杨堤剖面位于广西桂林市东南 35km 处(地理坐标：24°58.2′N，110°22.8′E)。杨堤剖面在晚泥盆世处于被碳酸盐岩台地环绕的拉张盆地中(图 6.1B)。翁金桃等(1986)是第一个实测杨堤剖面的地质研究者，并做了部分牙形石的相关工作。随后，很多地质工作者围绕杨堤剖面开展了各种研究。王金星(1990)在杨堤剖面建立了 *Homoctenus* 序列的竹节石带。季强(1994)在杨堤剖面建立了 6 个牙形石带，从下到上分别是 Lower *Pa. rhenana* 带、Upper *Pa. rhenana* 带、*Pa. linguiformis* 带、Lower *Pa. triangularis* 带、Middle *Pa. triangularis* 带、Upper *Pa. triangularis* 带。后来，Chen 等(2013)对杨堤剖面的牙形石生物地层进行了修正。黄程(2015)为了精确确定牙形石带的界线，在杨堤剖面开展高分辨率的牙形石生物地层工作。以厘米级的牙形石采样精度，对杨堤剖面 F-F 界线进行高分辨率的牙形石生物地层约束（图 6.3）。

图 6.3　华南拉利上泥盆统剖面野外露头及牙形石生物带界线（据黄程，2015 修改）

A. 杨堤剖面野外露头全景；B. 香田组下部的远观露头；C. 角砾灰岩与瘤状灰岩接触界线；D. F-F 界线与生物大灭绝界线的近景；E. F-F 之交牙形石带界线远观露头

杨堤剖面从下到上可划分为付和组、蜡烛台组、香田组和五指山组（Ji，1989；季强，1994；Ma and Bai，2002）。本书实测杨堤剖面香田组和五指山组部分地层，实测厚度为 73m。其中，香田组实测总厚度约为 20m，下部主要出露灰色薄层灰岩夹燧石条带；中部岩性为厚层的角砾灰岩，上部沉积环境海水明显变深，主要沉积油积岩和灰色薄层泥灰岩，中间夹少量的瘤状灰岩。上覆地层为五指山组，两者整合接触。五指山组下部主要岩性为深灰色瘤灰岩，上部岩性主要为灰色中层灰岩与浅灰色中薄层泥灰岩互层，未见顶。

6.2 拉利剖面旋回地层学研究

6.2.1 古气候替代指标的获取和遴选

在拉利剖面，以 10～20cm 的间隔采集 MS 样品，然后将所有样品粉碎，放入 $8cm^3$ 的正方体塑料盒中进行后续岩石磁性测量。MS 数据采用中国地质大学（武汉）生物地质与环境地质国家重点实验室的 MFK1-FA/CS4 磁化率仪（灵敏度为 2×10^{8} SI）进行测量。在拉利剖面共获得磁化率数据 1240 个。同时，使用手持式 XRF 扫描仪按照 10cm 的测量间距，对拉利剖面进行元素地球化学的剖面实测，共获得 XRF 数据 1600 个。拉利剖面属于碳酸盐岩沉积序列，因此，本书在进行旋回地层研究时主要选择 Ca 含量序列作为古气候指标进行分析。

6.2.2 拉利剖面深度域旋回地层分析

由于拉利剖面属于斜坡-盆地相碳酸盐岩剖面，沉积速率相对较小。根据拉利剖面的牙形石生物地层可知，拉利剖面包含了整个晚泥盆世弗拉期—法门期的所有地层，沉积时间极长。同时，根据拉利剖面沉积微相资料和拉利剖面 eCOCO 与 eTimeOpt 所得的沉积速率演化图谱可知，拉利剖面经过多次沉积速率的变化（图 6.4）。为了彻底识别出可靠的米兰科维奇旋回，本书使用沉积速率调谐和 405kyr 长偏心率调谐两种方法来构建晚泥盆世拉利剖面的天文年代标尺。

方法一：沉积速率调谐

为了识别出拉利剖面可靠的沉积速率变化，采用 Acycle 提供的两种统计学方法：eTimeOpt 和 eCOCO。eTimeOpt 是基于 TimeOpt 的一种更先进的分析方法，它通过评估数据中的轨道偏心率周期及其支持证据，通过短偏心率的振幅包络线测试沉积速率的范围（Meyers，2015，2019）。对每一个点沉积速率的测试，包括 3 组相互关系：数据符合频率为 1/（405kyr）、1/（130kyr）和 1/（100kyr）（r^2_{power}）的轨道模型，通过数据得到的短偏心率（100kyr～130kyr）的振幅包络线符合 405kyr 长偏心率周期模型（$r^2_{envelope}$），并且满足 $r^2_{opt}=(r^2_{power})(r^2_{envelope})$。通过 eTimeOpt 分析得到拉利剖面的最优沉积速率曲线，然后通过建立“沉积速率-时间”模型，将深度域数据转换到时间域上。eCOCO 使用斯皮尔曼（Spearman）相关系数，将数据的功率谱（去除一个自回归的 1 阶红色噪声模型）与沉积速率测试范围内的天文轨道目标功率谱（在本书中目标天文轨道是 405kyr、130kyr、100kyr、34.4kyr、21.3kyr、20.2kyr 和 17.5kyr）进行比较（Li et al.，2019b）。同样的，通过 eCOCO 分析得到拉利剖面的最优沉积速率曲线（图 6.4），然后通过建立“沉积速率-时间”模型，将深度域数据转换到时间域上。

拉利剖面 eTimeOpt 结果显示振幅包络线结果（$r^2_{envelope}$）和结合包络线与频谱拟合结果（r^2_{opt}）所得出的沉积速率并不一致。相反，eTimeOpt 频谱能量（r^2_{power}）所得的结果和 eCOCO 的结果高度拟合，都揭示了整个拉利剖面明确且一致的沉积速率演变（图 6.4B、D）。在 0～39m，r^2_{power} 和 eCOCO 结果指出拉利剖面沉积速率为 2.4cm/kyr，对应沉积微相 MF 5.2、MF 6.2和 MF 5.1。在 39～60m，r^2_{power} 和 eCOCO 结果指出拉利剖面沉积速率为 1cm/kyr 和

0.8cm/kyr，对应沉积微相 MF 1、MF 2 和 MF 4，在这个阶段拉利剖面海平面较高。在 60～90m，r^2_{power}结果显示拉利剖面沉积速率为 2cm/kyr，而 eCOCO 结果显示拉利剖面沉积速率从 2cm/kyr 变化到 1.5cm/kyr，这个区间对应沉积微相 MF 4.2、MF 6.1 和 MF 5.1，表明一个相对低的海平面时期。在 90～130m，r^2_{power}和 eCOCO 结果都表明拉利剖面沉积速率为 1.2cm/kyr，对应沉积微相 MF 2 和 MF 1，在这个阶段拉利剖面海平面较高。在 130～170m，r^2_{power}和 eCOCO 结果分别表明拉利剖面沉积速率为 0.85cm/kyr 和 0.8～1.2cm/kyr，对应沉积微相 MF 1 和 MF 2。在 170～229m，r^2_{power}和 eCOCO 结果分别表明拉利剖面沉积速率从 2.2cm/kyr减小到 1.5cm/kyr，对应沉积微相 MF 5.1、MF 5.2 和 MF 4.1（图 6.4、图 6.5）。

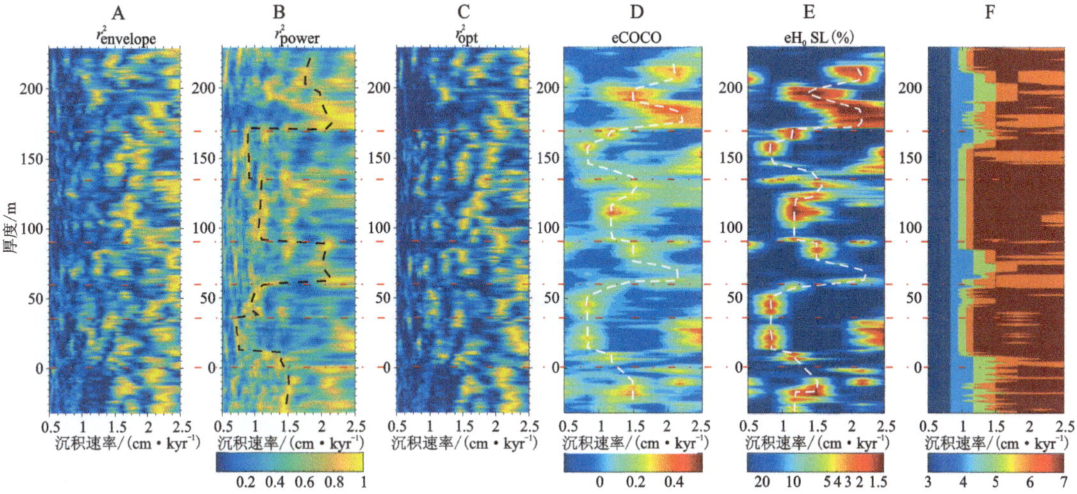

图 6.4　利用 eTimeOpt 和 eCOCO 对华南拉利上泥盆统剖面进行沉积速率测定

A—C. 拉利剖面 Ca 含量序列的 eTimeOpt 演化图谱，滑动窗口为 20m（黑色虚线表示潜在的沉积速率）；A. 短偏心率振幅包络拟合的皮尔逊相关系数的平方（$r^2_{envelope}$）；B. 谱功率拟合的皮尔逊相关系数的平方（r^2_{power}）；C. 包络和光谱拟合的综合结果（r^2_{opt}）。D—F. eCOCO 显示拉利剖面的沉积速率变化图，滑动窗口为 20m（白色虚线表示可能的沉积速率）；D. 斯皮尔曼相关系数演化图；E. H_0 显著性水平演化图；F. 天文轨道数目的演化图

方法二：405kyr 长偏心率调谐

拉利剖面 Ca 含量序列的能量谱图展示出显著的 13.7m、8.3m、4.2m、3.5m、2.8m、2m、1.4m、0.9m、0.67m、0.61～0.52m、0.48～0.37m、0.29m、0.24m、0.21m 和 0.2m 的沉积旋回（图 6.5C）。波长为 8.3～3.5m、2～0.9m、0.67～0.37m 和 0.29～0.2m 的沉积旋回比接近 24∶6∶2∶1，这与理论的晚泥盆世长偏心率 405kyr、短偏心率 100kyr、斜率～34kyr 和岁差～20kyr 的比相同。上文中 eCOCO 和 eTimeOpt 结果指出了拉利剖面多变的沉积速率（图 6.4），FFT 演化图谱同样揭示了这一点：从 39～60m 到 60～90m 的沉积区间，低频信号组分向更低的频率变化，表明沉积速率在增大，然后在 90～170m 的沉积区间，低频信号组分又向高频转变，表明沉积速率的减小。最后，在 170～229m 的沉积区间能量信号又重新转变到低频，表明沉积速率在增大（图 6.5C、图 6.6C）。通过分析拉利剖面沉积微相、eCOCO、eTimeOpt 和 FFT 演化图谱（图 6.4、图 6.5C、图 6.6C）可以发现，拉利剖面沉积速率有 5 段变化，因此，本书将拉利剖面 Ca 含量序列分为 5 个部分进行旋回分析。

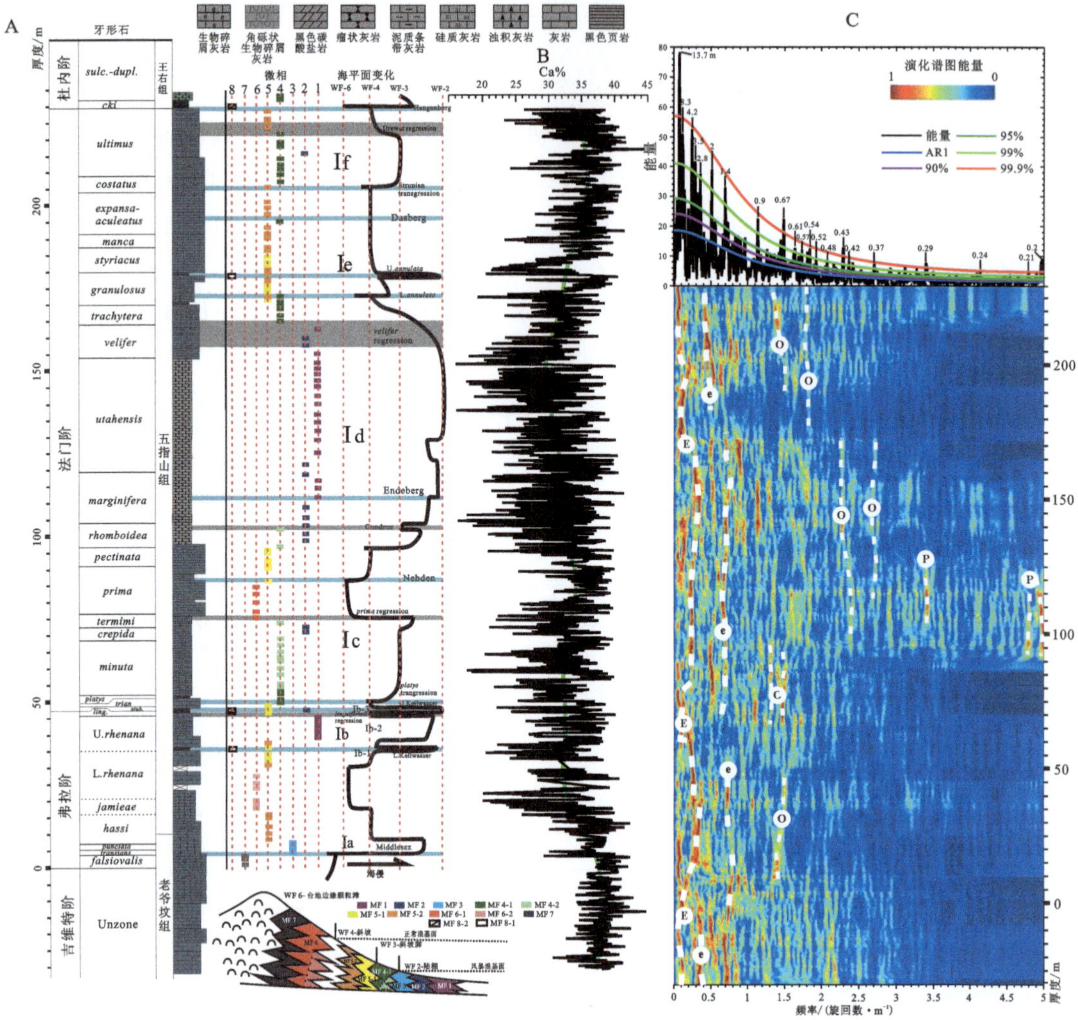

图 6.5　华南拉利上泥盆统剖面深度域旋回分析

A. 华南拉利上泥盆统剖面地层序列、沉积微相、海平面变化曲线和生物-环境事件（据 Zhang et al.，2019b 修改）；B. 拉利剖面 Ca 含量序列（黑色曲线）和 15%加权平均趋势（绿色曲线）；C. 深度域未调谐的 Ca 含量序列的 2π MTM 功率谱和 FFT 演化图谱，滑动窗口为 20m（E、e、O、P 分别表示长偏心率、短偏心率、斜率和岁差旋回）

每一段 Ca 含量序列都去除了 35%的 LOWESS 趋势，并进行 0.1m 的插值处理，以得到等间距的时间序列。MTM 频谱分析（图 6.7）显示，在 39.3～60m，能量较高的沉积旋回有 5m、1.35m、0.64m 和 0.41～0.28m，其中，波长 5m、1.35m 和 0.41～0.28m 的比近似 12∶4∶1，可能分别代表 405kyr 长偏心率周期、130kyr 短偏心率周期和～34kyr 斜率周期；在60～90m，能量较高的沉积旋回有 8.3m、1.9m、0.93m、0.67m 和 0.47m，其中，波长 8.3m、1.9m和 0.67～0.47m 的比近似 12∶3∶1，可能分别代表 405kyr 长偏心率周期、100kyr 短偏心率周期和～34kyr斜率周期；在 90～130m，能量较高的沉积旋回有 4.8m、1.4m、0.42～0.29m 和 0.21m，比近似 12∶4∶2∶1，可能分别代表 405kyr 长偏心率周期、100kyr 短偏心率周期、～34kyr斜率周期和～20kyr 岁差周期；130～170m，能量较高的沉积旋回有 3.1m、1.1m、

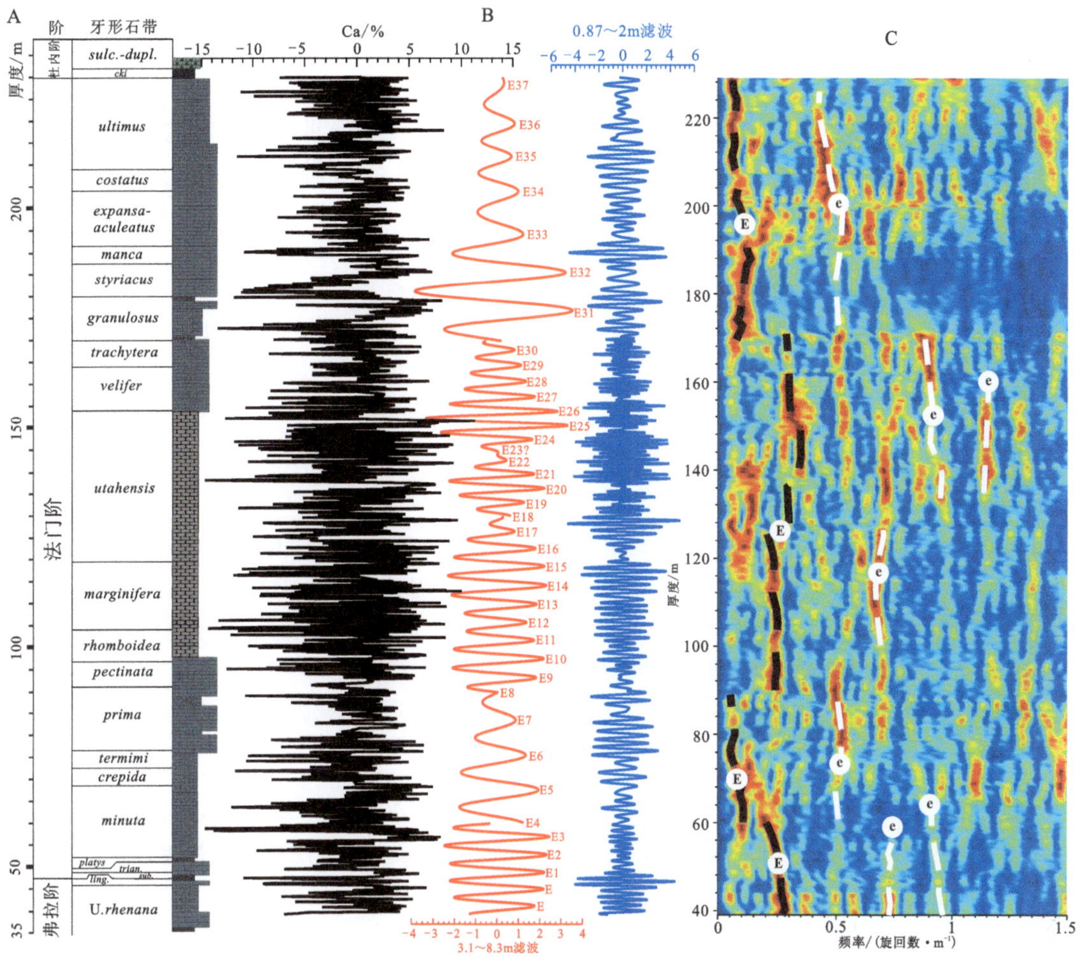

图 6.6　使用 405kyr 长偏心率旋回在深度域华南拉利上泥盆统剖面进行旋回地层分析

A. 拉利剖面岩性柱状图和牙形石生物地层(据 Zhang et al.,2019b 修改);B. 黑色曲线为拉利剖面 Ca 含量序列(每一段都去除了 35%的 LOWESS 趋势),红色曲线和蓝色曲线分别为受 405kyr 长偏心率和 100kyr 短偏心率驱动的沉积旋回滤波图[红色和蓝色高斯滤波曲线,在 39.3～60m 滤波频率与带宽为(0.25±0.05)旋回数/m 和(0.77±0.17)旋回数/m,在 60～90m,滤波频率与带宽为(0.126±0.026)旋回数/m 和(0.51±0.16)旋回数/m,在 90～130m,滤波频率和带宽为(0.24±0.05)旋回数/m 和(0.7±0.2)旋回数/m,在 130～170m,滤波频率与带宽为(0.29±0.06)旋回数/m 与(1.15±0.25)旋回数/m,在 170～229m,滤波频率与带宽为(0.12±0.03)旋回数/m 和(0.5±0.15)旋回数/m];C. 未调谐 Ca 含量序列在较低频率的 FFT 演化图谱,滑动窗口为 20m(E 和 e 分别表示长偏心率和短偏心率)

0.87m、0.56m、0.44m 和 0.31m,其中,波长 3.1m、1.1m、0.87m 和 0.44～0.31m 的比近似 12∶4∶3∶1,可能分别代表 405kyr 长偏心率周期、133kyr 和 100kyr 短偏心率周期和～34kyr 斜率周期;在 170～229m,能量较高的沉积旋回有 8.3m、2m、0.63m、0.54m 和 0.49m,其中,波长 8.3m、2m 和 0.63～0.49m 的比近似 12∶3∶1,可能分别代表 405kyr 长偏心率周期、100kyr 短偏心率周期和～34kyr 斜率周期(图 6.7)。

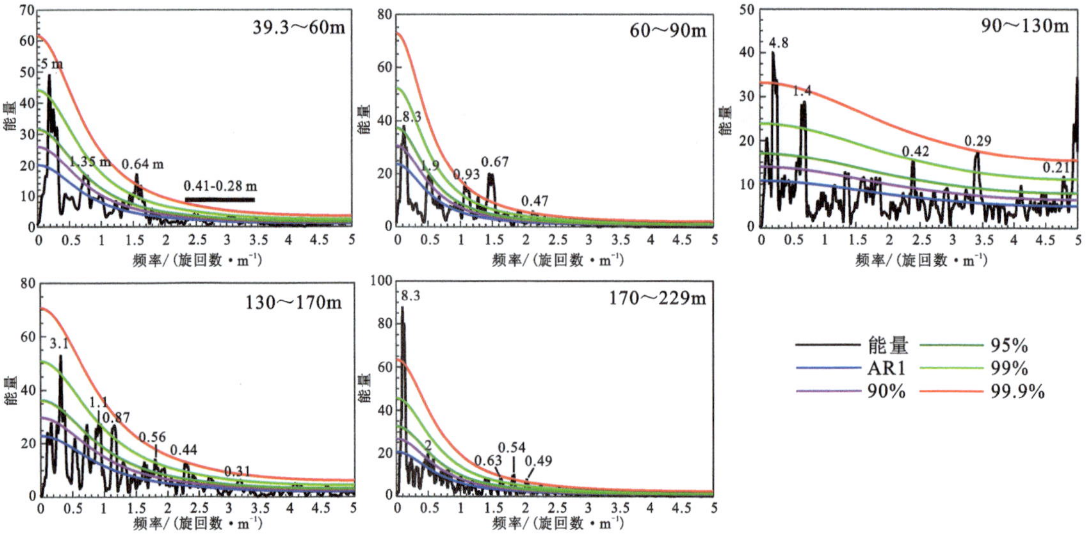

图 6.7　华南拉利上泥盆统剖面 Ca 含量数据深度域分段序列的 2π MTM 能量谱图

（红色、青色、绿色和紫色曲线分别代表 99.9%、99%、95%和 90%的置信度，黑色曲线为 Ca 含量频谱分布）

6.2.3　拉利剖面时间域旋回地层分析

1. 根据方法一建立浮动年代标尺

根据 eCOCO 和 eTimeOpt 结果（图 6.4），拉利剖面的沉积速率变化可以被识别出来，借助 Acycle 中的“Sed. Rate to Age Model”和“Age Scale”工具，可将拉利剖面深度域 Ca 含量数据转换到时间域（图 6.8）。

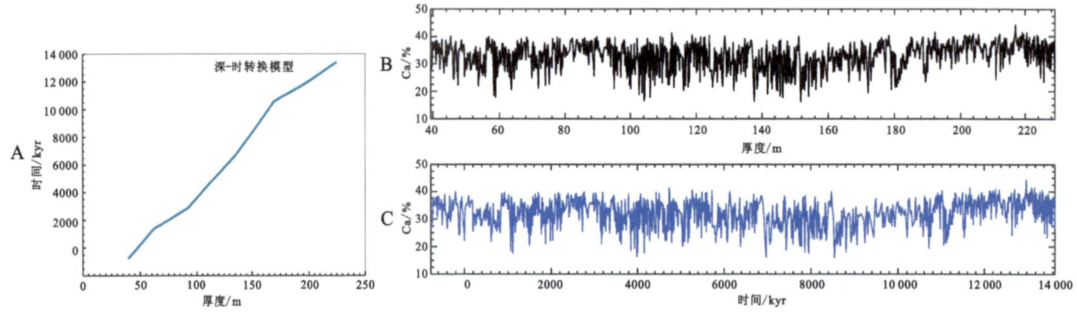

图 6.8　方法一 华南拉利上泥盆统剖面沉积速率调谐深-时转换模型

A. 沉积速率调谐 Ca 含量序列深-时转换模型；B. 拉利剖面深度域 Ca 含量数据；C. 沉积速率调谐后时间域 Ca 含量数据

时间域序列的 FFT 演化图谱和 MTM 能量谱图显示出明显的 405kyr、128kyr、100kyr、41.7～27.8kyr 和 22.1～17.8kyr 周期（图 6.9A），这些周期和理论的晚泥盆世天文旋回周期基本一致（表 2.3）。通过对 405kyr 长偏心率滤波，根据方法一建立的时间序列共得到 35.5 个长偏心率周期（图 6.10A）。

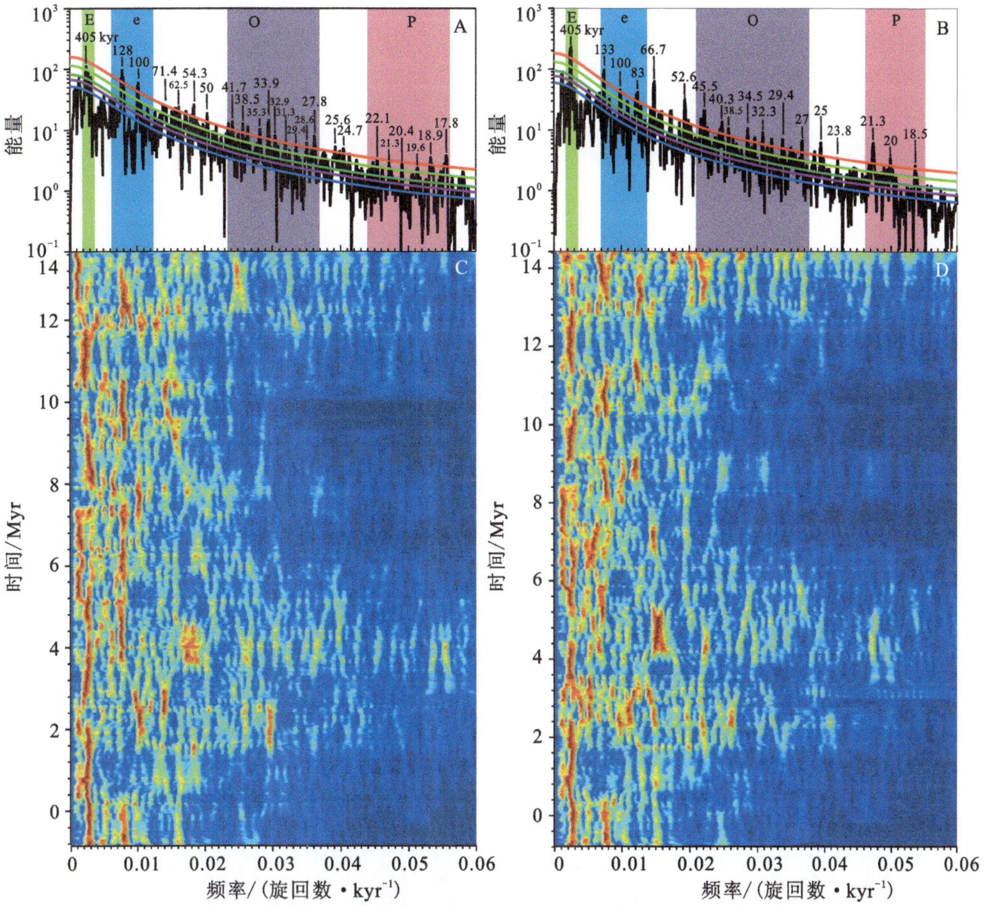

图 6.9　华南拉利上泥盆统剖面时间域频谱分析

A、B. 方法一(左)和方法二(右)的 Ca 含量时间序列的 2π MTM 能量谱图；C、D. FFT 演化图谱(滑动窗口为 1200kyr)。E、e、O 和 P 表示分别长偏心率、短偏心率、斜率和岁差

2. 根据方法二建立浮动年代标尺

结合 eTimeOpt、eCOCO 和 FFT 演化图谱的结果对每一段地层可能的长偏心率(405kyr)和短偏心率(100kyr)沉积旋回进行高斯滤波(图 6.6B)。根据地质历史时期稳定的 405kyr 长偏心率周期，通过深-时转换模型(图 6.11)，将拉利剖面深度域 Ca 含量序列转换到时间域的尺度上。

时间域序列的 FFT 演化图谱和 MTM 能量谱图显示出显著的能量峰值：长偏心率(405kyr，进行调谐的旋回)、短偏心率(130kyr、100kyr 和 83kyr)、斜率(45.5～27kyr)和岁差(21.3～18.5kyr)信号(图 6.9B)与理论上的晚泥盆世天文轨道周期基本一致。对 405kyr 长偏心率滤波，整个法门阶可得到～35.5 个长偏心率周期(图 6.10D)，可以与方法一得到的浮动天文年代标尺(图 6.10A)相互对比。

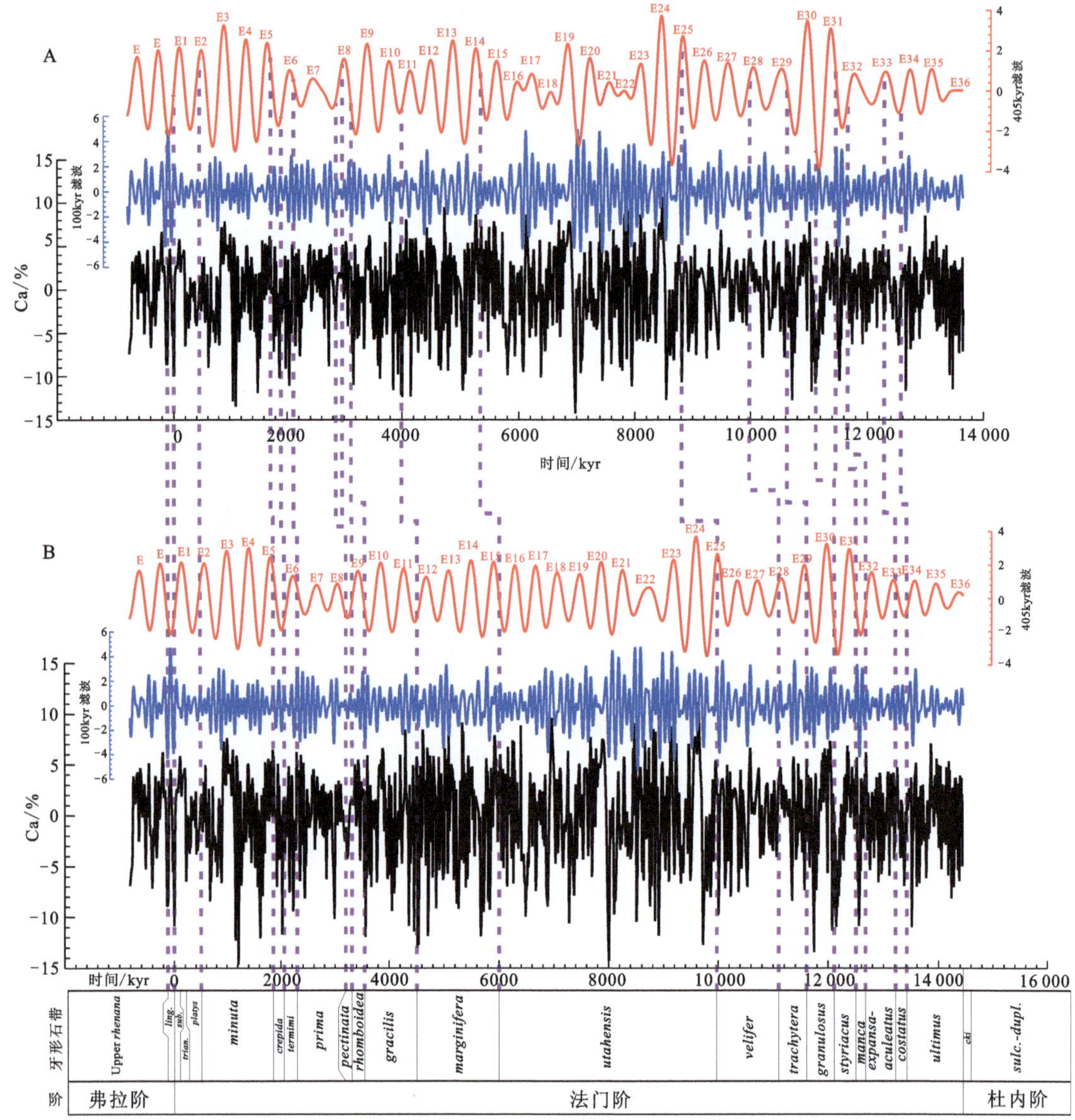

图 6.10　华南拉利上泥盆统剖面时间域旋回地层学分析

A. 方法一 Ca 含量时间序列(15% LOWESS 去趋势)、405kyr 长偏心率滤波[红色曲线和 E，高斯滤波，滤波频率和带宽为(0.002 47±0.000 7)旋回数/kyr]和 100kyr 短偏心率滤波[蓝色曲线，高斯滤波，滤波频率和带宽为(0.01±0.003)旋回数/kyr]；B. 方法二 Ca 含量时间序列(35% LOWESS 去趋势)、405kyr 长偏心率滤波[红色曲线和 E，高斯滤波，滤波频率和带宽为(0.002 46±0.000 5)旋回数/kyr]和 100kyr 短偏心率滤波[蓝色曲线，高斯滤波，滤波频率和带宽为(0.01±0.003)旋回数/kyr]

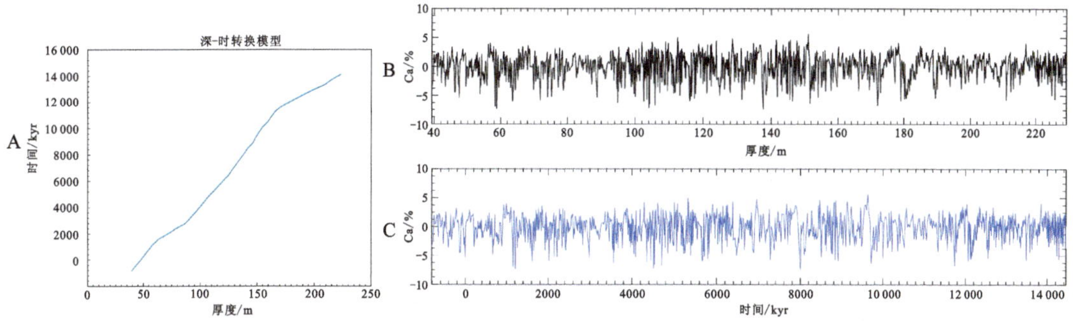

图 6.11　方法二 华南拉利上泥盆统剖面 405kyr 调谐深-时转换模型

A. 405kyr 调谐 Ca 含量序列深-时转换模型；B. 拉利剖面深度域 Ca 含量数据；C. 405kyr 调谐后时间域 Ca 含量数据

6.2.4　拉利剖面法门阶天文年代标尺的建立

Becker 等(2012)选取分布于整个泥盆纪火山岩材料的 U-Pb 数据，通过蒙特卡罗统计分析，提出法门阶底界的年龄为 (372.2±1.6)Ma，法门阶-杜内阶年龄为(358.9±0.4)Ma，法门阶的持续时间为(13.3±0.8)Myr。De Vleeschouwer 和 Parnell(2014)通过贝叶斯统计分析同样的 U-Pb 年龄，对晚泥盆世年龄值进行了优化，提出泥盆纪和石炭纪界线年龄为(359.1±0.1)Ma，弗拉阶和法门阶的界线年龄为(373.9±1.4)Ma，法门阶的持续时间为(14.8±0.5)Myr。Pas 等(2018)通过美国伊利诺斯盆地钻孔磁化率数据建立了持续(13.5±0.5)Myr 的法门阶天文年代标尺，选取法门阶-杜内阶界线年龄(358.9±0.4)Ma 为“锚点”，提出弗拉阶-法门阶界线年龄为(372.4±0.9)Ma(图 6.12B)。

在本书所建立的天文年代标尺中，法门阶共发现 35.5 个长偏心率，表明法门阶的持续时间为 14.4Myr。计数长偏心率周期时，开始或结束的位置并不一定处于一个准确的 0 相位或者 π/2 相位，所以在开始计数和结束时会存在半个长偏心率周期的误差(±0.2Myr)，因此，法门阶持续时间应为(14.4±0.28)Myr(图 6.12A)。

本书选择高精度的法门阶-杜内阶地质年龄[(358.9±0.4)Ma]作为“锚点”，根据天文年代标尺，得出弗拉阶-法门阶的界线年龄为(373.3±0.49)Ma(图 6.12A)。这个数字年龄比 De Vleeschouwer 等(2012)所得到的年龄(376.7±3.0)Ma 和 De Vleeschouwer 与 Parnell(2014)所得到的年龄(373.9±1.4)Ma 要更精确、更年轻一些，比 GTS2012 的年龄(372.2±1.6)Ma(Becker et al.,2012)，Pas 等(2018)所得到的天文数字年龄(372.4±0.9)Ma 和新的 U-Pb 年龄(371.93～371.78)Ma(Percival et al.,2018)要老一些(图 6.12B)。但是，测定这些地质年龄所在的剖面或钻孔没有同时包含 D-C 和 F-F 界线，并且这些剖面或钻孔也缺乏法门阶高精度的牙形石生物地层框架。拉利剖面有十分精细的生物地层、沉积地层和化学地层框架，为本书的天文年代标尺的建立提供了可信而精确的时间约束。

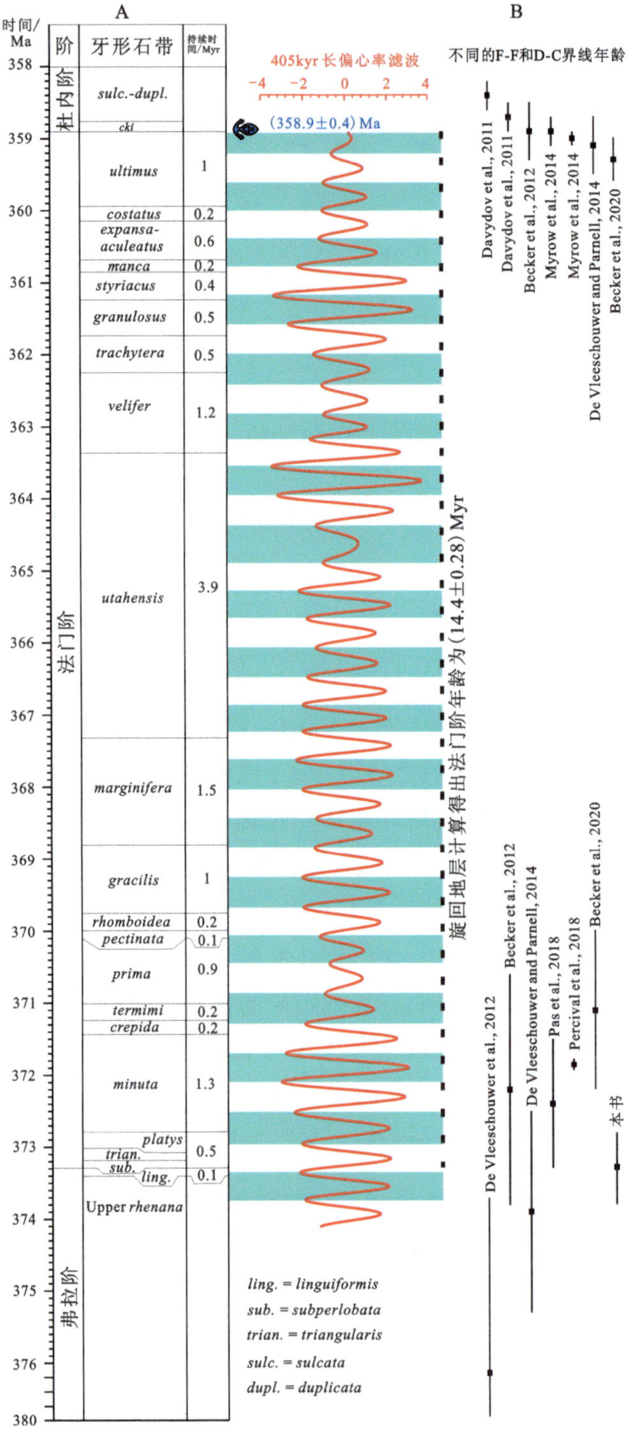

图 6.12　方法二 华南拉利上泥盆统剖面法门阶天文年代标尺及法门期牙形石带的数字定年

A. 交替的青色/白色带描绘了拉利剖面 Ca 含量时间序列的 405kyr 长偏心率旋回，选择 D-C 界线[(358.9±0.4)Ma，Becker et al.，2012]的 U-Pb 绝对年龄作为 ATS 的“锚点”；B. F- F 和 D-C 的界线年龄(Davydov et al.，2011；Becker et al.，2012；De Vleeschouwer et al.，2012；De Vleeschouwer and Parnell，2014；Myrow et al.，2014；Pas et al.，2018；Percival et al.，2018)

6.2.5　法门期牙形石带的数字定年

Ji 和 Ziegler(1993)首次在拉利剖面建立了系统的牙形石生物地层框架。Zhang 等(2019b)在拉利剖面进行了牙形石的重新采样,并建立了整个晚泥盆世高精度的牙形石生物地层框架。根据本书所建立的天文年代标尺,拉利剖面整个法门阶从下到上各个牙形石带的持续时间分别为 *subperlobata* 带/0.1Myr、*triangularis* 带/0.1Myr、*platys* 带/0.3Myr、*minuta* 带/1.3Myr、*crepida* 带/0.2Myr、*termimi* 带/0.2Myr、*prima* 带/0.9Myr、*pectinata* 带/0.1Myr、*rhomboidea* 带/0.2Myr、*gracilis* 带/1Myr、*marginifera* 带/1.5Myr、*utahensis* 带/3.9Myr、*velifer* 带/1.2Myr、*trachytera* 带/0.5Myr、*granulosus* 带/0.5Myr、*styriacus* 带/0.4Myr、*manca* 带/0.2Myr、*expansa-aculeatus* 带/0.6Myr、*costatus* 带/0.2Myr 和 *ultimus* 带/1Myr(图 6.12A)。

6.2.6　晚泥盆世地质事件的数字定年

Zhang 等(2019b)报道了在拉利剖面晚泥盆世的一系列生物-环境事件。其中,Kellwasser 和 *Annulata* 事件表现为海侵黑色碳酸盐岩沉积,而 Hangenberg 事件表现为黑色页岩沉积。其他的一些海侵事件,如 Nehden、Enkeberg、Dasberg 事件和 Strunian 海侵,还有 5 次海退事件,如 *linguiformis* 海退、*prima* 海退、Condroz 事件、*velifer* 海退和 Derwer 海退都可以通过拉利剖面岩性和沉积微相的变化识别出来。结合拉利剖面的天文年代标尺,本书对这一系列生物-环境事件的时间和进程进行了天文年代标定(图 6.13)。

1. 上 Kellwasser 事件

上 Kellwasser 事件是发生在晚弗拉期的一次重大的生物灭绝事件,通常被称为 F-F 生物大灭绝(Becker et al.,2016a),是显生宙 5 次重大生物灭绝事件之一(Sepkoski,1982;Bambach et al.,2004)。这次事件不仅对低纬度的浅海生态系统造成了毁灭性的打击,大约 40%的海洋生物属灭绝,同时对陆地生态系统也造成了严重的影响(McGhee,2013)。在拉利剖面,上 Kellwasser 事件层位于 *linguiformis* 带并伴随着一次显著的碳同位素正偏(+3‰,从*linguiformis*带下部到 *platys* 带底部),大约有 3m 厚并伴随着一次快速的海平面变化(Zhang et al.,2019a)。本书的天文年代标尺表明,上 Kellwasser 事件层开始于 373.4Ma,并持续了 150kyr。碳同位素正偏持续了 300kyr,它的峰值时间为 373.1Ma(对应 *platys* 海退)(图 6.13C、D)。

2. *Annulata* 事件

下 *Annulata* 事件和上 *Annulata* 事件都是一次海侵事件,通常表现为缺氧、富营养化,出现大量的黑色沉积物和菊石 *Platyclymenia annulata*(Becker et al.,2016a;Hartenfels and Becker,2016)。在拉利剖面,下 *Annulata* 事件和上 *Annulata* 事件分别位于 *granulosus* 带的底部和顶部,均为 30cm 厚的黑色碳酸盐岩沉积并伴随着明显的碳同位素正偏(上 *Annulata* 事件的碳同位素正偏幅度达到+1‰)。根据本书所建立的天文年代标尺,下 *Annulata* 事件

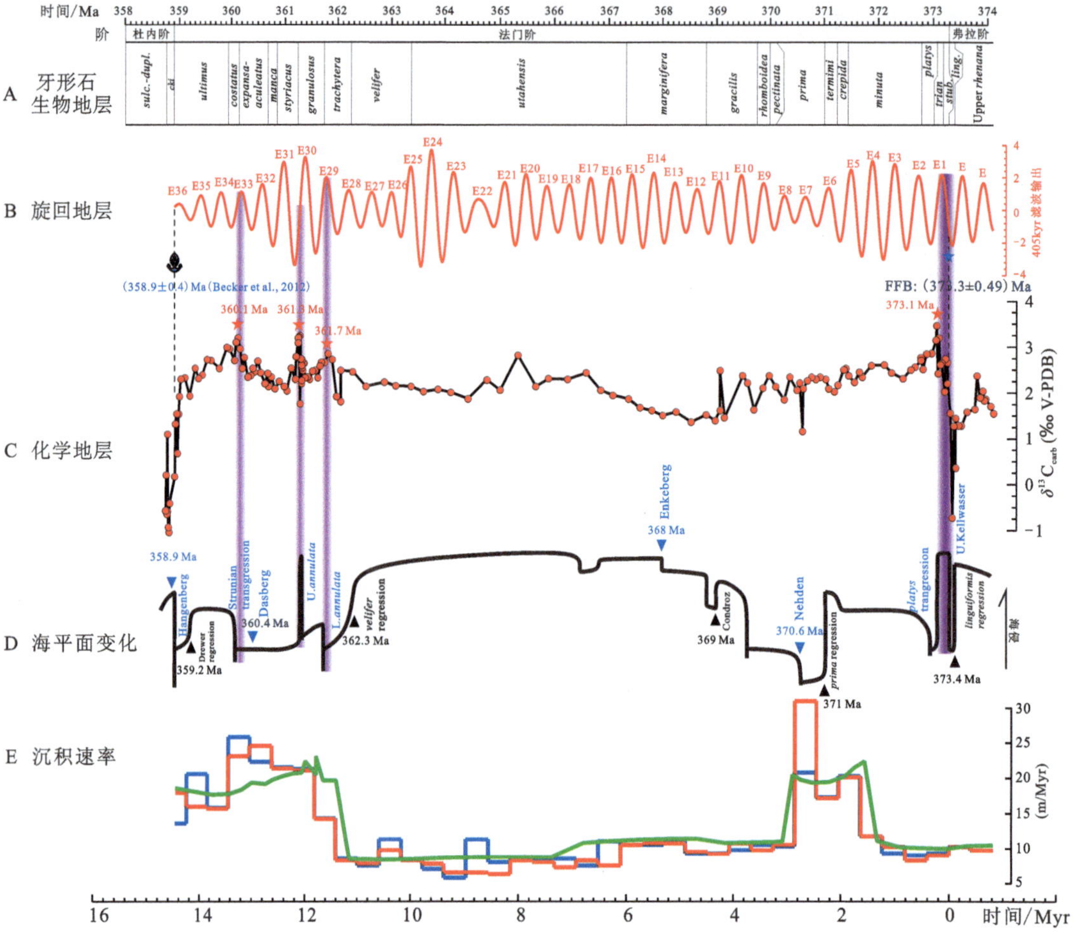

图 6.13 华南拉利上泥盆统剖面综合地层分析图

A. 基于 Zhang 等(2019b)的牙形石生物地层(时间尺度根据图 6.10);B. 405kyr 长偏心率滤波(根据图 6.10B);C. $\delta^{13}C$ 数据及重要的正偏年龄($\delta^{13}C$ 数据据 Zhang et al.,2019b);D. 海平面变化、重大生物-环境事件和显著的海侵和海退事件及根据天文年代标尺得出的发生时间(海平面变化曲线据 Zhang et al.,2019b 修改);E. 方法一的沉积速率[绿线和红线:绿线从 eTimeOpt 结果直观识别(根据图 6.4);红线为时间域内 405kyr 长偏心率调谐的沉积速率],方法二的沉积速率(蓝线)

和上 *Annulata* 事件的持续时间均为 50kyr,两次碳同位素正偏的峰值时间为 361.7Ma 和 361.3Ma(图 6.13C、D)。

3. Hangenberg 事件

Hangenberg 事件代表着泥盆纪—石炭纪之交的一次重大的生物事件,通常表现为大范围的黑色页岩沉积(Kaiser et al.,2011,2016;Becker et al.,2016b)。这次重大的生物灭绝事件导致 21%的海洋无脊椎动物死亡,其中包括菊石、牙形石、三叶虫和珊瑚等,被有些学者认为是显生宙第七大灭绝事件(McGhee et al.,2013;Becker et al.,2016b)。在拉利剖面,位于五指山组之上的塘口组页岩被认为是 Hangenberg 事件层(Ji and Ziegler,1993;Zhang et al.,

2019b)。Hangenberg 事件通常伴随着碳同位素的正偏，但是在拉利剖面，Hangenberg 事件层(*ultimus* 带到 *sulcata* 带)却表现为非常明显的碳同位素负偏(－2.5‰)(Becker et al.，2016b；Zhang et al.，2019b)。U-Pb 同位素年龄表明 Hangenberg 事件是一个持续时间相对较短的事件(短于 100kyr)(Davydov et al.，2011；Myrow et al.，2014)。本书将 *ultimus* 带的底部作为泥盆纪—石炭纪界线，并将界线年龄(358.9±0.4)Ma 作为建立天文年代标尺的“锚点”。

4. 其他晚泥盆世事件的天文数字年龄

根据拉利剖面年代标尺，本书对晚泥盆世的海侵和海退事件进行了天文年代标定。海侵事件：Nehden 为 370.6Ma，Enkeberg 为 368Ma，Dasberg 为 360.4Ma，Strunian 为 360.1Ma，Hangenberg 为 358.9Ma。海退事件：*linguiformis* 为 373.4Ma，*prima* 为 371Ma，Condroz 为 369Ma，*velifer* 为362.3Ma，Derwer 为 359.2Ma(图 6.13D)。然而，拉利剖面碳同位素显示，在 Nehden、Condroz、Enkeberg和 Dasberg 事件层碳同位素并没有明显的变化，只有在 *expansa-aculeatus* 带的顶部碳同位素出现了＋1‰的正偏，对应 Strunian 海侵事件。

6.3　华南 F-F 之交旋回地层研究

6.3.1　杨堤剖面古气候替代指标的获取和遴选

使用手持式 KM-7 磁化率仪，以 0.02m 的分辨率在杨堤剖面新鲜岩石表面进行磁化率的测试，部分地层以 0.05m 的分辨率进行磁化率测试，每一个点位测试 3.5 次，并取它们的平均值作为最终的有效数据。共测得数据 5717 个，其中有效数据 1259 个。

使用手持式 XRF 扫描仪以 0.1m 的分辨率在杨堤剖面新鲜出露的岩石表面进行测试，共测得数据 740 个。杨堤剖面是一套碳酸盐岩沉积序列，因此，本书选择 XRF 数据中的 Ca 作为古气候替代指标之一进行旋回地层分析。同时，也可以与拉利剖面 F-F 之交旋回地层工作进行对比研究。

6.3.2　杨堤剖面深度域旋回地层分析

FFT 演化图谱显示，杨堤剖面沉积速率相对稳定，并没有发生明显的变化(图 6.14C、E)。在 MS 序列中，能量谱图揭示出层级分明的 5.1m、1.2～0.82m、0.44～0.32m 和 0.28～0.21m的沉积旋回(置信度均大于 95％)(图 6.14C)。在 Ca 序列中，能量谱图表现出相似的能量峰值：Ca 序列表现为 5m、2.3m、1.1m、0.53m、0.43m、0.34m 和 0.28～0.21m 的旋回步长(图 6.14E)。其中，～5m、～1.1m、0.53～0.32m 和 0.28～0.21m 的沉积旋回比接近 24∶6∶2∶1，这和预测的晚泥盆世长偏心率(405kyr，调谐周期)、短偏心率(100kyr)、斜率(45.5～27kyr)和岁差 (21.5～18.5kyr)周期一致。因此，杨堤剖面深度域不同古气候替代指标所指示的 405kyr 长偏心率沉积旋回被识别出来(图 6.14B、D)。

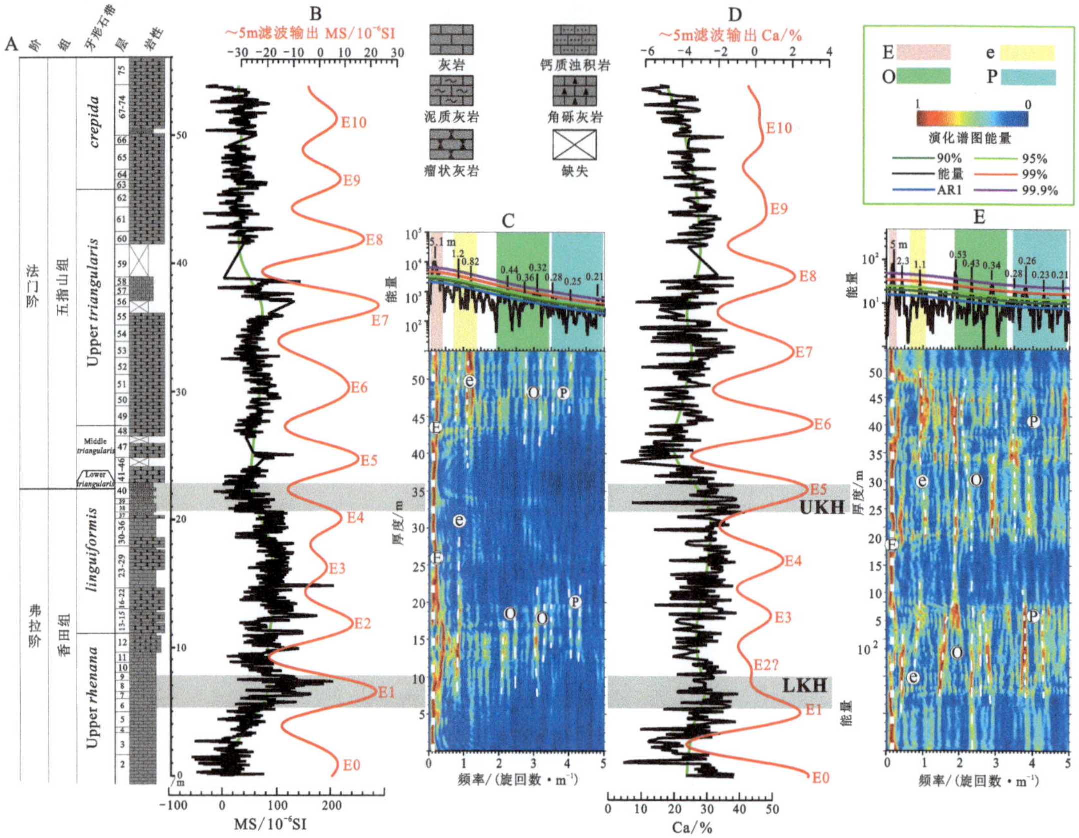

图 6.14 华南杨堤上泥盆统剖面深度域旋回地层分析

A. 岩性图，层号和牙形石生物地层(Huang and Gong，2016)；B、D. 黑色曲线为 MS 和 Ca 含量数据(绿色曲线为 25%的 LOWESS 趋势)，红色曲线为受 405kyr 长偏心率旋回驱动的沉积旋回[高斯滤波，滤波带宽和频率为(0.19±0.05)和(0.2±0.07)旋回数/m]；C、E. MS 和 Ca 含量数据的 2π MTM 能量谱图和 FFT 演化图谱(FFT 演化图谱的滑动窗口为 10m，E、e、O 和 P 分别代表长偏心率、短偏心率、斜率和岁差周期)

本书根据代表长偏心率 405kyr 周期的沉积旋回，建立深-时转换模型，将深度域序列转换到时间域序列(图 6.15)。

6.3.3 拉利剖面 F-F 之交旋回地层研究

为了探索华南 F-F 灭绝事件的前因后果，本书将拉利剖面 F-F 之交地层单独提取出来和杨堤剖面进行对比研究。拉利剖面 MS 和 Ca 含量序列的 FFT 演化图谱显示在～60m 处沉积速率发生了明显的变化(图 6.16C、E)。因此，本书在处理拉利剖面 F-F 附近旋回地层分析时，将剖面数据分为两个部分分别进行旋回分析。

对于第一部分(31.5～60m)，Ca 含量序列能量谱图显示出明显的 4m、1.3～0.82m 和 0.32～0.29m 的沉积旋回，而 MS 序列的能量谱图同样揭示出能量较强的 4m、1.12m 和 0.88m的沉积旋回。其中，4m、1.3～0.82m 和 0.32～0.29m 的沉积旋回代表长偏心率(405kyr，调谐周期)、短偏心率(100kyr)和斜率(～34kyr)周期(图 6.16C、E)。

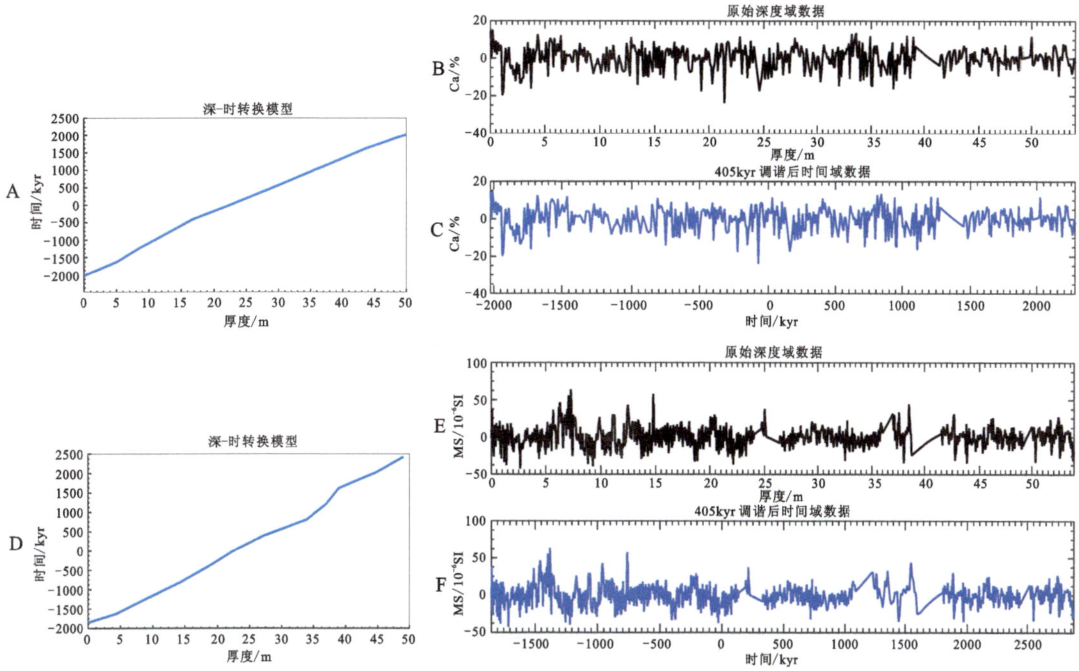

图 6.15 华南杨堤上泥盆统剖面深-时转换模型

A. Ca 含量序列深-时转换模型;B. 杨堤剖面深度域 Ca 含量数据;C. 杨堤剖面 405kyr 调谐后时间域 Ca 含量数据;D. MS深-时转换模型;E. 杨堤剖面深度域 MS 数据;F. 杨堤剖面 405kyr 调谐后时间域 MS 数据

对于第二部分(60～90m),和上文结果一样,Ca 含量序列能量谱图显示出明显的 8m、1.9m、1～0.7m 和 0.52～0.35m 沉积旋回,分别代表长偏心率、短偏心率、斜率和岁差周期。同样,MS 序列也显示出能量峰值 9.4m、3.4m、2.6m 和 1.42～1.22m 的沉积旋回。由于 MS 的采样精度较低,所以短周期的斜率和岁差周期在 MS 序列中很难识别,但是长周期的偏心率旋回在沉积地层中仍然可以很好地识别出来(图 6.16C、E)。

因此,本书根据代表长偏心率 405kyr 周期的沉积旋回在深度域进行滤波(图 6.16B、D),然后用 405kyr 长偏心率周期进行天文调谐,将深度域序列转换到时间域序列(图 6.17)。

6.3.4 华南 F-F 之交浮动年代标尺的建立

Gong 等(2001,2005)和 Chen 等(2003a)通过识别杨堤剖面的沉积旋回来开展旋回地层学工作。Gong 等(2001)假设层束、层束组和超层束组受岁差、短偏心率和长偏心率的驱动。Gong 等(2005)根据在杨堤剖面发现的 21 个层束组合 6.5 个超层束组,进一步计算了杨堤剖面牙形石带的延限时间。Chen 等(2003a)同样在杨堤剖面开展了相似的识别沉积层束的旋回工作,认为在杨堤剖面识别出的层、旋回、旋回束、中旋回束、超旋回束和层序代表 2kyr～3kyr、16kyr～18kyr、100kyr、200kyr、400kyr 和 1Myr～2Myr 的旋回周期。Chen 等(2003a)还对杨堤剖面的牙形石生物地层进行了更新,并从杨堤剖面 *linguiformis* 带到 Upper *triangularis* 带识别出了 22 个短偏心率周期。

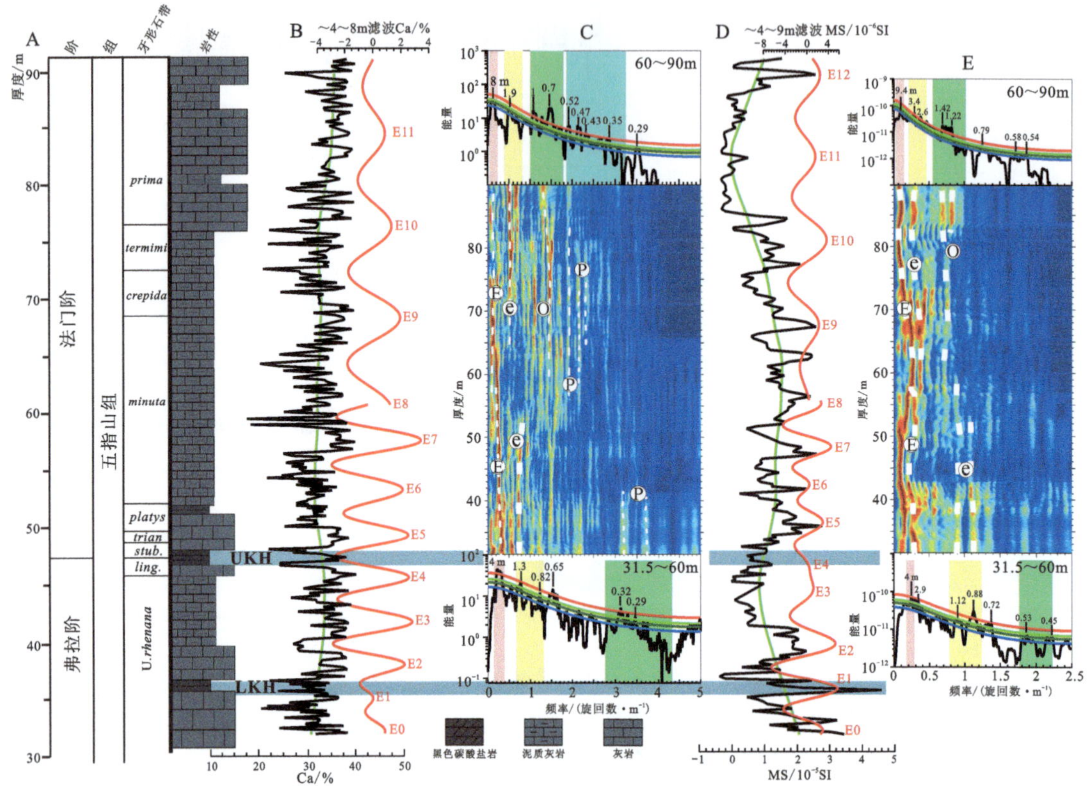

图 6.16　华南拉利上泥盆统剖面 F-F 之交深度域旋回地层分析

A. 岩性图和牙形石生物地层(Zhang et al.,2019b);B、D. 黑色曲线为 Ca 含量和 MS 数据(绿色曲线为 35%的 LOWESS 趋势),红色曲线为受 405kyr 长偏心率旋回驱动的沉积旋回[高斯滤波,31.5～60m 的滤波带宽和频率为(0.25±0.08)旋回数/m 和(0.24±0.07)旋回数/m,60～90m 的滤波带宽和频率为(0.126±0.026)旋回数/m 和(0.13±0.04)旋回数/m];C、E. Ca 含量和 MS 数据的 2π MTM 能量谱图和 FFT 演化图谱(FFT 演化图谱的滑动窗口为 15m,E、e、O 和 P 分别代表长偏心率、短偏心率、斜率和岁差周期)

Gong 等(2001,2005)和 Chen 等(2003a)的工作和本书最新的研究结果有较大的误差,这其中存在一些问题需要讨论。①牙形石生物地层的准确度。Gong 等(2001,2005)采用的是季强(1994)建立的牙形石生物地层,牙形石的精度和准确度已经不能满足旋回地层的需求。Chen 等(2003a)重新进行了牙形石采样,使杨堤剖面牙形石生物地层的精度有了很大提高。Huang 和 Gong(2016)在杨堤剖面进行了分辨率为厘米级的牙形石采样,使杨堤剖面牙形石生物地层的精度和准确度有了极大提升。②对天文沉积旋回的识别。Gong 等(2001,2005)和 Chen 等(2003a)通过肉眼识别层束组和旋回束,这样会造成很大的人为主观误差[如 Gong 等(2001)在杨堤剖面 41 层和 42 层共识别出 2 个超层束组,沉积速率仅为 0.90m/Myr,远远低于本书计算得到的结果 12.27m/Myr]。③建立天文年代标尺的方式。Gong 等(2001,2005)和 Chen 等(2003a)都是选择 100kyr 的短偏心率建立天文年代标尺,然而,由于太阳系的混沌现象,短偏心率周期在地质历史时期并不稳定,比如现在短偏心率周期有～125kyr 和

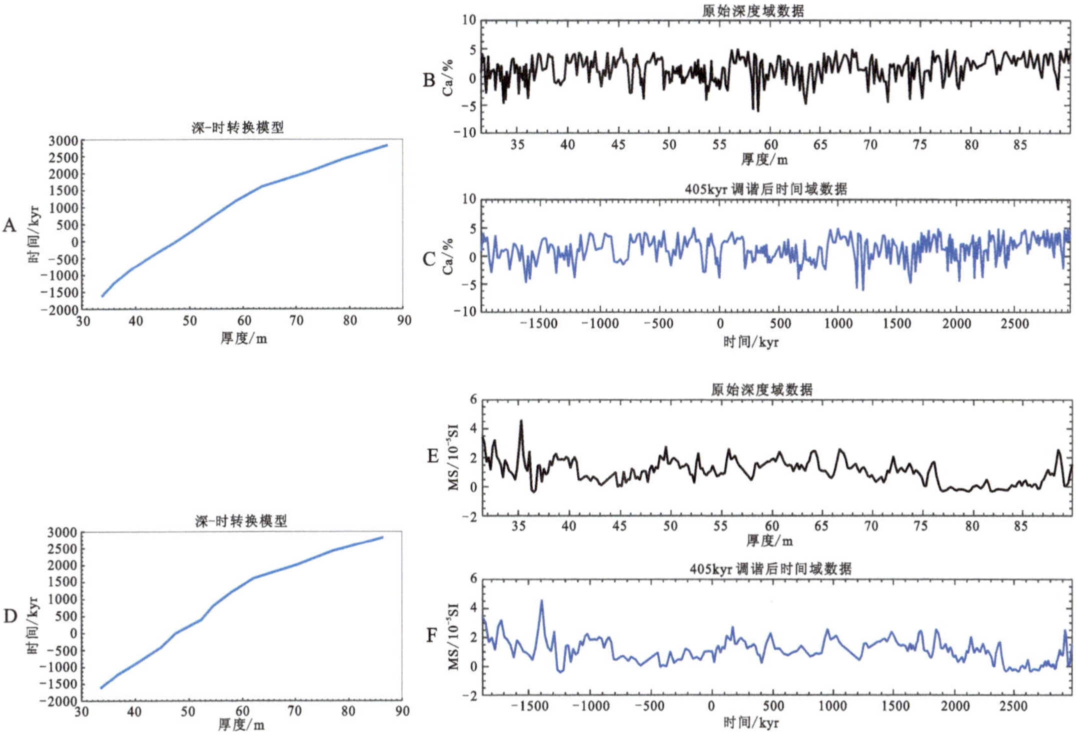

图 6.17 华南拉利上泥盆统剖面 F-F 之交深-时转换模型

A. Ca 含量序列深-时转换模型；B. 拉利剖面 F-F 附近地层深度域 Ca 含量数据；C. 405kyr 调谐后时间域 Ca 含量数据；D. MS 深-时转换模型；E. 拉利剖面 F-F 附近地层深度域 MS 数据；F. 405kyr 调谐后时间域 MS 数据

～100kyr。相反，地球轨道的长偏心率 405kyr 是由金星和木星轨道近日点之间的相互作用产生的，由于木星巨大的体积和质量，这个周期在过去 2.5 亿年间都十分稳定，因此被许多科学家提倡用来建立天文年代标尺（Laskar et al.，2004，2011a；Hinnov and Hilgen，2012；Hinnov，2013，2018）。

本书对杨堤剖面不同的古气候替代指标进行分析，深度域能量谱图显示不同的气候指标具有相似的轨道周期频率（图 6.14），根据杨堤剖面深度域旋回地层分析结果，在杨堤剖面深度域磁化率和 Ca 含量数据中可识别出～10.5 个和 11.5 个长偏心率旋回周期（图 6.14B、D），因此，把这些～5m 的沉积旋回通过 405kyr 长偏心率周期调谐到时间域上，就可以建立杨堤剖面 F-F 之交的天文年代标尺（图 6.18C、D）。同时，本书还建立了拉利剖面 F-F 之交的天文年代标尺，用于和杨堤剖面进行相互对比（图 6.18A、B）。

杨堤剖面和拉利剖面时间域 FFT 演化图谱和 MTM 能量谱图显示出显著的长偏心率（405kyr，调谐周期）、短偏心率（100kyr）、斜率（45.5～27kyr）和岁差（21.5～18.5kyr）周期，和理论的晚泥盆世天文旋回周期一致（图 6.19，表 2.3）。

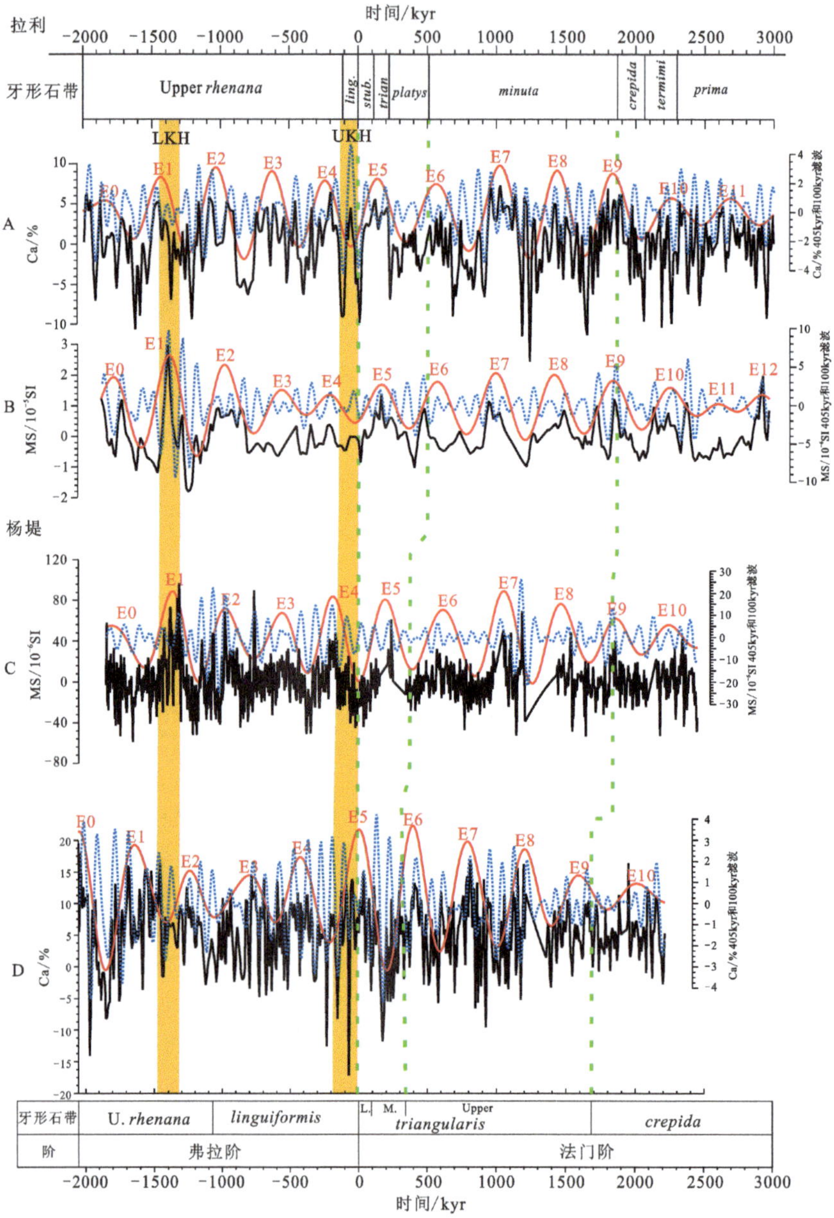

图 6.18　华南杨堤上泥盆统剖面和拉利上泥盆统剖面时间域旋回地层分析

A. 拉利剖面 405kyr 调谐的 Ca 含量时间序列(去除 35% LOWESS 趋势)和 405kyr 长偏心率[高斯滤波，滤波频率和带宽为(0.002 42±0.000 7)旋回数/kyr]和 100kyr 短偏心率滤波[高斯滤波，滤波频率和带宽为(0.01±0.003)旋回数/kyr]；B. 拉利剖面 405kyr 调谐的 MS 时间序列(去除 35% LOWESS 趋势)和 405kyr 长偏心率[高斯滤波，滤波频率和带宽为(0.002 45±0.000 7)旋回数/kyr]和 100kyr 短偏心率滤波[高斯滤波，滤波频率和带宽为(0.01±0.003)旋回数/kyr]；C. 杨堤剖面 405kyr 调谐的 MS 时间序列(去除 25% LOWESS 趋势)和 405kyr 长偏心率[高斯滤波，滤波频率和带宽为(0.002 56±0.000 7)旋回数/kyr]和 100kyr 短偏心率滤波[高斯滤波，滤波频率和带宽为(0.01±0.003)旋回数/kyr]；D. 杨堤剖面 405kyr 调谐的 Ca 含量时间序列(去除 25% LOWESS 趋势)和 405kyr 长偏心率[高斯滤波，滤波频率和带宽为(0.002 5±0.000 8)旋回数/kyr]与 100kyr 短偏心率滤波[高斯滤波，滤波频率和带宽为(0.01±0.003)旋回数/kyr]

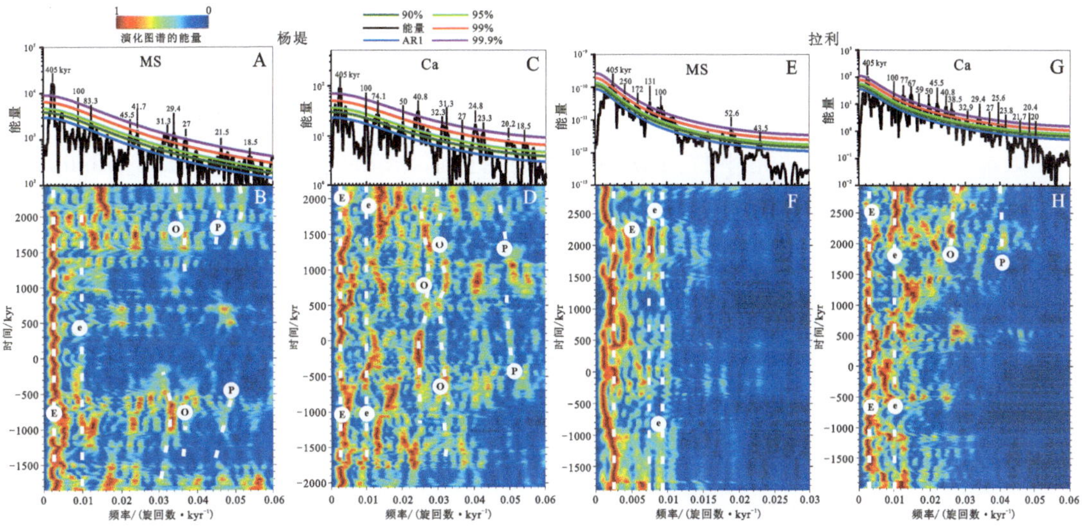

图 6.19 华南杨堤上泥盆统剖面和拉利上泥盆统剖面时间域频谱分析

A、C、E、G. 杨堤和拉利剖面时间域 2π MTM 能量谱图；B、D、F、H. FFT 演化图谱（滑动窗口为 500kyr，E、e、O 和 P 分别代表长偏心率、短偏心率、斜率和岁差周期）

根据杨堤剖面的天文年代标尺，本书对杨堤剖面 F-F 界线附近的牙形石带的时间和延限时间进行了天文年代标定（图 6.18C、D）。在杨堤剖面 Upper *rhenana* 带、*linguiformis* 带、Lower−Middle *triangularis* 带、Upper *triangularis* 带分别识别出 2.5 个、2.5 个、1 个和 3.5 个长偏心率周期，延限时间分别为 1Myr、1Myr、0.4Myr 和 1.4Myr。对比拉利剖面，因为 *linguiformis* 带的带分子 *Palmatolepis linguiformis* 的首现层位难以确定，*linguiformis* 的延限时间一直存在争议（Chen et al.，2013；De Vleeschouwer et al.，2013；Kaiho et al.，2013；Huang and Gong，2016；Zhang et al.，2019b），在拉利剖面 *linguiformis* 带仅仅厚 1m，持续一个短偏心率旋回的时间，但是拉利剖面天文年代标尺表明 *subperlobata* 带、*triangularis* 带、和 *platys* 带（相当于 Lower−Middle *triangularis* 带）持续 0.5Myr，*minuta* 带（相当于 Upper *triangularis* 带）持续 1.3Myr（图 6.18A、B），这和本书在杨堤剖面建立的天文年代标尺结果吻合得很好（表 6.1）。

表 6.1 华南 F-F 之交牙形石带和 Kellwasser 事件层数字年龄对比

牙形石带和 Kellwasser 事件层	持续时间 /Myr			
	Gong et al.（2001，2005）	Chen et al.（2003a，2013）	杨堤	拉利
Upper *triangularis*	0.3	>0.8	1.4	1.3
Lower−Middle *triangularis*	0.6	0.4	0.4	0.5
UKH	0.4	0.4	0.15	0.1
linguiformis	0.8	0.9	1	0.1?
LKH	—	—	0.2	0.2
Upper *rhenana*	0.6	—	1	—

注：UKH：Upper Kellwasser Horizon；LKH：Lower Kellwasser Horizon。

6.4 华南 F-F 生物大灭绝的时间进程和灭绝模式

大量研究表明 F-F 灭绝事件具有多幕性的特征。Schindler(1993)在德国 Steinbruch Schimit 剖面、Aeke valley 剖面的 LKH 和 UKH 中识别出 5 次生物事件。Ma 等(2016)识别出华南 F-F 三幕式灭绝:第一幕以腕足无洞贝类的灭绝为主要特征,发生在 UKH 底部,对应事件 6(Sandberg et al.,2002);第二幕为浮游牙形石的灭绝,发生在 UKH 中部,对应事件 8(Sandberg et al.,2002);第三幕为大量的介形类和四射珊瑚灭绝,发生在 UKH 顶部的黑色页岩层,对应事件 9(Sandberg et al.,2002)。Huang 和 Gong(2016)根据杨堤剖面底栖和浮游生物的变化,在 F-F 之交识别出 2 次牙形石重大变化和三幕式生物灭绝。根据杨堤剖面的天文年代标尺,本书对 F-F 大灭绝的时间和进程进行天文年代标定(图 6.20、图 6.21)。

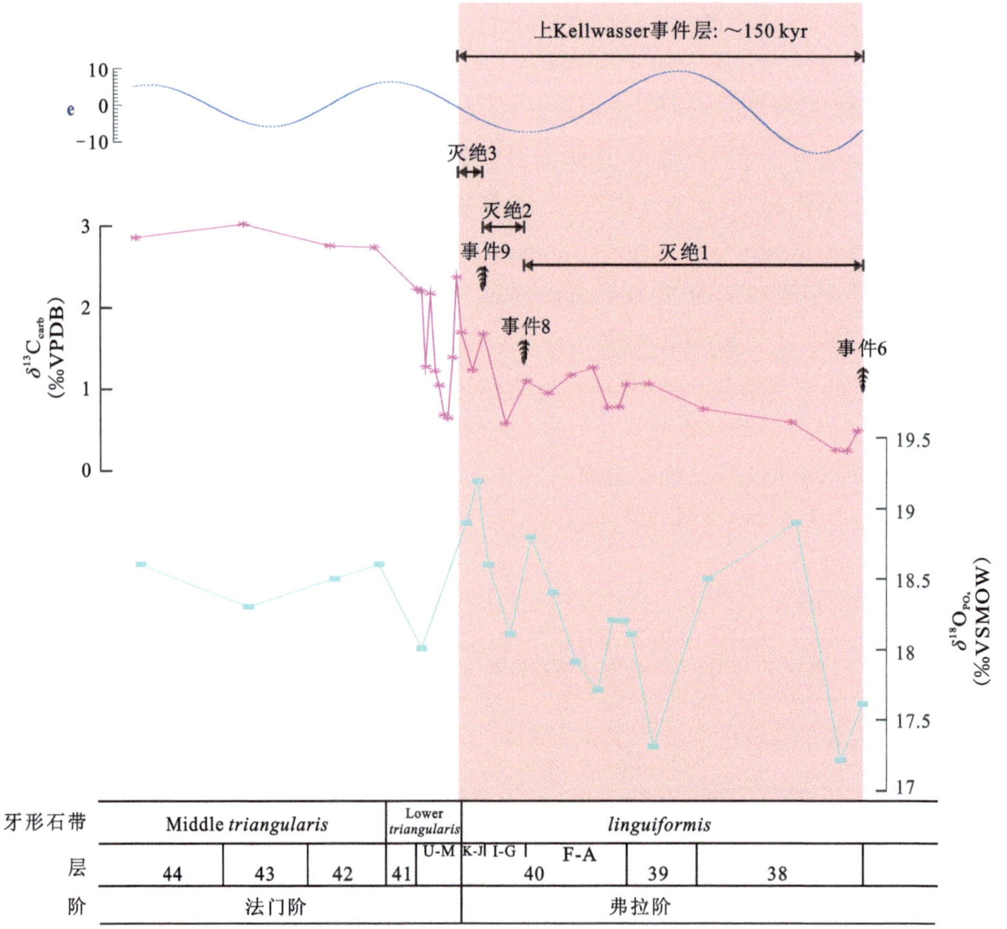

图 6.20 华南杨堤上泥盆统剖面大灭绝区间旋回地层、化学地层和生物地层

(红色阴影为 UKH,层号和牙形石带据 Huang and Gong,2016,$\delta^{13}C_{carb}$ 和 $\delta^{18}O_{PO_4}$ 数据据 Huang et al.,2018b)

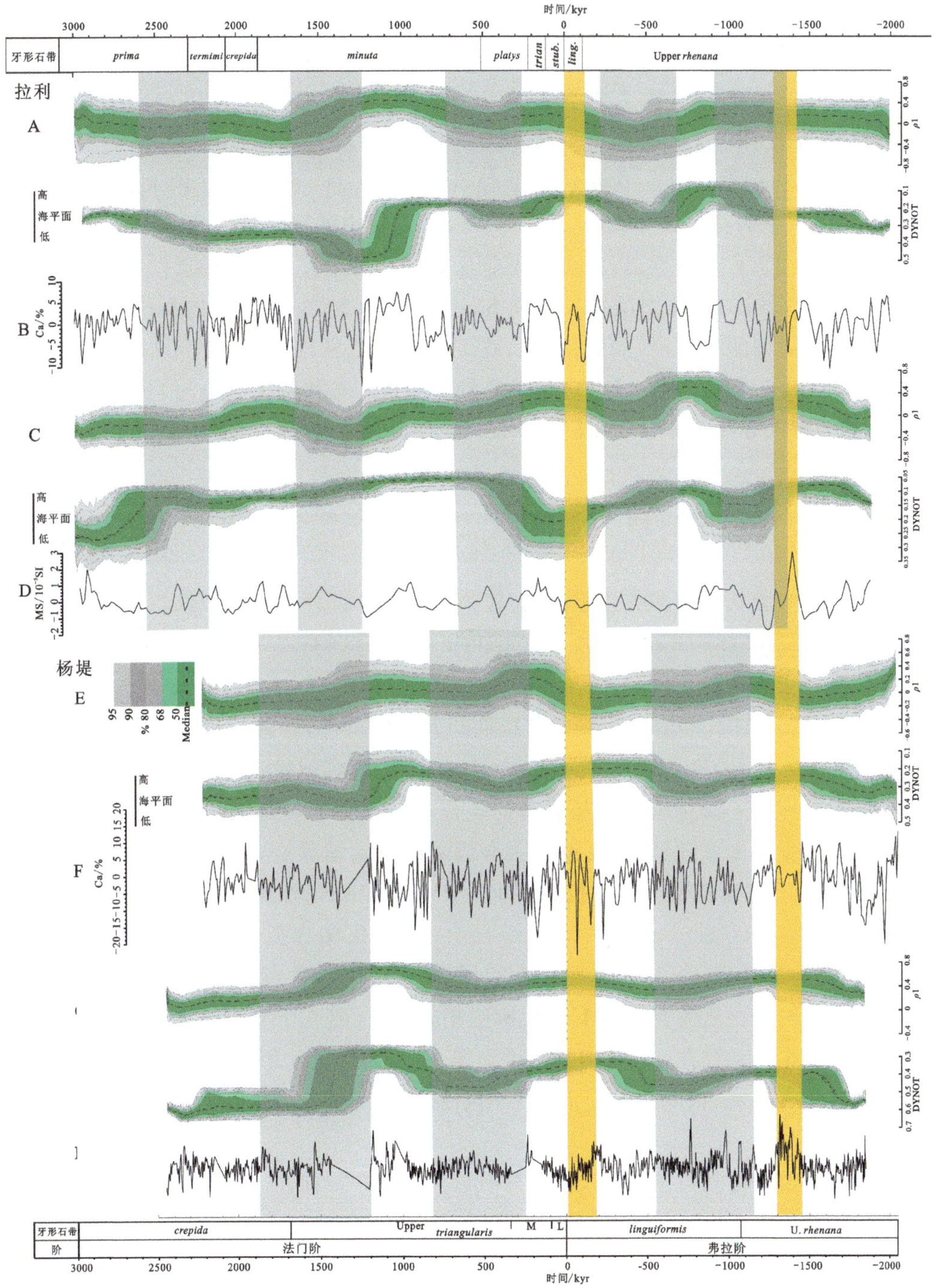

图6.21 华南杨堤上泥盆统剖面和拉利上泥盆统剖面海平面变化的沉积噪声模型(DYNOT和$\rho1$噪声模型估计使用400kyr的窗口,置信水平的估计使用2000次的蒙特卡罗模拟。杨堤和拉利剖面的牙形石带根据Huang and Gong.,2016和Zhang et al.,2019b)

A、B.拉利剖面根据调谐后Ca含量时间序列得到的DYNOT和$\rho1$噪声模型与调谐后Ca含量时间序列;C、D.拉利剖面根据调谐后MS时间序列得到的DYNOT和$\rho1$噪声模型与调谐后MS时间序列;E、F.杨堤剖面根据调谐后Ca含量时间序列得到的DYNOT和$\rho1$噪声模型与调谐后Ca含量时间序列;G、H.杨堤剖面根据调谐后MS时间序列得到的DYNOT和$\rho1$噪声模型与调谐后MS时间序列在杨堤剖面，第一幕灭绝发生在 UKH 底部，对应着一次牙形石 $\delta^{18}O_{PO_4}$ 急剧增高约 1.4‰，层位对应 Ma 等(2016)研究中的第一幕和 Sandberg 等(2002)研究中的事件 6，表现为四射珊瑚和腕足类等底栖生物主要类群的大灭绝，这幕灭绝持续了 120kyr；第二幕发生在 UKH 上部，相当于牙形石生物的第一次重大变化的层位(Lower *linguiformis* 带和 Upper *linguiformis* 带之间)对应着一次快速的变暖事件，表现为牙形石分子的大规模死亡，对应 Ma 等(2016)研究中的第二幕和 Sandberg 等(2002)研究中的事件 8，这幕灭绝持续了 20kyr；第三幕灭绝发生在 UKH 的顶部，相当于牙形石生物第二次重大变化的层位和一次快速变冷事件，对应 Ma 等(2016)研究中的第三幕和 Sandberg 等(2002)研究中的事件 9，表现为底栖和浮游生物主要类群的大灭绝，如底栖型的腕足类和介形类与浮游型的牙形石和菊石类，这幕灭绝持续了 10kyr(图 6.20)。UKH 底部和顶部的这 3 幕生物大灭绝与 F-F 之交气候大幅度(～6℃)的变暖和变冷同步(Huang and Gong，2016；Huang et al.，2018b)。

6.5 天文轨道力对 F-F 事件和古气候变化的驱动

尽管有关 F-F 大灭绝的研究很多，但大灭绝的时间和过程仍然众说纷纭(Schindler，1990；Gong et al.，2001，2005；Sandberg et al.，2002；Chen et al.，2003a，2013；De Vleeschouwer et al.，2013，2017；Huang and Gong，2016；Huang et al.，2018b；Pas et al.，2018；Ma et al.，2020，2022)。LKH 和 UKH 代表着发生在晚弗拉期的大灭绝事件，并常常伴随黑色沥青页岩沉积和碳同位素正偏(Schindler，1990；Buggisch，1991)。在杨堤剖面，UKH 形成于香田组顶部，以浮游生物和牙形石生物相的变化和显著的碳同位素正偏为特征。而在 Upper *rhenana* 带没有沉积黑色沥青灰岩或者页岩，也没有明显的碳同位素偏移变化，因此，在杨堤剖面 LKH 依靠显著的 $\delta^{18}O_{PO_4}$ 正偏移来约束。拉利剖面 LKH 和 UKH 均表现为显著的碳同位素正偏和黑色碳酸盐岩沉积(图 6.2，图 6.22B、C)。并且，磁化率数据表明杨堤剖面和拉利剖面 LKH 磁化率均为最高值(图 6.14B、图 6.16D、图 6.18B、C)，这可能揭示了下 Kellwasser 事件中陆源输送的增多。然而在 UKH，磁化率则相对较低(图 6.14B、图 6.16D、图 6.18B、C)，这可能由于陆地生态系统在 UKH 遭到了重大损失，生物风化作用降低，从而在 UKH 磁化率是一个低值(McGhee et al.，2013)。而且磁化率的变化与偏心率和斜长率的长周期演化有关(图 6.23)。

根据杨堤剖面和拉利剖面的浮动天文年代标尺(图 6.18、图 6.22A，以杨堤剖面 MS 序列建立的天文年代标尺为准)，LKH 开始于长偏心率周期 E1 并且持续了约 200kyr，LKH 碳同位素正偏的峰值对应 E1 的最大值(图 6.22A～C)。UKH 开始于长偏心率周期 E4 并且持续了约 150kyr(图 6.18，图 6.22A)。LKH 和 UKH 的时间间隔约 1000kyr。值得注意的是，在杨堤剖面和拉利剖面 UKH 的碳同位素正偏的最大值均发生在 F-F 界线之后，对应于长偏心率 E5 的峰值(图 6.22A～C)。LKH 和 UKH 碳同位素正偏峰值的时间间隔为～1600kyr。LKH 与 UKH 之间的时间间隔为(1000±280)kyr(图 6.22A～C)，这一结果比 De Vleeschouwer 等(2017)提出的 LKH 与 UKH 之间的时间间隔为～600kyr 要长。

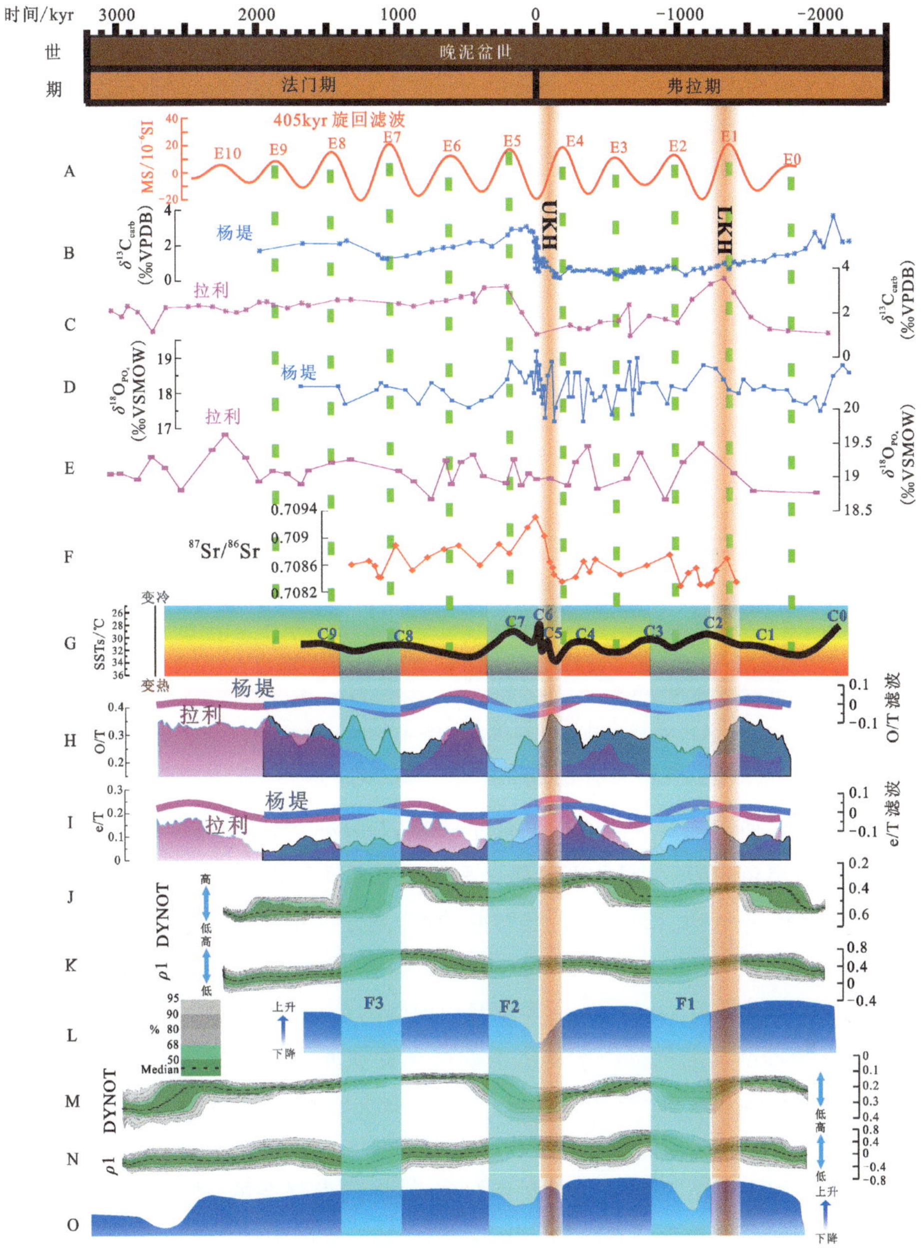

图 6.22　华南 F-F 之交地层综合分析图

A. 405kyr 旋回滤波(图 6.18C)；B、C 和 D、E. 杨堤剖面和拉利剖面碳酸盐岩 $\delta^{13}C_{carb}$ 和牙形石 $\delta^{18}O_{PO_4}$ 曲线(VSMOW—Vienna standard mean ocean water；VPDB—Vienna Pee Dee belemnite，杨堤剖面数据来自 Huang et al.，2018b，拉利剖面数据来自 Zhang et al.，2019a)；F. 杨堤剖面 F-F 之交 $^{87}Sr/^{86}Sr$ 曲线(据 Chenet al.，2005 修改)；G. F-F 之交海水表面温度变化曲线(据 Huang et al.，2018b 修改)；H. 杨堤剖面和拉利剖面斜率/总能量曲线和～1Myr 的振幅周期滤波[杨堤剖面和拉利剖面的滤波频率和带宽分别为(0.000 83±0.000 1)旋回数/kyr 和(0.001±0.000 3)旋回数/kyr]，斜率能量的截止频率为 1/(25kyr)到 1/(45kyr)；I. 杨堤剖面和拉利剖面短偏心率/总能量曲线和～1Myr 的振幅周期滤波[杨堤剖面和拉利剖面的滤波频率和带宽分别为(0.000 83±0.000 1)旋回数/kyr 和(0.001±0.000 3)旋回数/kyr]，短偏心率能量的截止频率为 1/(80kyr)到 1/(140kyr)；J、K. 杨堤剖面调谐后 MS 时间序列的 DYNOT 和 ρ1 噪声模型；L. 杨堤剖面三级海平面变化层序(据 Chen et al.，2013 修改)；M、N. 拉利剖面调谐后 MS 时间序列的 DYNOT 和 ρ1 噪声模型；O. 拉利剖面海平面变化(据 Zhang et al.，2019b 修改)

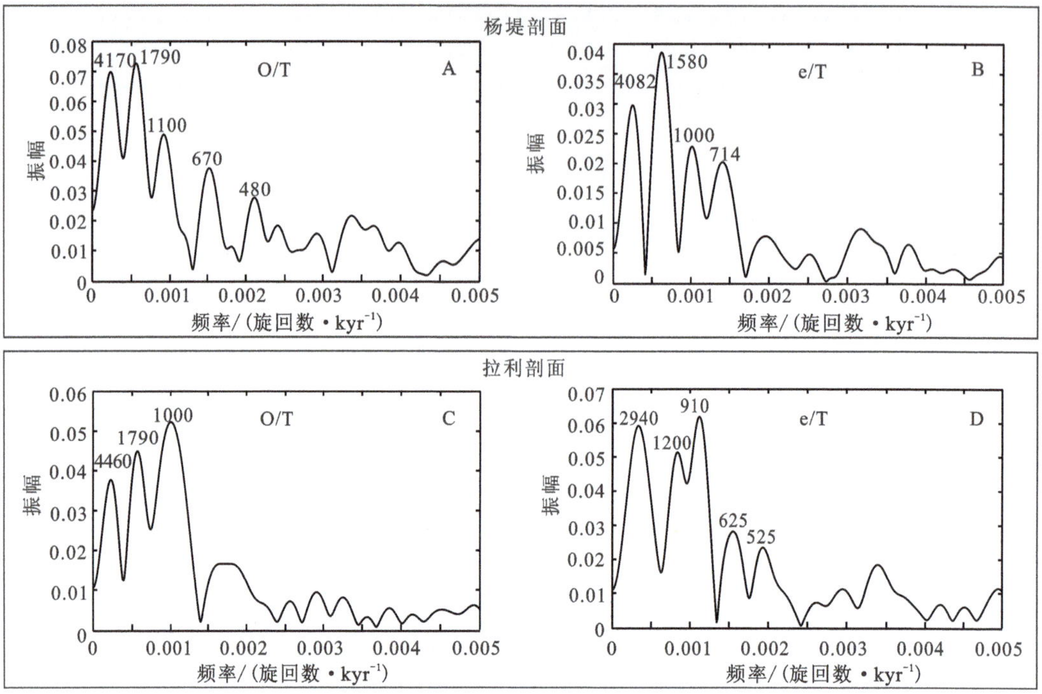

图 6.23 华南杨堤和拉利上泥盆统剖面斜率和偏心率能量分布振幅频谱图

A、C. 杨堤和拉利剖面 O/T 功率比(图 6.18G)的振幅频谱图;B、D. 杨堤和拉利剖面 e/T 功率比(图 6.18H)的振幅频谱图

造成这种差异的原因有 3 个。① LKH 的识别,Upper *Palmatolepis rhenana* 带未沉积深灰色沥青灰岩或黑色页岩,$\delta^{13}C_{carb}$正偏移也不明显,LKH 的识别在杨堤剖面主要受 $\delta^{18}O_{PO_4}$ 正偏移的制约(Huang et al.,2018b)。②时间约束,高分辨率牙形石生物地层为本书的研究提供了主要的时间约束(Huang and Gong,2016)。在牙形石生物地层的基础上,本书将碳同位素和磁化率数据与 De Vleeschouwer 等(2017)得到的数据在深度域(m)进行了详细的对比(图 6.24A、B)。杨堤剖面的低分辨率磁化率数据一直延伸到地层域中的 *linguiformis* 带底部(图 6.24B,De Vleeschouwer et al.,2017),但是 De Vleeschouwer 等(2017)研究涉及的磁化率数据不包含 LKH(图 6.24A、B)。但在时间域(kyr),De Vleeschouwer 等(2017)利用化学地层学将世界范围内的 F-F 界线地层联系起来,杨堤剖面记录的 MS 数据向下延伸至 Upper *rhenana* 带底部,并包含了 LKH [De Vleeschouwer 等(2017)涉及的图 2 的杨堤剖面记录]。该操作显著缩短了 LKH 和 UKH 之间的时间间隔。③磁化率数据的分辨率,在高分辨率 MS 数据中,LKH 和 UKH 之间可识别出 10 个短轨道偏心旋回(Δt=0.02m,图 6.24E),MS 地层系列的功率谱峰波长分别为 5m 和 1.2m,对应长轨道偏心率旋回和短轨道偏心率旋回(图 6.24F)。当我们以较低的分辨率[Δt=0.1m,与 De Vleeschouwer 等(2017)提及的杨堤剖面 MS 序列分辨率相似,图 6.24D]重新采集 MS 数据时,遗漏了 4 个短轨道偏心周期,在 LKH 和 UKH 之间只能识别出 6 个短轨道偏心周期,这一结果与 De Vleeschouwer 等(2017)的结果相对应(图 6.24C、D)。

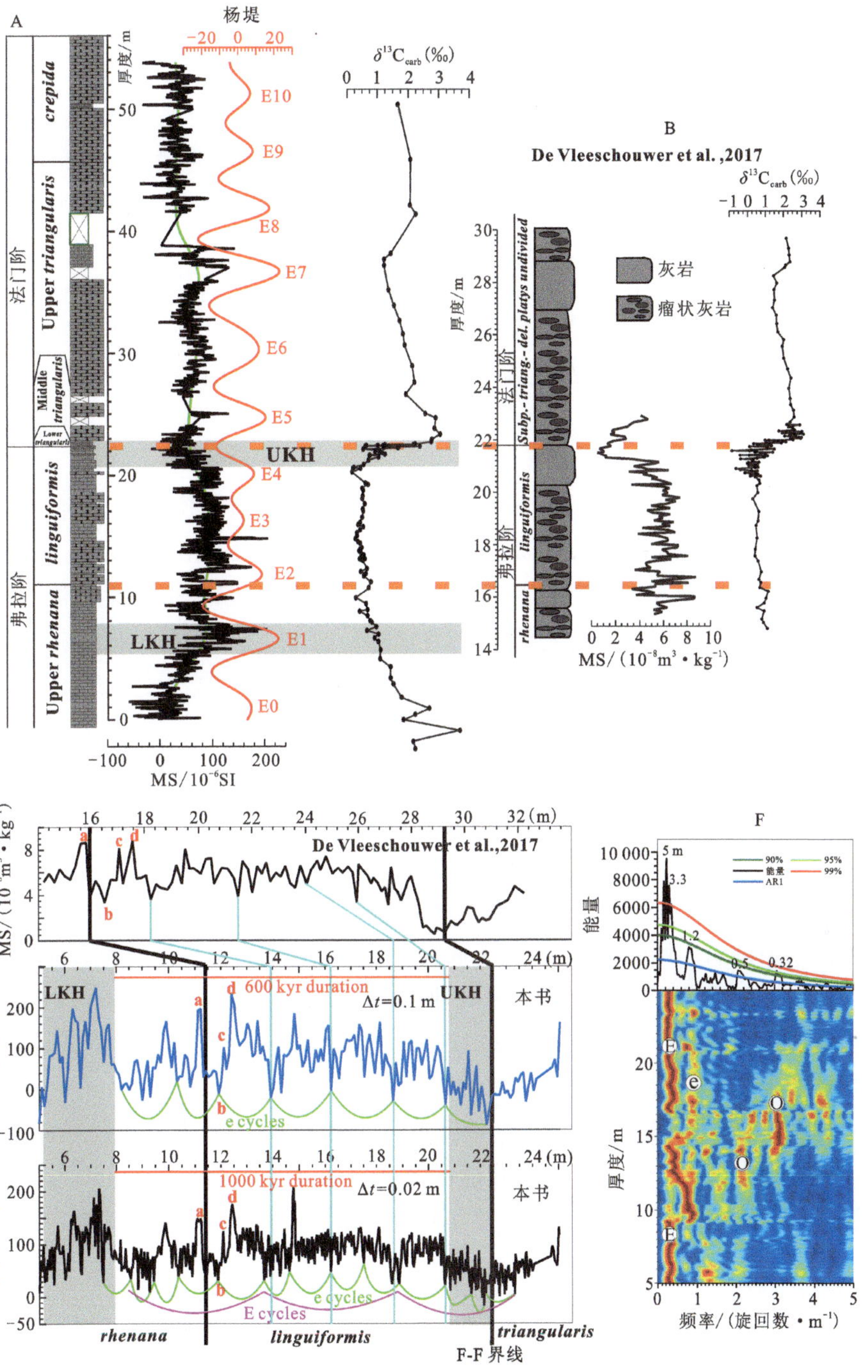

图 6.24　杨堤剖面弗拉期—法门期磁化率和 $\delta^{13}C_{carb}$ 差异的详细对比

A. 岩性、牙形石生物地层和 $\delta^{13}C_{carb}$ 数据来自 Huang 和 Gong(2016)，405kyr 的沉积周期(红色曲线)和高分辨率 MS 据图 6.16B；B. 岩性、牙形动物生物地层、低分辨率 MS 和 $\delta^{13}C_{carb}$ 数据来自 Chen 等(2005,2013)和 De Vleeschouwer 等(2017)。C. De Vleeschouwer 等(2017)提供的弗拉期—法门期磁化率数据；D. 本书中低采样分辨率(Δt=0.1m)下的磁化率；E. 本书中原始磁化率(Δt=0.02m)；红色字母 a、b、c、d 是 De Vleeschouwer 等(2017)与本书在 MS 数据上的对比控制点；紫色的曲线和“E”被解释为 405kyr 长偏心率旋回，绿色曲线和“e”被解释为 100kyr 短偏心率旋回；F. 高分辨率 MS 地层序列(图 6.24E) 的 2π MTM 功谱图及 FFT 频谱图 (滑动窗口为 13m)。黑色字母 E、e 和 O 分别代表长偏心率旋回、短偏心率旋回和斜率旋回周期

6.5.1 天文轨道力驱动 F-F 之交海平面变化

许多研究表明，地球轨道参数在海平面变化中起着关键作用(Boulila et al.，2010，2011；Fang et al.，2015，2017；Li et al.，2016a)。Boulila 等(2011)认为，第三、第四、第五和第六阶海平面升降序列的起源是天文周期的变化。在中始新世至全新世冰室条件下，三阶平海面升降层序对应的是～1.2Myr 长斜率旋回，而在中生代温室条件下对应的是～2.4Myr 长偏心率旋回。Li 等(2016a) 提出了中国南方早三叠世～1.2Myr 斜率旋回驱动海平面的变化。在古生代，Fang 等(2015，2017)认为中二叠统茅口组三阶海平面升降序列受～1Myr 的斜率周期驱动。2.2～2.4Myr 的超长偏心率周期和海平面变化的耦合也在加拿大的密西西比州(Giles，2009)和波兰的上泥盆统 Kowala 剖面被识别出来(De Vleeschouwer et al.，2013)。

从 Upper *rhenana* 带到 Upper *triangularis* 带，杨堤剖面和拉利剖面均识别出 3 次海平面变化的三级层序(Chen et al.，2013；Zhang et al.，2019b)(图 6.22L、O)。杨堤剖面和拉利剖面的沉积噪声模型也显示出 3 段显著的噪声增强时期，揭示了 F-F 之交海平面下降事件，并且正好对应了华南三级海平面变化层序(图 6.21，图 6.22J～O)。对比杨堤剖面和拉利剖面的天文年代标尺，F1-F2 和 F2-F3 的间隔大约为 1Myr 和 1.2Myr(图 6.22)。同时，杨堤剖面和拉利剖面 O/T 和 e/T 序列的振幅频谱图都显示在 F-F 之交有很强的～1Myr 的周期信号(图 6.23)，恰好与海平面变化周期相对应。这个～1Myr 的信号可能代表了超长斜率周期(s_4-s_3)，然而，泥盆纪大多数时期地球都处于温室气候的支配之下，尤其在 F-F 事件附近，临近赤道的古温度接近 30℃(Joachimski et al.，2009；De Vleeschouwer et al.，2014；Huang et al.，2018b)。在这种温室气候的状态下，斜率通过影响高纬度地区的冰川从而调控气候的作用会被极大地削弱。研究表明，偏心率同样会显示出～1Myr 的调制周期，而且与前文早奥陶世太阳系混沌现象的讨论一样，在深时地球，超长偏心率周期在某些时间节点会转换为～1Myr的周期(见第 4 章 4.4 节)。因此，这个～1Myr 的海平面变化周期是起源于超长斜率周期还是超长偏心率周期需要进一步讨论。

华南拉利剖面和杨堤剖面 O/T 和 e/T 演化序列显示，当地球处于斜率能量的最低值和偏心率能量的最高值时，对应海平面的最低值和气候变冷时期(图 6.22G～O)。Zachos 等(2001)认为，诱导冰盖发育的主要因素并非寒冷的冬季，而是不太热的夏季，气温相对温和的夏季会使在冬季积累的冰川不容易消融，从而使冰盖保存并逐渐扩张。因此，当斜率周期能量达到最低值时，极地的气候变化不大，地球高纬度地区夏季较为温和，有利于极地冰川的形成和积累(图 6.25)。不仅如此，在高偏心率时期，地球整体上季节性会增强，四季更加分明，偏心率通过调制岁差信号同样会导致冰川的形成(图 6.25)。因此，在斜率最小和偏心率最大的叠加时期，地球会更容易形成冰川。因此，晚泥盆世 F-F 之交的海平面下降事件(F1、F2 和 F3)和地球轨道变化之间的耦合表明 F-F 之交的海平面变化受斜率和偏心率变化的共同影响(图 6.22G～O，图 6.25)。

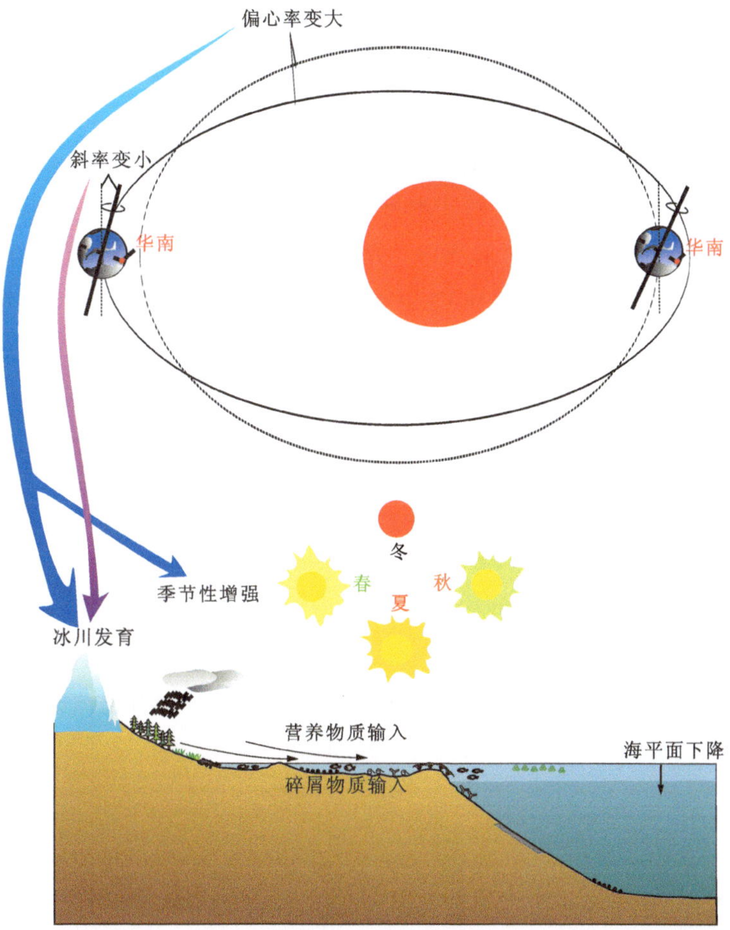

图 6.25　晚泥盆世 F-F 之交高偏心率与低斜率情况下天文气候变化模型示意图

6.5.2　天文旋回驱动 F-F 之交气候变化：来自牙形石氧同位素的证据

古生物的证据表明晚泥盆世温室气候主要集中在弗拉期(Joachimski et al. ,2009)。在弗拉期，热带陆生植物的生活区域甚至拓展到了高纬度地区(Streel et al. ,2000)，晚弗拉期的底栖介形虫也已经很适应温暖的水体(Léthiers and Raymond,1991)，并且中弗拉期后生礁在纬度上的分布比全新世还要广得多，到达了赤道的 45°N 和 30°S 区域(Cooper,2002)。然而，下 Kellwasser 事件和上 Kellwasser 事件却在全球范围内通常表现为显著的氧同位素正偏(气候变冷)(Joachimski and Buggisch,2002；Le Houedec et al. ,2013；Huang et al. ,2018b)。

在杨堤和拉利剖面，下 Kellwasser 事件都对应着一次明显的氧同位素正偏，指示一次短期的变冷事件，但是拉利剖面由于相对较低的采样率，导致上 Kellwasser 事件全球性的氧同位素正偏没有识别出来(图 6.22D、E)。华南的天文年代标尺表明，华南氧同位素的变化趋势和 405kyr 长偏心率耦合得很好(图 6.22A、D、E、G)。高分辨率的牙形石氧同位素记录了从 Upper *rhenana* 带到 Upper *triangularis* 带这一段时期海水表层温度的变化，MS 时间序列的 405kyr 长偏心率周期的最大值恰好对应了 $\delta^{18}O_{PO_4}$ 的最低值，表明在 F-F 之交的温暖时期陆源碎屑输送的增强(图 6.22A、D、E、F、G)。在上 Kellwasser 事件之前，海水表层温度的变化间隔 C0-C1-C2-C3-C4-C5 恰好达 405kyr，同时，这个海水表层温度剧烈变化的时期也恰好对应偏心率能量的高值时期，揭示出在 F-F 之交偏心率主导的气候变化特征（图 6.22A、G、I）。

De Vleeschouwer 等（2017）和 Da Silva 等（2020）以 $\delta^{13}C$ 作为气候替代指标，报道了在 F-F 之交斜率能量较高，而偏心率能量较低的情况（图 6.26C、D）。针对天文轨道力和有机物的大量埋藏之间的联系存在两种不同的解释：有机物更易于在偏心率的最小值时期得到保存；而另一种解释恰好相反，有机物更偏向于在偏心率的最大值时期保存（Gambacorta et al.，2018）。De Vleeschouwer 等（2017）和 Da Silva 等（2020）在欧洲取得的研究结果更支持前一种说法，在偏心率的最小值时期，气候会比较温和，地球季节性减弱，稳定的气候环境会使海水分层，导致有机物利于保存和持续缺氧（De Vleeschouwer et al.，2017；Da Silva et al.，2020）。然而，在晚泥盆世的温室期，偏心率通过调制岁差周期可以成为气候变化的主导因素（Boulila et al.，2011；De Vleeschouwer et al.，2013，2014）。同时，根据本书 405kyr 调谐时间序列得到的 O/T 和 e/T 演化序列显示在 LKH 和 UKH，偏心率和斜率周期均有很高的能量（图 6.22H、I，图 6.26A、B）。因此，本书的研究结果更支持另外一种解释，在偏心率的最大值时期，气候的季节性增强，造成了较强的干湿气候变化，从而导致更强的风化、河流输送，使海洋生产力提高，造成有机物的大量积累（Ma et al.，2011；Gambacorta et al.，2018；Da Silva et al.，2020）。这个模型被认为是解释地中海地区上新统高生产力黑色腐泥层成因的经典模型（Rohling et al.，2015）。

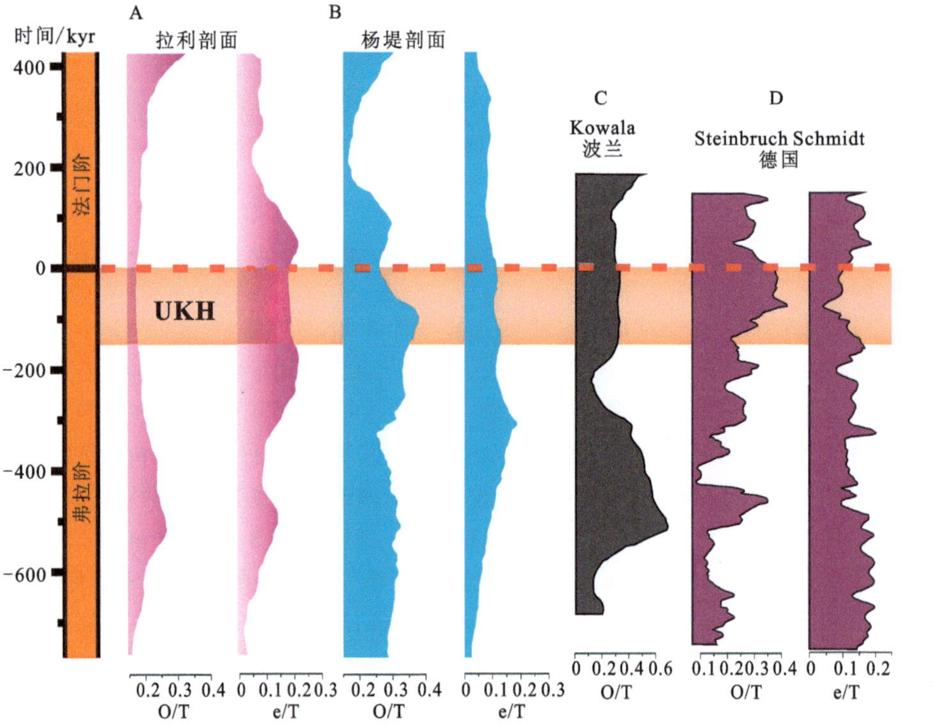

图 6.26　晚泥盆世 F-F 之交斜率和偏心率的变化示意图

A、B. 分别为拉利剖面与杨堤剖面 F-F 之交 O/T 和 e/T 功率比（图 6.22H、I）；C. 波兰 Kowala 剖面 F-F 之交 O/T 功率比（据 De Vleeschouwer et al.，2017 修改）；D. 德国 Steinbruch Schmidt 剖面 F-F 之交 O/T 和 e/T 功率比（据 Da Silva et al.，2020 修改）

因此，根据华南旋回地层分析结果，本书提出了天文气候变化是晚泥盆世 F-F 大灭绝的触发机制。在 F-F 之交，高偏心率和高斜率作用时期地球空间上日照变化加强，日照变化的波动直接增强了季节性并引发强烈的气候变化，从而间接导致了大陆风化的加强和陆源碎屑输入的增加(图 6.27)。同时泥盆纪陆地生态系统的进化发展，如发育良好的根系结构的出现，也导致了生物风化的增强(Algeo et al.，1995，1998，2010)。在 Kellwasser 事件时期，地表径流给海洋带来了大量的有机质和养分[证据来自碳同位素正偏、较高的 MS 值和上升的 $^{87}Sr/^{86}Sr$(Chen et al.，2005；Huang et al.，2018b)]，从而导致沿海水域从贫养转为富营养化，促进了海洋浮游生物的爆发(Gong et al.，2002)，进而导致了海洋缺氧和黑色沥青页岩或者黑色碳酸盐岩的沉积，并最终诱发了 F-F 生物大灭绝(图 6.27)。

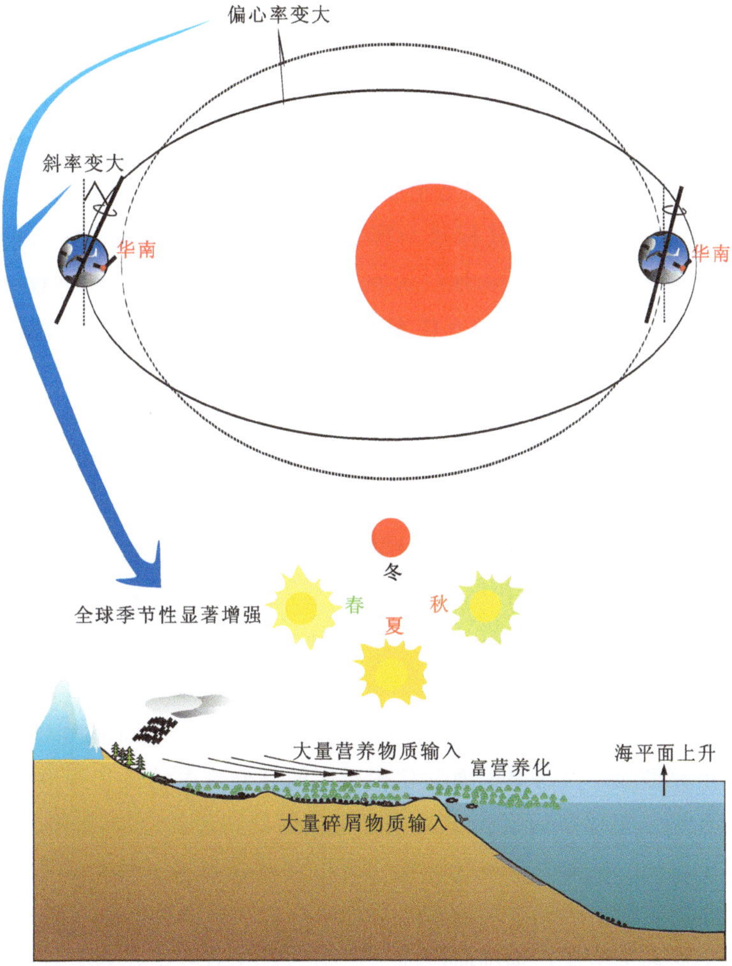

图 6.27　晚泥盆世 F-F 之交高偏心率与高斜率情况下天文气候变化模型示意图

第7章 结论与展望

7.1 结 论

本书聚焦于奥陶纪生物大辐射(早—中奥陶世)和晚泥盆世 F-F 生物大灭绝，选取华南、华北和西准噶尔地区 7 条剖面作为重点研究剖面，通过采集 7 条剖面的古气候替代指标(磁化率、自然伽马和 XRF 元素含量)，开展系统的旋回地层学研究，并结合沉积地层、生物地层和化学地层资料，获得的主要新认识和结论如下。

(1)建立了早奥陶世的天文年代标尺。鄂尔多斯盆地西缘贺兰山区下岭南沟剖面芙蓉统—中奥陶统出露良好。牙形石生物地层资料可以为下—中奥陶统提供较好的生物地层和年代地层约束。本书将 Ca、Fe 和 Fe/Ca 作为古气候替代指标，对下岭南沟剖面进行旋回地层分析，建立了～8.9Myr 的连续高分辨率天文年代标尺，并计算了特马豆克阶的持续时间约为(6.9±0.28)Myr。

通过对奥陶系华北亮甲山剖面和华南黄花场剖面(大坪阶“金钉子”剖面)开展系统的旋回地层工作，依据牙形石生物地层和 405kyr 长偏心率周期，成功地建立了早—中奥陶世的天文年代标尺。天文年代标尺表明，弗洛阶的持续时间为(7.08±0.405)Myr。

(2)根据早—中奥陶世天文年代标尺，探讨了早—中奥陶世古环境、古气候变化的天文轨道力驱动和深时地球系统的演化特征。鄂尔多斯盆地西缘贺兰山区下岭南沟剖面旋回地层学研究发现，斜率和短偏心率与总能量比值的演化图谱显示出早奥陶世～1.2Myr 的超长斜率周期(s_4-s_3)和～2.4Myr 的超长偏心率周期(g_4-g_3)。同时，调谐后 Ca、Fe 和 Fe/Ca 时间序列的沉积噪声模型显示出与海平面变化相对应的高分辨率的沉积噪声变化，揭示了在早奥陶世早特马豆克期三级海平面变化主要受天文轨道旋回超长斜率周期(s_4-s_3)驱动，在中特马豆克期—早弗洛期三级海平面变化主要受天文轨道旋回超长偏心率周期(g_4-g_3)的调控。早奥陶世天文轨道周期的调整可能对奥陶纪生物大辐射事件起着重要的推动作用。

华北亮甲山剖面和华南黄花场剖面旋回地层学的对比研究显示，早—中奥陶世斜率和短偏心率与总能量比值的演化图谱显示出 1Myr 的超长斜率周期(s_4-s_3)和从 1.9Myr 转变为 1Myr 的超长偏心率周期(g_4-g_3)。超长偏心率周期(g_4-g_3)的变化揭示了早奥陶世地球和火星轨道运动的混沌现象，即共振状态从(s_4-s_3)－2(g_4-g_3)向(s_4-s_3)－(g_4-g_3)转变。

(3)建立了西准噶尔晚泥盆世天文年代标尺，揭示了天文轨道力对晚泥盆世—早石炭世古亚洲洋海平面变化及对 F-F 生物大灭绝后生物复苏的调控。通过对西准噶尔地区上泥盆统布龙果尔和乌兰柯顺剖面进行系统的旋回地层分析，根据 405kyr 长偏心率分别建立了～12.6Myr和～13Myr 的天文年代标尺；计算出上泥盆统洪古勒楞组的沉积时长为(10.9±0.28)Myr；选择 D-C 界线作为天文年代标尺的“锚点”，得出洪古勒楞组的底界年龄为(369.8±0.49)Ma；结合牙形石生物地层资料，本书认为西准噶尔地区洪古勒楞组并不包含 F-F 界线。布龙果尔和乌兰柯顺剖面的沉积噪声模型显示了与海平面变化相对应的高分辨率的沉积噪声变化，揭示了晚泥盆世—早石炭世古亚洲洋的海平面变化受到天文轨道旋回超长偏心率(g_4-g_3)的调控。在这些轨道偏心率周期的极大值期，频繁的季风气候导致陆源输入的增加和上升流的增强，从而提高了西准噶尔地区的初级生产力。最终，我们提出了一个“天文气候变化”模型作为法门期洪古勒楞组生物复苏的驱动机制。

(4)建立了华南晚泥盆世天文年代标尺，并对晚泥盆世的重大生物-环境事件进行了天文年代标定。本书通过对华南上泥盆统拉利剖面 Ca 含量序列进行旋回地层分析，以泥盆纪—石炭纪界线年龄[(358.9±0.4)Ma]为“锚点”，基于 405kyr 长偏心率旋回建立了晚弗拉期—早杜内期天文年代标尺。天文年代标尺显示，法门期的持续时间为(14.4±0.28)Myr，弗拉阶—法门阶界线年龄为(373.3±0.49)Ma。本书还对法门期牙形石带的持续时间和法门期生物-环境事件的时间进行了天文年代标定。上 Kellwasser 事件开始于 373.4Ma，持续时间为 150kyr；在弗拉阶—法门阶界线上存在一个明显的正碳同位素偏移(CIE，+3‰)，持续了 300kyr。下 *Annulata* 和上 *Annulata* 事件均持续 50kyr，并伴随着碳同位素正偏(两个 CIE 的峰值年龄分别为 361.7Ma 和 361.3Ma)。根据天文年代标尺，本书对晚泥盆世的海侵和海退事件进行了天文年代标定。海侵事件发生的时间如下：Nehden 为 370.6Ma，Enkeberg 为 368Ma，Dasberg 为 360.4Ma，Strunian 为 360.1Ma，Hangenberg 为 358.9Ma，海退事件发生的时间如下：*linguiformis* 为 373.4Ma，*prima* 为 371Ma，Condroz 为 369Ma，*velifer* 为 362.3Ma，Derwer 为 359.2Ma。

(5)建立了华南 F-F 之交的天文年代标尺，探讨了 F-F 之交古气候和古环境的天文轨道力驱动，提出了“天文气候变化”是 F-F 生物大灭绝事件的初始触发机制。本书通过对华南地区上泥盆统杨堤剖面和拉利剖面进行系统的旋回地层分析，建立了华南 F-F 之交的浮动天文年代标尺。浮动年代标尺表明，华南下、上 Kellwasser 事件层的持续时间分别为 200kyr 和 150kyr，下、上 Kellwasser 事件间隔了约 1000kyr，下、上 Kellwasser 事件层碳同位素漂移峰值间隔了 1600kyr。在上 Kellwasser 事件层的灭绝区间，F-F 灭绝的第一、第二和第三幕持续时间分别为 120kyr、20kyr 和 10kyr。旋回地层学研究表明，华南晚泥盆世 F-F 之交海平面变化受偏心率和斜率变化的共同影响，F-F 之交海水表面温度变化受长偏心率周期的调控。本书认为，“天文气候变化”是 F-F 生物大灭绝事件的初始触发机制。

7.2　问题与展望

本书通过对中国下—中奥陶统和上泥盆统 7 条剖面开展旋回地层学研究工作，得到了一些新的认识，但也存在明显的不足。

(1)古生代缺少理论天文轨道模型,使得旋回地层学研究无法进行精细的天文调谐以验证旋回地层工作的正确性。

(2)虽然通过下岭南沟剖面、亮甲山剖面和黄花场剖面3条剖面建立了下奥陶统特马豆克阶—弗洛阶的天文年代标尺,但是,由于早—中奥陶世缺少精确的同位素绝对年龄"锚点",同时下岭南沟地层研究基础薄弱,牙形石生物地层精度较低,无法精准确定特马豆克阶和弗洛阶界线。而亮甲山剖面和黄花场剖面之间存在跨相区、跨板块、跨生物分区等问题。目前,早奥陶世旋回地层学研究尚缺少一条可以打通整个下奥陶统的剖面。

(3)中国晚泥盆世旋回地层研究同样缺少高精度的同位素绝对年龄。本书涉及的上泥盆统剖面以碳酸盐岩剖面为主,剖面露头缺少能直观观察的地层韵律。

(4)旋回地层工作缺少和国际间旋回地层工作的对比研究,建立的天文年代标尺与国际地质年代表及国际间旋回地层存在一定的差别。

针对上述问题,对未来研究作如下展望。

1. 加强学科交叉和数据融合

整合旋回地层学、生物地层学、化学地层学、同位素测年和古地磁数据,构建多参数约束的高精度时间框架。例如,松辽盆地白垩系的旋回地层研究模式可推广至奥陶系与泥盆系。

2. 推动区域对比与国际合作

加强国际间旋回地层研究工作。整合国内和国外关于奥陶纪旋回地层的资料,建立一条贯穿整个奥陶纪的天文年代标尺。开展华南、西准噶尔地区晚泥盆世旋回地层研究,同时进行中国晚泥盆世旋回地层与美国 Illinois 盆地和 Appalachian 盆地晚泥盆世旋回地层之间的对比研究。并在此基础上探索奥陶纪生物大辐射和泥盆世一系列生物-环境事件的发展和演变规律以及天文轨道旋回的变化。

参与"深时数字地球(DDE)"计划,共享早—中奥陶世和晚泥盆世旋回数据,建立全球古气候数据库。

3. 探索古环境-资源协同研究

旋回地层学可为页岩气勘探提供理论支持。例如,海平面上升期(如 F-F 界线)形成的全球性缺氧黑色页岩(如 New Albany 页岩)是重要烃源岩和页岩气开发的优先靶区。华南晚泥盆世黑色页岩的有机质富集层可能受控于轨道周期驱动的缺氧事件,可通过旋回分析预测"甜点区"分布。

旋回地层学是解码深时地球系统演化的"时间密码",其重要性体现在高精度年代学、古气候动力学、生物-环境协同及资源勘探实践等多维度。通过以上方向,中国旋回地层学研究有望在古生代地层精细化对比、古气候重建及资源勘探中取得突破性进展,为全球深时地球系统研究提供关键支撑。

主要参考文献

安太庠,1987.中国南方早古生代牙形石[M].北京:科学出版社.

安太庠,张放,向维达,等,1983.华北及邻区牙形石[M].北京:科学出版社.

安芷生,PORTER S,KUKAL G,等,1990.最近13万年黄土高原季风变迁的磁化率证据[J].科学通报,35(7):529-532.

白万备,李建厚,孙长彦,等,2011.碳酸盐风暴沉积研究现状与进展[J].河南理工大学学报,30(4):426-432.

白云来,2010.鄂尔多斯盆地西缘构造演化及与相邻盆地关系[M].北京:地质出版社.

陈旭,张元动,樊隽轩,2006.奥陶纪笔石的主要演化辐射进程[M]//戎嘉余,方宗杰,周忠和,等.生物的起源、辐射与多样性演变——华夏化石记录的启示.北京:科学出版社.

陈晔,袁林旺,周春林,等,2001.柴达木盆地第四纪古气候变化在自然伽马测井曲线上的记录[J].古地理学报(2):29-37.

董榕生,1982.中国南方大地构造演化及泥盆纪古构造格局[J].成都理工大学学报,19(2):58-64.

段吉业,夏德馨,安素兰,等,2002.华北板块东部奥陶纪地层与古地理的多重分析[M].长春:吉林科学技术出版社.

范若颖,赵龙,纵瑞文,等,2015.西准噶尔中古生代复理石相遗迹化石及其古环境意义[J].地球科学——中国地质大学学报(3):573-587.

房强,2015.晚古生代冰期末期米兰科维奇旋回在华南的记录及环境响应[D].北京:中国地质大学(北京).

冯增昭,鲍志东,康祺发,等,1999.鄂尔多斯奥陶纪古构造[J].古地理学报,1(3):83-94.

冯增昭,陈继新,吴胜和,1989.华北地台早古生代岩相古地理[J].沉积学报,7(4):50-55.

高源,任传真,房强,等,2023.塔里木盆地奥陶系萨尔干组旋回地层学研究[J].沉积学报,43(1):88-98.

龚一鸣,1995.一种新的海进模式[J].地层学杂志(2):129-132.

龚一鸣,杜远生,童金南,等,2008.旋回地层学:地层学解读时间的第三里程[J].地球科学——中国地质大学学报,33(4):443-457.

龚一鸣,徐冉,汤中道,等,2004.广西上泥盆统轨道旋回地层与牙形石带的数字定年[J].中国科学(D辑:地球科学),34(7):635-643.

龚一鸣,张立军,吴义布,2009.秦皇岛石炭纪粪化石[J].中国科学(D辑:地球科学),39

(10):1421-1428.

龚一鸣,纵瑞文,2015.西准噶尔古生代地层区划及古地理演化[J].地球科学——中国地质大学学报(3):461-484.

黄程,2015.华南泥盆纪 F-F 事件的特征与致因:来自高分辨率牙形石生物地层及化学地层的证据[D].武汉:中国地质大学(武汉).

黄春菊,2014.旋回地层学和天文年代学及其在中生代的研究现状[J].地学前缘,21(2):48-66.

季强,1987.从牙形类研究看中国浅水相泥盆系与石炭系分界[J].地质学报,61(1):10-20.

季强,1994.从牙形类研究论华南弗拉斯阶—法门阶生物灭绝事件[C]//中国地质科学院地层古生物论文集编辑委员会.地层古生物论文集(第 24 辑).北京:地质出版社.

李明松,张皓天,王蒙,等,2023.天文驱动的温室时期地下水储库与海平面变化[J].科学通报,68(12):1517-1527.

李娜,2018.广西宜州拉利地区晚泥盆世牙形石生物地层[D].北京:中国地质大学(北京).

李向东,阙易,郇雅棋,等,2018.鄂尔多斯盆地西缘中奥陶统克里摩里组深水等深流溢岸混合沉积[J].石油与天然气地质,39(6):1201-1212.

李志宏,STOUGE S,陈孝红,等,2010.湖北宜昌黄花场下奥陶统弗洛阶 *Oepikodus evae* 带精细地层划分对比[J].古生物学报,49(1):110-126.

李志宏,王志浩,汪啸风,等,2004.湖北宜昌黄花场剖面中/下奥陶统界线附近的牙形刺[J].古生物学报,43(1):14-31.

刘书燕,崔贵云,2015.柳江盆地亮甲山标准地层剖面研究与建立[J].黑龙江科技信息(26):95-96.

柳成志,2006.北戴河地区地质实习指导书[M].武汉:中国地质大学出版社.

马坤元,李若琛,龚一鸣,2016.秦皇岛石门寨亮甲山奥陶系剖面化学地层和旋回地层研究[J].地学前缘,23(6):268-286.

马学平,韩作振,王英华,1993.华北地区冶里—亮甲山期层序地层及其岩相古地理[J].地质科学,33(2):166-178.

马学平,宗普,张宇波,等,2013.新疆准噶尔盆地西北缘晚泥盆世法门期地层之划分[J].地学前缘,20(6):255-268.

梅冥相,1995.华北地台北缘奥陶系亮甲山组的碳酸盐复合海平面变化旋回层序[J].岩相古地理,15(5):34-40.

戎嘉余,黄冰,2014.生物大灭绝研究三十年[J].中国科学(地球科学),44(3):377-404.

宋俊俊,2017.西准噶尔和华南晚泥盆世—早石炭世介形类古生物、古生态和生物古地理[D].武汉:中国地质大学(武汉).

苏一保,韦仁彦,邝国敦,等,1988.广西宜山拉利多灵山泥盆—石炭系界线层牙形刺的发现及其意义[J].微体古生物学报(2):183-194.

田庆春,杨太保,张述鑫,等,2011.青藏高原腹地湖泊沉积物磁化率及其环境意义[J].沉积学报,29(1):146-150.

涂丹,2019.鄂尔多斯盆地西缘早奥陶世牙形石生物地层及碳酸盐岩微相[D].武汉:中国地质大学(武汉).

汪啸风,1980 .中国奥陶系[J].地质学报,54(1) :1-8+85-94.

汪啸风,STOUGE S,陈孝红,等,2005.全球下奥陶统—中奥陶统界线层型候选剖面——宜昌黄花场剖面研究新进展[J].地层学杂志(B11):467-489.

汪啸风,倪世钊,曾庆銮,等,1987.长江三峡生物地层学(2)早古生代分册[M].北京:地质出版社.

汪啸风,曾庆銮,周天梅,等,1983.长江三峡东部地区奥陶纪晚期与志留纪初期的化石群兼论奥陶系与志留系界线问题[C]//中国地质科学院宜昌地质矿产研究所.中国地质科学院宜昌地质矿产研究所文集(6).北京:地质出版社.

王家生,喻建新,江海水,等,2011.北戴河地质认识实践教学指导书[M].武汉:中国地质大学出版社.

王金星,1990.桂林杨堤泥盆纪弗拉斯阶竹节石[J].微体古生物学报,88(1):65-114.

王英华,张秀莲,杨承运,1988.华北地区早古生代碳酸盐岩岩石学[M].北京:地震出版社.

王玉珏,梁昆,陈波,等,2020.晚泥盆世F-F大灭绝事件研究进展[J].地层学杂志,44(3):277-298.

王增吉,赵治信,1987.新疆西准噶尔和布克河组早石炭世早期的四射珊瑚[J].地质论评,33(5):479-483.

王志浩,伯格斯特龙,甄勇毅,等,2014.河北唐山下奥陶统牙形刺生物地层的新认识[J].微体古生物学报,31(1):1-14.

王志浩,甄勇毅,张元动,等,2016.中国华北不同相区奥陶纪牙形刺生物地层的再认识[J].地层学杂志,40(1):1-16.

王志宏,2016.西准噶尔晚泥盆世牙形石生物地层及其碳氧同位素组成[D].武汉:中国地质大学(武汉).

王志宏,龚一鸣,纵瑞文,等,2013.西准噶尔乌兰柯顺地区晚泥盆世朱鲁木特组地层新知[J].地层学杂志,4(1):603-603.

翁金桃,龚兴宝,黄汉铎,等,1986.桂林泥盆—石炭系碳酸盐岩剖面研究的新进展[J].中国岩溶,5(3):165-174.

吴怀春,房强,张世红,等,2016.新生代米兰科维奇旋回与天文地质年代表[J].第四纪研究,36(5):1055-1074.

吴怀春,张世红,冯庆来,等,2011.旋回地层学理论基础、研究进展和展望[J].地球科学——中国地质大学学报,36(3):409-427.

吴怀春,钟阳阳,房强,等,2017.古生代旋回地层学与天文地质年代表[J].矿物岩石地球化学通报,36(5):750-770.

吴素娟，张永生，邢恩袁，2017. 鄂尔多斯盆地西北缘奥陶纪凝灰岩锆石 U-Pb 年龄、Hf 同位素特征及地质意义[J]. 地质论评，63(5)：1309-1327.

吴诒，龚一鸣，杜远生，1997. 华南泥盆纪层序地层与海平面变化[M]. 武汉：中国地质大学出版社.

肖序常，汤耀庆，冯益民，等，1992. 新疆北部及其邻区大地构造[M]. 北京：地质出版社.

肖依，周汉文，刘爱民，等，2011. 秦皇岛地区奥陶纪硅质岩地球化学特征及沉积环境意义[J]. 沉积学报，29(6)：1145-1155.

许汉奎，蔡重阳，廖卫华，等，1990. 西准噶尔洪古勒楞组及泥盆—石炭系界线[J]. 地层学杂志，14(4)：292-301.

薛武强，李波，颜佳新，等，2015. 华南二叠系卡匹敦阶高分辨率浮点年代标尺[J]. 地球物理学报，58(10)：3719-3734.

杨振鸿，2013. 唐山及邻区下奥陶统碳酸盐岩微相分析、白云石化特征及碳氧同位素研究[D]. 武汉：中国地质大学(武汉).

殷鸿福，2013. 显生宙生物大灭绝和大辐射[J]. 大自然(4)：1.

殷鸿福，2020. 高精度大数据重塑古代生物多样性记录[J]. 科学通报，65(28/29)：3069-3070.

曾庆銮，倪世钊，徐光洪，等，1983. 长江三峡东部地区奥陶系划分与对比[C]//中国地质科学院宜昌地质矿产研究所. 中国地质科学院宜昌地质矿产研究所文集(6). 北京：地质出版社.

曾永耀，赵博，2020. 黄土磁化率的古气候意义对研究红土磁化率古气候意义的启示[J]. 地球物理学进展，35(5)：87-93.

曾允孚，张锦泉，刘文均，等，1993. 中国南方泥盆纪岩相古地理与成矿作用[M]. 北京：地质出版社.

詹仁斌，靳吉锁，刘建波，2013. 奥陶纪生物大辐射研究：回顾与展望[J]. 科学通报，58(33)：3357-3371.

詹仁斌，戎嘉余，2006. 华南早—中奥陶世腕足动物的辐射[M]//戎嘉余，方宗杰，周忠和，等. 生物的起源、辐射与多样性演变——华夏化石记录的启示. 北京：科学出版社.

张俊辉，杨太保，李永国，等，2010. 柴达木盆地察尔汗盐湖 CH0310 钻孔沉积物磁化率及其影响因素分析[J]. 沉积学报，28(4)：790-797.

张世红，2000. 论岩石磁性地层学的概念、方法和应用[J]. 地学前缘，7(2)：498.

张欣松，2019. 华南与西准噶尔晚泥盆世牙形石生物地层、事件地层和化学地层[D]. 武汉：中国地质大学(武汉).

张元动，陈旭，2006. 华南早—中奥陶世笔石动物的辐射演化[M]//戎嘉余，方宗杰，周忠和，等. 生物的起源、辐射与多样性演变——华夏化石记录的启示. 北京：科学出版社.

张梓歆，1985. 新疆准噶尔地区早石炭世早期地层及腕足类化石组合[J]. 新疆地质，3(4)：85-92.

赵宏樵，韩喜彬，陈荣华，等，2008. 南海北部 191 柱状沉积物主元素特征及其古环境意义

[J]. 海洋学报,30(6):86-93.

赵庆乐,2010. 磁化率在碳酸盐岩地层旋回分析中的应用[D]. 北京:中国地质大学(北京).

赵振宇,郭彦如,王艳,等,2012. 鄂尔多斯盆地构造演化及古地理特征研究进展[J]. 特种油气藏,19(5):15-20.

郑昭昌,李玉珍,1991. 贺兰山奥陶系研究的新进展[J]. 现代地质,5(2):119-137.

钟阳阳,2019. 华南晚奥陶世米兰科维奇记录及其对太阳系行为的指示意义[D]. 北京:中国地质大学(北京).

纵瑞文,2016. 西准噶尔造山带泥盆纪—石炭纪地层系统与古地理重建及其对古亚洲洋演化的约束[D]. 武汉:中国地质大学(武汉).

纵瑞文,王志宏,范若颖,等,2020. 新疆西准噶尔洪古勒楞组与泥盆系—石炭系界线新知[J]. 地质学报,94(8):2460-2475.

ALDRIDGE R J,BRIGGS D E G,CLARK N D L,et al. ,1988. The morphology of the conodont animal: new specimens from Granton [M]//1st International Senckenberg Conference and 5th European Conodont Symposium (ECOS V) contributions. Frankfurt: Senckenberg Society for Nature Research.

ALGEO T J,BERNER R A,MAYNARD J B,et al. ,1995. Late Devonian oceanic anoxic events and biotic crises:"rooted" in the evolution of vascular land plants [J]. GSA Today,5(3):45,64-66.

ALGEO T J,MARENCO P J,SALTZMAN M R,2016. Co-evolution of oceans,climate, and the biosphere during the'Ordovician Revolution':a review[J]. Palaeogeography,Palaeoclimatology,Palaeoecology (458):1-11.

ALGEO T J,SCHECKLER S E,1998. Terrestrial-marine teleconnections in the Devonian:links between the evolution of land plants, weathering processes, and marine anoxic events[J]. Philosophical Transactions of the Royal Society B,353(1365):113-130.

ALGEO T J,SCHECKLER S E,MAYNARD J B,2001. Effects of the Middle to Late Devonian spread of vascular land plants on weathering regimes,marine biotas,and global climate[M]//GENSEL P G,EDWARDS D. Plants invade the land:evolutionary and environmental perspectives. New York:Columbia University Press.

ALGEO T J, SCHECKLER, S E, 2010. Land plant evolution and weathering rate changes in the Devonian[J]. Journal of Earth Science(21):75-78.

ALROY J,ABERHAN M,BOTTJER D J,et al. ,2008. Phanerozoic trends in the global diversity of marine invertebrates[J]. Science,321 (5885):97-100.

AN Z,KUKLA G J,PORTER S C,et al. ,1991. Magnetic susceptibility evidence of monsoon variation on the loess plateau of central China during the last 130,000 years[J]. Quaternary Research,36(10):29-36.

BAI S L,1995. Milankovitch cyclicity and time scale of the Middle and Upper Devonian

[J]. International Geology Review,37(12):1109-1114.

BALZER W,1982. On the distribution of iron and manganese at the sediment/water interface:the rmodynamic versus kinetic control[J]. Geochimica et Cosmochimica Acta,46(7):1153-1161.

BAMBACH R K,KNOLL A H,WANG S C,2004. Origination,extinction,and mass depletions of marine diversity[J]. Paleobiology,30(4):522-542.

BAO X J,ZHANG S H,JIANG G Q,et al. ,2018. Cyclostratigraphic constraints on the duration of the Datangpo Formation and the onset age of the Nantuo (Marinoan) glaciation in South China[J]. Earth and Planetary Science Letters(483):52-63.

BARNES C R,FORTEY R A,WILLIAMS S H,1996. The pattern of global bio-events during the Ordovician Period[M]//WALLISER O H. Global events and event stratigraphy in the Phanerozoic. Berlin:Springer.

BAUMANN K H,ANDRULEIT H,BÖCKEL,B,et al. ,2005. The signifcance of extant coccolithophores as indicators of ocean water masses, surface water temperature, and palaeoproductivity:a review[J]. Paläontol Z (79):93-112

BECKER R T,GRADSTEIN F M,HAMMER Ø,2012. The Devonian Period[M]// GRADSTEIN F M,OGG J G,SCHMITZ M,et al. ,The geologic time scale 2012. Amsterdam:Elsevier.

BECKER R T, HOUSE M R, KIRCHGASSER W T, 1993. Devonian goniatitebiostratigraphy and timing of facies movements in the Frasnian of the Canning Basin, Western Australia[J]. Geological Society London Special Publications(70):293-321.

BECKER R T,KAISER S I,ARETZ M,2016b. Review of chrono-,litho-and biostratigraphy across the global Hangenberg Crisis and Devonian-Carboniferous Boundary[J]. Geological Society London Special Publications(423):355-386.

BECKER R T,KÖNIGSHOF P,BRETT C E,2016a. Devonian climate,sea level and evolutionary events: an introduction [J]. Geological Society, London, Special Publications (423):1-10.

BECKER R T,MARSHALL J E A,DA SILVA A-C,2020. The Devonian Period[M]// Geologic time scale 2020. Amsterdam:Elsevier.

BELLANCA A, CLAPS M, ERBA E, et al. , 1996. Orbitally induced limestone/marlstone rhythms in the Albian-Cenomanian Cismon section(Venetian region, northern Italy): sedimentology,calcareous and siliceous plankton distribution,elemental and isotope geochemistry[J]. Palaeogeography,Palaeoclimatology,Palaeoecology,126(3/4):227-260.

BENNETT K D,1990. Milankovitch cycles and their impacts on species in ecological and evolutionary time[J]. Paleobiology(16):11-21.

BERGER A,LOUTER M F,LASKAR J,1992. Stability of the astronomical frequencies over the earth's history for paleoclimate studies[J]. Science (255):560-566.

BERGER A, LOUTRE M F, 1994. Astronomical forcing through geological time [M]// DE BOER P L, SMITH D G. Orbital forcing and cyclic sequences. Oxford: Blackwell Scientific Publications.

BERGSTRÖM S M, FERRETTI A, 2017. Conodonts in Ordovician biostratigraphy[J]. Lethaia, 50(3): 424-439.

BLAKEY R, 2008. Late Devonian paleogeography [CM]. Phoenix: Colorado Plateau Geosystems, Inc.

BLIECK A R M, CLÉMENT G, STREEL M, 2010. The biostratigraphical distributrion of earliesttetrapods (Late Devonian) : a revised version with comments on biodiversification [M]//VECOLI M, CLEMENT G, MEYER-BERTHAUD B. The terrestrialization process: modelling complex interactions at the biosphere-geosphere interface. London: Geological Society of London.

BLIECK A, CLÉMENT G, BLOM H, et al., 2007. The biostratigraphical and palaeogeographical framework of the earliest diversifcation of tetrapods (Late Devonian)[M]//BECKER R T, KIRCHGASSER W T. Devonian events and correlations. London: Geological Society of London.

BOND D P G, WIGNALL P B, 2009. The role of sea-level change and marine anoxia in the Frasnian-Famennian (Late Devonian) mass extinction[J]. Palaeogeography, Palaeoclimatology, Palaeoecology, 263(3/4): 107-118.

BOND D P G, WIGNALL P B, RACKI G, 2004. Extent and duration of marine anoxia during the Frasnian-Famennian (Late Devonian) mass extinction in Poland, Germany, Austria and France[J]. Geological Magazine, 141(2): 173-193.

BOND D P G, ZATON M, WIGNALL P B, et al., 2013. Evidence for shallow-water 'Upper Kellwasser' anoxia in the Frasnian-Famennian reefs of Alberta, Canada[J]. Lethaia (46): 355-368.

BOULILA S, BRANGE C, CRUZ A M, et al., 2020. Astronomical pacing of Late Cretaceous third- and second-order sea-level sequences in the Foz do Amazonas Basin[J]. Marine and Petroleum Geology(117): 104382.

BOULILA S, GALBRUN B, LASKAR J, et al., 2012. A ~9myr cycle in cenozoic $\delta^{13}C$ record and long-term orbital eccentricity modulation: is there a link? [J]. Earth and Planetary Science Letters(317/318): 273-281.

BOULILA S, GALBRUN B, MILLER K G, et al., 2011. On the origin of Cenozoic and Mesozoic "third-order" eustatic sequences[J]. Earth-Science Reviews, 109(3/4): 94-112.

BOULILA S, HAQ B U, HARA N, et al., 2021. Potential encoding of coupling between Milankovitch forcing and Earth's interior processes in the Phanerozoic eustatic sea-level record[J]. Earth-Science Reviews(220): 103727.

BOULILA S, RAFÉLIS M, HINNOV L A, et al., 2010. Orbitally forced climate and sea-level changes in the Paleoceanic Tethyan domain (marl-limestone alternations, Lower Kimmeridgian, SE France)[J]. Palaeogeography, Palaeoclimatology, Palaeoecology. 292(1/2):57-70.

BOULILA S, VAHLENKAMP M, DE VLEESCHOUWER D, et al., 2018. Towards a robust and consistent Middle Eocene astronomical time scale[J]. Earth and Planetary Science Letters(486):94-107.

BRADLEY W H, 1929. The varves and climate of the Green River epoch[R]//Shorter contributions to general geology. Reston: USGS.

BUGGISCH W, 1991. The global Frasnian-Famennian "Kellwasser Event" [J]. Geologische Rundschau(80):49-72.

BUGGISCH W, JOACHIMSKI M M, 2006. Carbon isotopestratigraphy of the Devonian of Central and Southern Europe[J]. Palaeogeography, Palaeoclimatology, Palaeoecology, 240(1/2):68-88.

CALVERT S E, PEDERSEN T F, 2007. Chapter fourteen elemental proxies forpalaeoclimatic and palaeoceanographic variability in marine sediments: interpretation and application[J]. Developments in Marine Geology(1):567-644.

CALVERT S E, PRICE N B, 1972. Diffusion and reaction profiles of dissolved manganese in the pore waters of marine sediments[J]. Earth and Planetary Science Letters(16):245-259.

CARMICHAEL S K, WATERS J A, KÖNIGSOF P, et al., 2019. Paleogeography and paleoenvironments of the Late Devonian Kellwasser event: a review of its sedimentological and geochemical expression[J]. Global and Planetary Change(183):102984.

CHEN D Z, GUO Z H, JIANG M S, et al., 2016. Dynamics of cyclic carbonate deposition and biotic recovery on platforms during the Famennian of Late Devonian in Guangxi, South China: constraints from high-resolution cycle and sequence stratigraphy[J]. Palaeogeography, Palaeoclimatology, Palaeoecology(448):245-265.

CHEN D Z, QING H R, LI R W, 2005. The Late Devonian Frasnian-Famennian (F/F) biotic crisis: insights from $\delta^{13}C_{carb}$, $\delta^{13}C_{org}$ and $^{87}Sr/^{86}Sr$ isotopic systematics[J]. Earth and Planetary Science Letters, 235(1/2):151-166.

CHEN D Z, TUCKER M E, 2003a. The Frasnian-Famennian mass extinction: insights from high-resolution sequence stratigraphy and cyclostratigraphy in South China [J]. Palaeogeography, Palaeoclimatology, Palaeoecology, 193(1):87-111.

CHEN D Z, WANG J, RACKI G, et al., 2013. Large sulphur isotopic perturbations and oceanic changes during the Frasnian-Famennian transition of the Late Devonian[J]. Journal of the Geological Society, 170(3):465-475.

CHEN X, MAWSON R, SUTTNER T J, et al., 2009. Late Devonian (latest Frasnian-Famennian) faunas from the — Hongguleleng Formation ‖ and the F-F boundary in northern Xinjiang, NW China [J]. Berichte des Institutes für Erdwissenschaften, Karl-Franzens-Universität Graz (Paleozoic Seas Symposium) (14):18-20.

CHEN X, RONG J Y, LI Y, et al., 2004. Facies patterns and geography of the Yangtze region, South China, through the Ordovician and Silurian transition[J]. Palaeogeography, Palaeoclimatology, Palaeoecology, 204(3/4):353-372.

CHEN X, RONG J Y, ZHOU Z Y, 2003b. Ordovician biostratigraphy of China[M]//ZHANG W T, CHEN P J, PALMER A R. Biostratigraphy of China. Beijing: Science Press.

CLAEYS P, CASIER J G, MARGOLIS S V, 1992. Microtektites and mass extinctions: evidence for a Late Devonian asteroid impact[J]. Science, 257(5073):1102-1104.

COCKS L R M, TORSVIK T H, 2007. Siberia, the wandering northern terrane, and its changing geography through the Palaeozoic[J]. Earth-Science Reviews, 82(1/2):29.

COOPER P, 2002. Reef development at the Frasnian/Famennian mass extinction boundary[J]. Palaeogeography, Palaeoclimatology, Palaeoecology, 181(1/2/3): 27-65.

COOPER R A, SADLER P M, 2012. The Ordovician Period[M]//GRADSTEIN F M, OGG J G, SCHMITZ M, et al. The geologic time scale 2012. Amsterdam: Elsevier.

CORBIN J C, PERSON A, IATZOURA A, et al., 2000. Manganese in pelagic carbonates: indication of major tectonic events during the geodynamic evolution of a passivecontinental margin (the Jurassic European margin of the Tethys-Ligurian Sea)[J]. Palaeogeography, Palaeoclimatology, Palaeoecology. 156(1/2):123-138.

CUVEN S, FRANCUS P, LAMOUREUX S F, 2010. Estimation of grain size variability with micro X-ray fluorescence in laminated lacustrine sediments, Cape Bounty, Canadian High Arctic[J]. Journal of Paleolimnology(44):803-817.

DA SILVA A C, HLADIL J, CHADIMOVA L, et al., 2016. Refining the Early Devonian time scale using Milankovitch cyclicity in Lochkovian Pragian sediments (Prague Synform, Czech Republic)[J]. Earth and Planetary Science Letters(455):125-139.

DA SILVA A C, SINNESAEL M, CLAEYS P, et al., 2020, Anchoring the Late Devonian mass extinction in absolute time by integrating climatic controls and radioisotopic dating[J]. Scientific Reports(10):12904.

DAVYDOV V, SCHMITZ M, KORN D, 2011, The Hangenberg Event was abrupt and short at the global scale: the quantitative integration and intercalibration of biotic and geochronologic data within the Devonian-Carboniferous transition[C]. Boulder: Geological Society of America, 43(5):128.

DE VLEESCHOUWER D, BOULVAIN F, DA SILVA A-C, et al., 2015. The astronomical calibration of the Givetian (Middle Devonian) timescale (Dinant Synclinorium, Belgium)[J]. Geological Society, London, Special Publications(414):245-256.

DE VLEESCHOUWER D, CRUCIFIX M, BOUNCEUR N, et al., 2014. The impact of astronomical forcing on the Late Devonian greenhouse climate[J]. Global and Planetary

Change(120):65-80.

DE VLEESCHOUWER D, DA SILVA A, SINNESAEL M, et al., 2017. Timing and pacing of the Late Devonian mass extinction event regulated by eccentricity and obliquity [J]. Nature Communications(8):2268.

DE VLEESCHOUWER D, PARNELL A C, 2014. Reducing time-scale uncertainty for the Devonian by integrating astrochronology and bayesian statistics [J]. Geology (42): 491-494.

DE VLEESCHOUWER D, RAKOCIŃSKI M, RACKI G, et al., 2013. The astronomical rhythm of Late-Devonian climate change (Kowala section, Holy Cross Mountains, Poland) [J]. Earth and Planetary Science Letters(365):25-37.

DE VLEESCHOUWER D, WHALEN M T, DAY J E, et al., 2012. Cyclostratigraphical calibration of the Frasnian (Late Devonian) time scale (western Alberta, Canada) [J]. GSA Bulletin, 124(5/6):928-942.

DU Y S, GONG Y M, ZENG X W, et al., 2008. Devonian Frasnian-Famennian transitional event deposits of Guangxi, South China and their possible tsunami origin[J]. Science in China Series D: Earth Sciences(51):1570-1580.

EDWARDS C T, SALTZMAN M R, 2014. Carbon isotope ($\delta^{13}C_{carb}$) stratigraphy of the Lower-Middle Ordovician (Tremadocian-Darriwilian) in the Great Basin, western United States: implications for global correlation [J]. Palaeogeography, Palaeoclimatology, Palaeoecology(399):1-20.

ELLWOOD B B, ALGEO T J, EL HASSANI, et al., 2011a. Defining the timing and duration of the Ka/Givetian boundary GSSP, Mech Irdane, Morocco, using geochemical and magnetic susceptibility patterns[J]. Palaeogeography, Palaeoclimatology, Palaeoecology, 304 (1/2):74-84.

ELLWOOD B B, BRETT C E, TOMKIN J H, et al., 2013. Visual identification and quantification of Milankovitch climate cycles in outcrop: an example from the Upper Ordovician Kope Formation, Northern Kentucky [M]//JOVANE L, HERRERO-BERVARA E, HINNOV L A, et al. Magnetic methods and the timing of geological processes. London: Geological Society of London.

ELLWOOD B B, CRICK R E, EL HASSANI A, et al., 2000. Magnetosusceptibility event and cyclostratigraphy method applied to marine rock: detrital input versus carbonate productivity[J]. Geology, 28(12):1135-1138.

ELLWOOD B B, EL HASSANI A, TOMKIN J H, et al., 2015. A climate-driven model using time-series analysis of magnetic susceptibility datasets to represent a floating-point high-resolution geological timescale for the Middle Devonian Eifelian stage[M]//DA SILVA A C, WHALEN M T, HLADIL J, et al. Magnetic susceptibility application: a window onto ancient environments and climatic variations. Boulder: Geological Society of America.

ELLWOOD B B, TOMKIN J H, HASSANI A E, et al., 2011b. A climate driven model and development of a floating point time scale for the entire Middle Devenian Givetian Stage: a test using magnetostratigraphy suscepitibility as a climate proxy[J]. Palaeogeography, Palaeoclimatology, Palaeoecology, 304(1/2): 85-95.

ELRICK M, REARDON D, LABOR W, et al., 2013. Orbital-scale climate change and glacioeustasy during the early Late Ordovician (pre-Hirnantian) determined from $\delta^{18}O$ values in marine apatite[J]. Geology, 41(7): 775-788.

FAN J X, SHEN S Z, ERWIN D H, et al., 2020. A high-resolution summary of Cambrian to Early Triassic marine invertebrate biodiversity[J]. Science, 367(6475): 272-277.

FAN R Y, GONG Y M, 2016. Ichnological and sedimentological features of the Hongguleleng Formation (Devonian-Carboniferous transition) from the Western Junggar, NW China[J]. Palaeogeography, Palaeoclimatology, Palaeoecology(448): 207-223.

FANG Q, WU H C, HINNOV L A, et al., 2015. Geologic evidence for chaotic behavior of the planets and its constraints on the third-order eustatic sequences at the end of the Late Paleozoic Ice Age[J]. Palaeogeography, Palaeoclimatology, Palaeoecology(440): 848-859.

FANG Q, WU H C, HINNOV L A, et al., 2016. A record of astronomically forced climate change in a Late Ordovician (Sandbian) deep marine sequence, Ordos Basin, North China[J]. Sedimentary Geology(341): 163-174.

FANG Q, WU H C, HINNOV L A, et al., 2017. Astronomical cycles of Middle Permian Maokou Formation in South China and their implications for sequence stratigraphy and paleoclimate[J]. Palaeogeography, Palaeoclimatology, Palaeoecology(474): 130-139.

FANG Q, WU H C, SHEN S Z, et al., 2023. Long-period astronomical forcing of climatic and biological evolution during the Late Paleozoic icehouse-togreenhouse transition [J]. Earth-Science Reviews(240): 104402.

FANG Q, WU H C, WANG X L, et al., 2019. An astronomically forced cooling event during the Middle Ordovician[J]. Global and Planetary Change(173): 96-108.

FANG Q, WU H, HINNOV L A, et al., 2018. Abiotic and biotic responses to Milankovitch-forced megamonsoon and glacial cycles recorded in South China at the end of the Late Paleozoic Ice Age[J]. Global and Planetary Change(163): 97-108.

FARHAT M, AUCLAIR-DESROTOUR P, BOUÉ G, et al., 2022. The resonant tidal evolution of the Earth-Moon distance[J]. Astronomy & Astrophysics(665): L1.

FIELDS B D, MELOTT A L, ELLIS J, et al., 2020. Supernova triggers for end-Devonian extinctions[J]. Proceedings of the National Academy of Sciences of the United States of America(117): 21008-21010.

FORCE E R, CANNON W F, 1988. Depositional model for shallow-marine manganese deposits around black shale basins[J]. Economic Geology, 83(1): 93-117.

FORMOLO M J, RIEDINGER N, GILL B C, 2014. Geochemical evidence for euxinia during the Late Devonian extinction events in the Michigan Basin (U. S. A.)[J]. Palaeogeography, Palaeoclimatology, Palaeoecology(414):146-154.

GAMBACORTA G, MENICHETTI E, TRINCIANTI E, et al., 2018. Orbital control on cyclical primary productivity and benthic anoxia: astronomical tuning of the Telychian stage (Early Silurian)[J]. Palaeogeography, Palaeoclimatology, Palaeoecology(495):152-162.

GILBERT G K, 1895. Sedimentary measurement of Cretaceous Time[J]. Journal of Geology(3):121-127.

GILES P S, 2009. Orbital forcing and Mississippian sea level change: time series analysis of marine flooding events in the Viséan Windsor Group of eastern Canada and implications for Gondwana glaciation[J]. Bulletin of Canadian Petroleum Geology, 57(4):449-471.

GOLDHAMMER R K, LEHMANN P J, DUNN P A, 1993. The origin of high-frequency platform carbonate cycles and third-order sequences (Lower Ordovician El Paso Gp, West Texas); constraints from outcrop data and stratigraphic modeling[J]. Journal Sedimentary Reseacher, 63(3):318-359.

GOLDMAN D, SADLER P M, LESLIE S A, et al., 2020. The Ordovician Period[M]//GRADSTEIN F M, OGG J G, SCHMITZ M D, et al., Geologic time scale 2020. Amsterdam: Elsevier.

GONG Y M, LI B H, SI Y L, et al., 2002. Late Devonian red tide and mass extinction [J]. Chinese Science Bulletin(47):1138-1144.

GONG Y M, LI B H, WANG C Y, et al., 2001. Orbital cyclostratigraphy of the Devonian Frasnian-Famennian transition in South China [J]. Palaeogeography, Palaeoclimatology, Palaeoecology, 168(3/4):237-248.

GONG Y M, XU R, TANG Z D, et al., 2005. The Upper Devonian orbital cyclostratigraphy and numerical dating conodont zones from Guangxi[J]. Science in China Series D: Earth Sciences(48):32-41.

GONG Y, DROSER M L, 2001. Periodic anoxic shelf in the Early-Middle Ordovician transition: ichnosedimentologic evidence from west-central Utah, USA[J]. Science in China Series D: Earth Sciences(44):979-989.

GONG Z, KODAMA K P, LI Y X, 2017. Rock magnetic cyclostratigraphy of the Doushantuo Formation, South China and its implications for the duration of the Shuram carbon isotope excursion[J]. Precambrian Research(289):62-74.

GOVIN A, HOLZWARTH U, HESLOP D, et al., 2012. Distribution of major elements in Atlantic surface sediments (36°N-49°S): imprint of terrigenous input and continental weathering[J], Geochemistry, Geophysics, Geosystems(13):Q01013.

GRADSTEIN F M, OGG J G, SCHMITZ M, et al., 2012. The geologic time scale 2012 [M]. Amsterdam: Elsevier.

HALLAM A, WIGNALL P, 1997. Mass extinctions and their aftermath[M]. Oxford: Oxford University Press.

HAQ B U, HUBER B T, 2016. Anatomy of a eustatic event during the Turonian (Late Cretaceous) hot greenhouse climate[J]. Science China Earth Sciences(60): 20-29.

HAQ B U, SCHUTTER S R, 2008. A chronology of Paleozoic sea-level changes[J]. Science, 322(5898): 64-68.

HARTENFELS S, BECKER R T, 2016. The global Annulata Events: review and new data from the Rheris Basin (northern Taflalt) of SE Morocco[J]. Geological Society, London, Special Publications(423): 291-354.

HAYS J D, IMBRIE J, SHACJLETON N J, 1976. Variations in the Earth's orbit: pacemaker of the Ice Ages[J]. Science, 194(4270): 1121-1132.

HELLER F, LIU T S, 1984. Magnetism of chinese loess deposits[J]. Geophysical Journal of the Royal Astronomical Society, 77(1): 125-141.

HILL D, 1981. Western Australian Devonian corals in the Wadecollection[J]. Journal of Neurosurgery(55): 299-302.

HINNOV L A, 2000. New perspectives on orbitally forced stratigraphy[J]. Annual Review of Earth and Planetary Science Letters(28): 419-475.

HINNOV L A, 2013. Cyclostratigraphy and its revolutionizing applications in the earth and planetary sciences[J]. GSA Bulletin, 125(11/12): 1703-1734.

HINNOV L A, 2018. Cyclostratigraphy and astrochronology in 2018[J]. Stratigraphy & Timescales(3): 1-80.

HINNOV L A, DIECCHIO R J, 2015. Milankovitch cycles in the Juniata Formation, Late Ordovician, Central Appalachian Basin, USA[J]. Stratigraphy, 12(3/4): 287-296.

HINNOV L A, DIECCHIO R J, 2020. The Upper Ordovician Juniata Formation, Central Appalachian Basin, USA: a record of Milankovitch-forced eustatic oscillations originating from glaciations in polar Gondwana[M]//AVARY K L, HASSON K O, DIECCHIO R J. The appalachian geology of John M. Dennison: rocks, people, and a few good restaurants along the way. Boulder: Geological Society of America.

HINNOV L A, HILGEN F J, 2012. Cyclostratigraphy and astrochronology [M]// GRADSTEIN F M, OGG J, SCHMITZ M, et al. The geologic time scale 2012. Amsterdam: Elsevier.

HOU H F, JI Q, WANG J X, 1988. Preliminary report on Frasnian-Famennian events in South China[J]. Canadian Society of Petroleum Geologists Memoir(14): 63-69.

HOUSE M R, 1983. Devonian eustatic events[M]//Proceedings of the Ussher Society. Crediton: The Kyrtonia Press.

HOUSE M R, 1985. Correlation of mid-Palaeozoic ammonoid evolutionary events with globalsedimentary perturbations[J]. Nature(313): 17-22.

HOUSE M R, 1995. Devonian precessional and other signatures for establishing a Givetian timescale[J]. Geological Society, London, Special Publications(85):37-49.

HOUSE M R, 2002. Strength, timing, setting and cause of Mid-Palaeozoic extinctions [J]. Palaeogeography, Palaeoclimatology, Palaeoecology, 181(1/2/3):5-25.

HUANG B C, YAN Y G, PIPER J D A, et al., 2018a. Paleomagnetic constraints on the paleogeography of the East Asian blocks during Late Paleozoic and Early Mesozoic times [J]. Earth-Science Reviews(186):8-36.

HUANG C J, OGG J G, KEMP D B, 2020. Cyclostratigraphy and astrochronology: case studies from China[J]. Palaeogeography, Palaeoclimatology, Palaeoecology(560):110017.

HUANG C, GONG Y M, 2016. Timing and patterns of the Frasnian-Famennian event: evidences from high-resolution conodont biostratigraphy and event stratigraphy at the Yangdi section, Guangxi, South China [J]. Palaeogeography, Palaeoclimatology, Palaeoecology (448):317-338.

HUANG C, JOACHIMSKI M M, GONG Y M, 2018b. Did climate changes trigger the Late Devonian Kellwasser crisis? Evidence from a high-resolution conodont $\delta^{18}O_{PO4}$ record from South China[J]. Earth and Planetary Science Letters(495):174-184.

HUSSON D, 2014. RedNoise_ConfidenceLevels(EB/OL). [2025-02-17], http://www.mathworks.com/matlabcentral/fileexchange/45539-rednoiseconfidencelevels/content/RedNoise_ConfidenceLevels/RedConf.m.

JACOBS D K, SAHAGIAN D L, 1993. Climate-induced fluctuations in sea-level during non-glacial times[J]. Nature(361):710-712.

JENKYNS H C, JONES C E, GRÖCKE D R, et al., 2002. Chemostratigraphy of the Jurassic system: applications, limitations and implications for palaeoceanography [J]. Journal of the Geological Society, 159(4):351-378.

JI Q, 1989. On the Frasnian-Famennian mass extinction event in South China[J]. Courier Forschungsinstitut Senckenberg(117):275-301.

JI Q, ZIEGLER W, 1993. The Lali section: an excellent reference section for Upper Devonian in South China[J]. Courier Forschungsinstitut Senckenberg(157):1-183.

JOACHIMSKI M M, BREISIG S, BUGGISCH W, et al., 2009. Devonian climate and reef evolution: insights from oxygen isotopes in apatite[J]. Earth and Planetary Science Letters(284):599-609.

JOACHIMSKI M M, BUGGISCH W, 1993. Anoxic events in the Late Frasnian—causes of the Frasnian-Famennian faunal crisis? [J]. Geology(21):675-678.

JOACHIMSKI M M, BUGGISCH W, 2002. Conodont apatite $\delta^{18}O$ signatures indicate climatic cooling as a trigger of the Late Devonian mass extinction[J]. Geology(30):711-714.

JOHNSON J G, KLAPPER G, SANDBERG C A, 1985. Devonian eustatic fluctuations in Euramerica[J]. GSA Bulletin, 96(5):567-587.

KAIHO K,YATSU S,OBA M,et al. ,2013. A forest fire and soil erosion event during the Late Devonian mass extinction [J]. Palaeogeography,Palaeoclimatology,Palaeoecology (392):272-280.

KAISER S I,ARETZ M,BECKER R T,2016. The global Hangenberg Crisis (Devonian-Carboniferous transition):review of a first-order mass extinction[J]. Geological Society, London,Special Publications(423):387-437.

KAISER S I,BECKER R T,STEUBER T,et al. ,2011. Climate-controlled mass extinctions,facies,and sea-level changes around the Devonian-Carboniferous boundary in the eastern Anti-Atlas (SE Morocco)[J]. Palaeogeography,Palaeoclimatology,Palaeoecology(310): 340-364.

KIM J C,LEE Y I,1998. Cyclostratigraphy of the Lower Ordovician Dumugol Formation,Korea:meter-scale cyclicity and sequence-stratigraphic interpretation [J]. Geosciences Journal,2(3):134-147.

KLAPPER J, HARRIS C M,1959. On the response and approximations of Gaussian filters[J]. IRE Transactions on Audio,AU-7(3):80-87.

KODAMA K P,HINNOV L A,2015. Rockmagnetic cyclostratigraphy[M]. Hoboken: Wiley & Sons Ltd.

KYLANDER M E,AMPEL L,WOHLFARTH B,et al. ,2011. High-resolution X-ray fluorescence core scanning analysis of Les Echets (France) sedimentary sequence: new insights from chemical proxies[J]. Journal of Quaternary Science,26(1):109-117.

LAKIN J A,MARSHALL J E A,TROTH I,et al. ,2016. Greenhouse to icehouse:a biostratigraphic review of latest Devonian–Mississippian glaciations and their global effects [M]//Devonian climate,sea level and envolutionary events. London:Geological Society of London.

LANDING E,BOWRING S A,DAVIDEK K L,et al. ,2000. Cambrian-Ordovician boundary age and duration of the lowest Ordovician Tremadoc Series based on U-Pb zircon dates from Avalonian Wales [J]. Geological Magazine,137(5):485-494.

LASKAR J ,1990. The chaotic motion of the solar system:a numerical estimate of the size of the chaotic zones[J]. Icarus,88(2):266-291.

LASKAR J,2020. Astrochronology [M]//GRADSTEIN F M,OGG J G,SCHMITZ, M. ,et al. ,Geologic time scale 2020. Amsterdam:Elsevier.

LASKAR J,FIENGA A,GASTINEAU M,et al. ,2011a. La2010:a new orbital solution for the long-term motion of the Earth[J]. Astronomy & Astrophysics(532):784-785.

LASKAR J,GASTINEAU M,DELISLE J B,et al. ,2011b. Strong chaos induced by close encounters with Ceres and Vesta[J]. Astronomy & Astrophysics,552(A&A):1-4.

LASKAR J,ROBUTEL P,JOUTEL F,et al. ,2004. A long-term numerical solution for the insolation quantities of the Earth [J]. Astronomy & Astrophysics(428):261-285.

LE HOUDEC S, GIRARD C, BALTER V, 2013. Conodont Sr/Ca and δ^{18}O record seawater changes at the Frasnian-Famennian boundary [J]. Palaeogeography, Palaeoclimatology, Palaeoecology(376):114-121.

LI M S, HINNOV L A, HUANG C J, et al., 2018a. Sedimentary noise and sea levels linked to land-ocean water exchange and obliquity forcing[J]. Nature Communications(9):1004.

LI M S, HINNOV L A, KUMP L, 2019b. Acycle: time-series analysis software for research and education in cyclostratigraphy[J]. Computers & Geosciences(127):12-22.

LI M S, HUANG C J, HINNOV L, et al., 2016a. Obliquity-forced climate during the Early Triassic hothouse in China[J]. Geology(44):623-626.

LI M S, HUANG C J, OGG J, et al., 2019a. Paleoclimate proxies for cyclostratigraphy: comparative analysis using a Lower Triassic marine section in South China[J]. Earth-Science Reviews(189):125-146.

LI M S, KUMP L R, HINNOV L A, et al., 2018b. Tracking variable sedimentation rates and astronomical forcing in Phanerozoic paleoclimate proxy series with evolutionary correlation coefficients and hypothesis testing[J]. Earth and Planetary Science Letters(501):165-179.

LI M S, ZHANG Y, HUANG C J, et al., 2016b. Astronomical tuning of the end-Permian extinction and the Early Triassic Epoch of South China and Germany[J]. Earth and Planetary Science Letters(441):10-25.

LI M S, ZHANG Y, HUANG C J, et al., 2017. Astronomical tuning and magnetostratigraphy of the Upper Triassic Xujiahe Formation of South China and newark supergroup of North America: implications for the Late Triassic time scale[J]. Earth and Planetary Science Letters (475):207-213.

LIU D Y, HUANG C J, KEMP D B, et al., 2021. Paleoclimate and sea level response to orbital forcing in the Middle Triassic of the eastern Tethys[J]. Global and Planetary Change (199):103454.

LIU J B, 2009. Marinesedimentary response to the Great Ordovician Biodiversification Event: examples from North China and South China[J]. Paleontological Research(13): 9-21.

LIU J B, ZHAN R B, 2009. Temporal distribution of diagnostic biofabrics in the Lower and Middle Ordovician in North China: clues to the geobiology of the Great Ordovician Biodiversification Event[J]. Acta Geologica Sinica, 83(3):513-523.

LOI A, GHIENNE J F, DABARD M P, et al., 2010. The Late Ordovician glacio-eustatic record from a high-latitude storm-dominated shelf succession: The Bou Ingarf section (Anti-Atlas, Southern Morocco) [J]. Palaeogeography, Palaeoclimatology, Palaeoecology, 296 (3/4): 332-358.

LU Y, HUANG C, JIANG S, et al., 2019. Cyclic Late Katian through Hirnantian glacioeustasy and its control of the development of the organic-rich Wufeng and Longmaxi shales, South China[J]. Palaeogeography, Palaeoclimatology, Palaeoecology(526):96-109.

LÉTHIERS F, RAYMOND D, 1991. Les crises du Dévoniensupérieur par l' étude des faunes d'ostracodes dans leur cadrepaléogéographique[J]. Palaeogeography, Palaeoclimatology, Palaeoecology(88):133-146.

MA C, MEYERS S R, SAGEMAN B B, 2017a. Theory of chaotic orbital variations confirmed by Cretaceous geological evidence[J]. Nature(468):468-472.

MA C, MEYERS S R, SAGEMAN B B, 2019a. Testing Late Cretaceous astronomical solutions in a 15 million year astrochronologic record from North America[J]. Earth and Planetary Science Letters(513):1-11.

MA K Y, HINNOV L A, ZHANG X S, et al., 2020. Astronomical time calibration of the Upper Devonian Lali section, South China[J]. Global and Planetary Change(193):103267.

MA K Y, HINNOV L A, ZHANG X S, et al., 2022. Astronomical climate change triggering the Late Devonian bio- and environmental events in South China[J]. Global and Planetary Change(215):103874.

MA K Y, LI R C, HINNOV L A, et al., 2019b. Conodont biostratigraphy and astronomical tuning of the Lower-Middle Ordovician Liangjiashan (North China) and Huanghuachang (South China) marine sections[J]. Palaeogeography, Palaeoclimatology, Palaeoecology(528): 272-287.

MA W T, TIAN J, LI Q Y, et al., 2011. Simulation of long eccentricity (400kyr) cycle in ocean carbon reservoir during Miocene Climate Optimum: weathering and nutrient response to orbital change[J]. Geophysical Research Letters, 38(10):L10701.

MA X P, BAI S L, 2002. Biological, depositional, microspherule, and geochemical records of the Frasnian/Famennian boundary beds, South China [J]. Palaeogeography, Palaeoclimatology, Palaeoecology(181):325-346.

MA X P, GONG Y M, CHEN D Z, et al., 2016. The Late Devonian Frasnian-Famennian event in South China-Patterns and causes of extinctions, sea level changes, and isotope variations[J]. Palaeogeography, Palaeoclimatology, Palaeoecology(448):224-244.

MA X P, ZHANG M Q, ZONG P, et al., 2017b. Temporal and spatial distribution of the Late Devonian (Famennian) strata in the northwestern border of the Junggar Basin, Xinjiang, Northwestern China[J]. Acta Geologica Sinica, 91(4):1413-1437.

MA Z X, WU H C, HU S X, et al., 2023. Temporal duration and preservation mechanism of the Middle Triassic Luoping biota from South China constrained by geochronology and cyclostratigraphy[J]. Global and Planetary Change(229):104254.

MALINVERNO A, ERBA E, HERBERT T D, 2010. Orbital tuning as an inverse problem: chronology of the early Aptian oceanic anoxic event 1a (Selli Level) in the Cismon APTICORE [J]. Paleoceanography, 25(2):PA2203.

MCGHEE G R, 1996. The Late Devonian mass extinction [M]. New York: Columbia University Press.

MCGHEE G R,2013. When the invasion of land failed:the legacy of the Devonian extinctions[M]. New York:Columbia University Press.

MCGHEE G R,2014. The search for sedimentary evidence of glaciation during the Frasnian/Famennian (Late Devonian) biodiversity crisis[J]. The Sedimentary Record,12(2):4-8.

MCGHEE G R,CLAPHAM M E,SHEEHAN P M,et al. ,2013. A new ecological-severity ranking of major Phanerozoic biodiversity crises[J]. Palaeogeography,Palaeoclimatology,Palaeoecology(370):260-270.

MEYERS S R,2015. The evaluation of eccentricity-related amplitude modulation and bundling in paleoclimate data:an inverse approach for astrochronologic testing and time scale optimization[J]. Paleoceanography,30(12):1625-1640.

MEYERS S R,2019. Cyclostratigraphy and the problem of astrochronologic testing[J]. Earth-Science Reviews(190):190-223.

MEYERS S R, SAGEMAN B B, 2007. Quantification of deep-time orbital forcing by average spectral misfit[J]. American Journal of Science,307(5):773-792.

MEYER-BERTHAUD B,SORIA A,DECOMBEIX A L,2010. The land plant cover in the Devonian:a reassessment of the evolution of the tree habit[M]. London:Geological Society of London.

MILANKOVITCH M, 1941. Kanon der Erdbestrahlung und seine Anwendung auf das Eiszeitenproblem[M]. Belgrade:Royal Serbian Academy Special Publications.

MURPHY A E,SAGEMAN B B,HOLLANDER D J,2000. Eutrophication by decoupling of the marine biogeochemical cycles of C,N,and P:a mechanism for the Late Devonian mass extinction[J]. Geology(28):427-430.

MURRAY R W,LEINEN M,ISERN A R,1993. Biogenic flux of Al to sediment in the central equatorial Pacific Ocean:evidence for increased productivity during glacial periods[J]. Paleoceanography,8(5):651-670.

MYERS K J, WIGNALL P B, 1987. Understanding Jurassic organic-rich mudrocks-new concepts using gamma-ray spectrometry and palaeoecology: examples from the Kimmeridge Clay of Dorset and the Jet Rock of Yorkshire[M]//LEGGETT G K,ZUFFA G G. Marine clastic sedimentology. Dordrecht:Springer.

MYROW P M,RAMEZANI J,HANSON A E,et al. ,2014. High - precision U-Pb age and duration of the latest Devonian (Famennian) Hangenberg event,and its implications[J]. Terra Nova,26(3):222-229.

NESBITT H W,YOUNG G M,1982. Early Proterozoic climates and plate motionsinferred from major element chemistry of lutites[J]. Nature(299):715-717.

NORMORE L S,ZHEN Y Y,DENT L M,et al. ,2018. Early Ordovician CA-IDTIMS U-Pb zircon dating and conodont biostratigraphy,Canning Basin,Western Australia[J]. Australian Journal of Earth Sciences,65 (1):61-73.

OGG J G, OGG G M, GRADSTEIN F M, 2016. Ordovician [M]//OGG J G, OGG G M, GRADSTEIN F M. A concise geologic time scale 2016. Amsterdam: Elsevier.

OSMOND J K, IVANOVICH M, 1992. Uranium-series mobilization and surface hydrology [M]//IVANOVICH M, HARMON R S. Uranium-series disequilibrium: application to earth, marine, and environmental sciences. Oxford: Clarendon Press.

PAILLARD D, LABEYRIE L, YIOU P, 1996. Macintosh program performs time-series analysis[J]. Eos, Transactions American Geophysical Union, 77(39): 379.

PAN B, ZHANG C G, CHEN A Q, et al., 2016. Sedimentary microfacies characteristics of Kelimoli Formation, Northwestern Ordos Basin[J]. Natural Gas Exploration and Development, 39(3): 6-10.

PAS D, DA SILVA A-C, OVER D J, et al., 2020. Cyclostratigraphic calibration of the Eifelian Stage (Middle Devonian, Appalachian Basin, Western New York, USA)[J]. GSA Bulletin, 133 (1/2): 277-286.

PAS D, HINNOV L, DAY J E, et al, 2018. Cyclostratigraphic calibration of the Famennian stage (Late Devonian, Illinois Basin, USA) [J]. Earth and Planetary Science Letters (488): 102-114.

PERCIVAL L M E, DAVIES J H F L, SCHALTEGGER U, et al., 2018. Precisely dating the Frasnian-Famennian boundary: implications for the cause of the Late Devonian mass extinction[J]. Scientific Reports, 8(1), 9578.

PETERS S E, AUSICH W I, 2008. A sampling-adjusted macroevolutionary history for Ordovician–Early Silurian crinoids[J]. Paleobiology(34): 104-116.

PETERSON L C, HAUG G H, HUGHEN K A, et al., 2000. Rapid changes in the hydrologic cycle of the tropical Atlantic during the last glacial [J]. Science, 290 (5498): 1947-1951.

PISIAS N, IMBRIE J, 1986. Orbital geometry, CO_2, and Pleistocene climate[J]. Oceanus (29): 43-49.

PRETO N, HINNOV L A, HARDIE L A, et al., 2001. Middle Triassic orbital signature recorded in the shallow marine Latemar carbonate buildup (Dolomites, Italy) [J]. Geology (29): 1123-1126.

QIE W K, ALGEO T J, LUO G M, et al., 2019. Global events of the Late Paleozoic (Early Devonian to Middle Permian): a review[J]. Palaeogeography, Palaeoclimatology, Palaeoecology, 531(Part A): 109259.

RACKI G, 2012. The Alvarez impact theory of mass extinction; limits to its applicability and the "great expectations syndrome" [J]. Acta Palaeontologica Polonica, 57(4): 681-702.

RACKI G, 2020. A volcanic scenario for the Frasnian-Famennian major biotic crisis and other Late Devonian global changes: more answers than questions? [J]. Global and Planetary Change (189): 103174.

RACKI G,RAKOCINSKI M,MARYNOWSKI L,et al.,2018. Mercury enrichments and the Frasnian-Famennian biotic crisis:a volcanic trigger proved? [J]. Geology(46):543-546.

RICHARDSON J B,MCGREGOR D C,1986. Silurianand Devonian spore zones of the Old Red Sandstone Continent and adjacent regions[M]. Ottawa:Geological Survey of Canada.

ROHLING E J,MARINO G,GRANT K M,2015. Mediterranean climate and oceanography,and the periodic development of anoxic events (sapropels)[J]. Earth-Science Reviews (143):62-97.

RUFFELL A,WORDEN R,2000. Palaeoclimate analysis using spectral gamma-ray data from the Aptian (Cretaceous) of southern England and southern France[J]. Palaeogeography, Palaeoclimatology,Palaeoecology,155(3/4):265-283.

RUHL M,HESSELBO S P,HINNOV L,et al.,2016. Astronomical constraints on the duration of the Early Jurassic Pliensbachian stage and global climatic fluctuations[J]. Earth and Planetary Science Letters(455):149-165.

SAMES B,WAGREICH M,WENDLER J E,et al.,2016. Review:short-term sea-level changes in a greenhouse world—a view from the Cretaceous[J]. Palaeogeography,Palaeoclimatology,Palaeoecology. 441(Part 3):393-411.

SANDBERG C A,MORROW J R,ZIEGLER W,2002. Late Devonian sea-level changes, catastrophic events,and mass extinctions[M]//KOEBERL,C,MACLEOD,K G. Catastrophic events and mass extinction:impacts and beyond. London:Geological Society of London.

SCHINDLER E,1990. The Late Frasnian (Upper Devonian) Kellwasser crisis[M]// Extinction events in Earth history. Berlin:Springer.

SCHINDLER E,1993. Event-stratigraphical markers within the Kellwasser crisis near the Frasnian/Famennian boundary (upper Devonian) in Germany[J]. Palaeogeography,Palaeoclimatology,Palaeoecology(104):115-125.

SCHMITZ B,HARPER D A T,PEUCKER-EHRENBRINK B,et al.,2008. Asteroid breakup linked to the Great Ordovician Biodiversification Event[J]. Nature Geoscience(1): 49-53.

SCHMITZ M D,SINGER B S,ROONEY A D,2020. Radioisotope geochronology[M]// GRADSTEIN F M,OGG J G,SCHMITZ M D,et al. Geologic time scale 2020. Amsterdam: Elsevier.

SCHNYDER J,RUFFELL A,DECONINCK J-F,et al.,2006. Conjunctive use of spectral gamma-ray logs and clay mineralogy in defining Late Jurassic-early Cretaceous palaeoclimate change (Dorset,U. K.)[J]. Palaeogeography,Palaeoclimatology,Palaeoecology,229(4): 303-320.

SCHULZ M,SCHAFER-NETH C,1997. Translating Milankovitch climate forcing into eustatic fluctuations via thermal deep water expansion:a conceptual link[J]. Terra Nova,9(5/6): 228-231.

SCRUTTON C T,1988. Patterns of extinction and survival in Palaeozoic corals. Systematics Association Special(34):65-88.

SEPKOSKI J J,1982. Mass extinctions in the Phanerozoic oceans:a review [M]//SILVER L T,SCHULTZ P H. Geological implications of impacts of large asteroids and comets on the earth. Boulder:Geological Society of America.

SEPKOSKI J J, 1984. A kinetic model of Phanerozoic taxonomic diversity. Ⅲ Post-Paleozoic families and mass extinctions[J]. Paleobiology(10):246-267.

SEPKOSKI J J,1996. Patterns of Phanerozoic extinction:a perspective from global data bases[M]//WALLISER O H. Global events and event stratigraphy in the Phanerozoic. Berlin: Springer.

SERVAIS T, HARPER D A T, 2018. The Great Ordovician Biodiversification Event (GOBE):definition,concept and duration[J]. Lethaia(51):151-164.

SHACKLETON N J,2000. The 100,000-year ice-age cycle identified and found to lag temperature,carbon dioxide,and orbital eccentricity[J]. Science,289(5486):1897-1902.

SHACKLETON N J,CROWHURST S J,WEEDON G P,et al. ,1999. Astronomical calibration of Oligocene-Miocene time[J]. Philosophical Transactions of the Royal Society of London,Series A,357(1757):1907-1929.

SHACKLETON N J,CROWHURST S,HAGELBERG T,et al. ,1995. A Late Neogene time scale:application to Leg 138 sites[M]//PISIAS N G,JANACEK T R,PALMER-JULSON A,et al. Proceedings of the Ocean Drilling Program:scientific results. College Station:International Ocean Discovery Program.

SHACKLETON N J,OPDYKE N D,1973. Oxygen isotope andpalaeomagnetic stratigraphy of Equatorial Pacific core V28-238:oxygen isotope temperatures and ice volumes on a 10^5 year and 10^6 year scale[J]. Quaternary Researchearch,3(1):39-55 .

SHI J Y,FAN T L,JIN Z J,et al. ,2023. Astronomical forcing of sea-level changes and the history of the solar system 1,640million years ago[J]. Journal of Geophysical Research:Solid Earth,128(10):e2023JB027050.

SIMMONS M D,MILLER K G,RAY D C,et al. ,2020. Phanerozoic eustasy [M]//GRADSTEIN F M,OGG J G,SCHMITZ M D,et al. The geologic time scale 2020. Amsterdam:Elsevier.

SIMON L,GODDERIS Y,BUGGISCH W,et al. ,2007. Modeling the carbon and sulfur isotope compositions of marine sediments: climate evolution during the Devonian[J]. Chemical Geology,246(1/2):19-38.

SINNESAEL M,MAUVIEL A,DESROCHERS A,et al. ,2017. Cyclostratigraphy of the Upper Ordovician Vaureal Formation,Anticosti Island,eastern Canada[C]//Geological Society of America Annual Meeting. October 22-25,2017,Seattle. Boulder:Geological Society of America.

SONG H Y,SONG H J,ALGEO T J,et al. ,2017. Uranium and carbon isotopes document global-ocean redoxproductivity relationships linked to coolingduring the Frasnian-Famennian mass extinction[J]. Geology(45):887-890.

SONG J J,CRASQUIN S,GONG Y M,2017. Ostracods of the Late Devonian Frasnian/Famennian transition from Western Junggar,Xinjiang,NW China[J]. Alcheringa,41(2):250-276.

SONG J J,CRASQUIN S,GONG Y M,2018. Late Devonian benthic ostracods from Western Junggar,NW China:implications for paleoenvironmental reconstruction[J]. Geological Journal,54(1):91-100.

SONG J J,HUANG C,GONG Y M,2019. Response of Ostracods (Crustacea) to the Devonian F-F event:evidence from the Yangdi and Nandong sections in Guangxi,South China[J]. Global and Planetary Change(173):109-120.

SPALLETTA C,PERRI M C,OVER D J,et al. ,2017. Famennian (Upper Devonian) conodont zonation:revised global standard[J]. Bulletin of Geosciences,92(1): 31-57.

STRASSER A, HILGEN F J, HECKEL P H, 2006. Cyclostratigraphy concepts, definitions,and applications[J]. Newsletters on Stratigraphy(42):75-114.

STREEL M, CAPUTO M V, LOBOZIAK S, et al. , 2000. Late Frasnian-Famennian climates based on palynomorph analyses and the question of the Late Devonian glaciations[J]. Earth Science Reviews,52(1):121-173.

SUI Y,HUANG C J,ZHANG R,et al. ,2018. Astronomical time scale for the lower Doushantuo Formation of early Ediacaran,South China[J]. Science Bulletin,63(22):1485-1494.

SUTTNER T J,KIDO E,CHEN X,et al. ,2014. Stratigraphy and facies development of the marine Late Devonian near the Boulongour Reservoir,northwest Xinjiang,China[J]. Journal of Asian Earth Sciences(80):101-118.

SVENSEN H H,HAMMER Ø,CORFU F,2015. Astronomically forced cyclicity in the Upper Ordovician and U-Pb ages of interlayered tephra,Oslo Region,Norway[J]. Palaeogeography,Palaeoclimatology,Palaeoecology(418):150-159.

TANER M T,2000. Attributes revised. Technical publication[EB/OL]. [2025-02-17]. http://www. rocksolidimages. com/pdf/attrib_revisited. htm.

TROTTER J A,WILLIAMS I S,BARNES C R,et al. ,2008. Did cooling oceans trigger Ordovician biodiversification? Evidence from conodont thermometry[J]. Science,321(5888):550-554.

TRÉGUER P J,ROCHA C L D L,2013. The world ocean silica cycle[J]. Annual Review of Marine Science(5):477-501.

TURGEON S,BRUMSACK H J,2006. Anoxic vs dysoxic events reflected in sediment geochemistry during the Cenomanian-Turonian Boundary Event (Cretaceous) in the Umbria-Marche Basin of central Italy[J]. Chemical Geology. 234(3/4):321-339.

VAN DAM J A,AZIZ H A,SIERRA M A A,et al. ,2006. Long-period astronomical forcing of mammal turnover[J]. Nature(444):687-691.

WALLISER O,1996. Global events in the Devonian and Carboniferous[M]//WALLISER O. Global events and event stratigraphy in the Phanerozoic. Berlin:Springer.

WALTHAM D, 2015. Milankovitch period uncertainties and their impact on cyclostratigraphy[J]. Journal of Sedimentary Research,85(5):990-998.

WANG K,ORTH C J,ATTREP M J,et al. ,1991. Geochemical evidence for a catastrophic biotic event at the Frasnian/Famennian boundary in South China[J]. Geology(19):776-779.

WANG M,CHEN H S,HUANG C J,et al. ,2020. Astronomical forcing and sedimentary noise modeling of lake-level changes in the Paleogene Dongpu Depression of North China[J]. Earth and Planetary Science Letters(535):116116.

WANG M,LI M S,KEMP D B,et al. ,2023. Late Triassic sedimentary records reveal the hydrological response to climate forcing and the history of the chaotic Solar System[J]. Earth and Planetary Science Letters(607):118052.

WANG X F,STOUGE S,CHEN X H,et al. ,2009. The global stratotype section and point for the base of the Middle Ordovicion Series and the third stage (Dapingian)[J]. Episodes,32(2):96-113.

WANG X F,STOUGE S,ERDTMANN B D,et al. ,2005. A proposed GSSP for the base of the Middle Ordovician Series:the Huanghuachang section,Yichang,China[J]. Episodes(28):105-117.

WANG Y J,CHENG H,EDWARDS R L,et al. ,2001. A high-resolution absolute-dated Late Pleistocene monsoon record from Hulu Cave,China[J]. Science 294(5550):2345-2348.

WANG Z H, BECKER R T, ABOUSSALAM Z S, et al. , 2016. Conodont and carbon isotope stratigraphy near the Frasnian/Famennian (Devonian) boundary at Wulankeshun,Junggar Basin,NW China[J]. Palaeogeography,Palaeoclimatology,Palaeoecology(448):270-297.

WEBBY B D,DROSER M L,PARIS F,et al. ,2004. The Great Ordovician Biodiversification Event [M]. New York:Columbia University Press.

WEEDON G P,2003. Time series analysis and cyclostratigraphy:examining stratigraphic records of environmental cycles[M]. Cambridge:Cambridge University Press.

WENDLER J E,WENDLER I,2016. What drove sea-level fluctuations during themid-Cretaceous greenhouse climate? [J]. Palaeogeography, Palaeoclimatology, Palaeoecology(441):412-419.

WENDLER J E,WENDLER I,VOGT C,et al. ,2016. Link between cyclic eustatic sea-level change and continental weathering:evidence for aquifer-eustasy in the Cretaceous[J]. Palaeogeography,Palaeoclimatology,Palaeoecology(441):430-437.

WESTERHOLD T,RÖHL U,LASKAR J,2012. Time scale controversy:accurate orbital calibration of the Early Paleogene[J]. Geochemistry,Geophysics,Geosystems. 13(65):Q06015.

WILLIAMS G E, 1991. Milankovitch-band cyclicity in bedded halite deposits contemporaneous with Late Ordovician-Early Silurian glaciation, Canning Basin, Western Australia[J]. Earth and Planetary Science Letters(103): 143-155.

WU H C, FANG Q, HINNOV L A, et al., 2023. Astronomical time scale for the Paleozoic Era[J]. Earth Science Review(244): 104510.

WU H C, FANG Q, WANG X D, et al., 2018. A ~34m. y. astronomical time scale for the uppermost Mississippian through Pennsylvanian of the Carboniferous System of the Paleo-Tethyan Realm[J]. Geology(47): 83-86.

WU H C, ZHANG S H, HINNOV L A, et al., 2013. Time-calibrated Milankovitch cycles for the Late Permian[J]. Nature Communications(4): e2452.

XU R, GONG Y M, TANG Z D, 2006. Blooming of bacteria and algae: possible killer of Devonian Frasnian-Famennian mass extinction? [J]. Earth Science—Journal of China University of Geosciences(31): 787-797.

YANG Y T, LI W, MA L, 2005. Tectonic and stratigraphic controls of hydrocarbon systems in the Ordos basin: a multicycle cratonic basin in central China[J]. AAPG Bulletin, 89(2): 255-269.

ZACHOS J C, SHACKLETON N J, REVENAUGH J S, et al., 2001. Climate response to orbital forcing across the Oligocene-Miocene boundary[J]. Science, 292(5515): 274-278.

ZEEBE R E, 2017. Numerical solutions for the orbital motion of the solar system over the past 100Myr: limits and new results[J]. The Astronomical Journal, 154(5): 193.

ZHANG R, KEMP D B, THIBAULT N, et al., 2023. Astrochronology and sedimentary noise modeling of Pliensbachian (Early Jurassic) sea-level changes, Paris Basin, France[J]. Earth and Planetary Sciences Letters(614): 118199.

ZHANG S C, WANG X M, HAMMARLUND E U, et al., 2015. Orbital forcing of climate 1.4 billion years ago[J]. Earth, Atmospheric, and Planetary Sciences(112): E1406-E1413.

ZHANG T, LI Y, FAN T, et al., 2022. Orbitally-paced climate change in the early Cambrian and its implications for the history of the Solar System[J]. Earth and Planetary Science Letters(583): 117420.

ZHANG X S, JOACHIMSKI M M, GONG Y M, 2021a. Late Devonian greenhouse-icehouse climate transition: new evidence from conodont $\delta^{18}O$ thermometry in the eastern Palaeotethys (Lali section, South China)[J]. Chemical Geology(581): 120383.

ZHANG X S, JOACHIMSKI M M, OVER D J, et al., 2019a. Late Devonian carbon isotope chemostratigraphy: a new record from the offshore facies of South China[J]. Global and Planetary Change(182): 103024.

ZHANG X S, OVER D J, GONG Y M, 2021b. Famennian conodonts from the Hongguleleng Formation at the Bulongguoer stratotype section, western Junggar, Northwest China[J]. Palaeoworld, 30(4): 677-688.

ZHANG X S, OVER D J, MA K Y, et al. , 2019b. Upper Devonian conodont zonation, sea-level changes and bio-events in offshore carbonate facies Lali section, South China[J]. Palaeogeography, Palaeoclimatology, Palaeoecology. 531 (Part A): 109219.

ZHEN Y Y, ZHANG Y D, WANG Z H, et al. Huaiyuan Epeirogeny–Shaping Ordovician stratigraphy and sedimentation on the North China Platform[J]. Palaeogeography, Palaeoclimatology, Palaeoecology, 2016(448): 363-370.

ZHONG Y Y, CHEN D Y, FAN J X, et al. , 2019. Cyclostratigraphic calibration of the Upper Ordovician (Sandbian-Katian) Pagoda and Linhsiang Formations in the Yichang area, South China [J]. Acta Geologica Sinica—English Edition, 93(S3): 177-180.

ZHONG Y Y, WU H C, FAN J X, et al. , 2020. Late Ordovician obliquity-forced glacio-eustasy recorded in the Yangtze Block, South China[J]. Palaeogeography, Palaeoclimatology, Palaeoecology(540): 109520.

ZHONG Y Y, WU H C, ZHANG Y D, et al. , 2018. Astronomical calibration of the Middle Ordovician of the Yangtze Block, South China[J]. Palaeogeography, Palaeoclimatology, Palaeoecology(505): 86-99.

ZONG P, MA X P, XUE J Z, et al. , 2016. Comparative study of Late Devonian(Famennian) brachiopod assemblages, sea level changes, and geo-events in northwestern and southern China[J]. Palaeogeography, Palaeoclimatology, Palaeoecology(448): 298-316.

ZONG P, MA X P, ZHANG M Q, et al. , 2014. Discovery and significance of the Late Famennian ammonoid faunas in Western Junggar, Xinjiang[J]. Geological Bulletin of China, 33(5): 684-690.